机电一体化技术专业群"双高"项目建设成果
高等职业教育机电一体化技术专业系列教材

微控制器技术应用

主　编　黄崇富　游青山
副主编　朱琼玲　熊　飞
参　编　张　伟　司婷婷
主　审　刘　铭

机械工业出版社

本书针对STM32F4核心板的完整编程，精选项目，依托STM32CubeIDE软件，采用校企合作的方式，由浅入深，详细介绍了STM32F407芯片常用系统功能、CubeMX配置、编程开发、接口电路、HAL驱动程序功能和使用方法。通过学习本书，读者可以快速掌握STM32CubeIDE工具软件的使用、GPIO端口应用、向量中断控制器、STM32外部中断、通用定时器、串口通信、ADC应用和SPI通信等内容。

本书可作为高等职业院校机电一体化技术、电气自动化技术、应用电子技术、计算机应用技术和现代测控工程技术等专业的教材，也可作为全国职业院校技能大赛和全国大学生电子设计竞赛的培训用书，同时也可供相关工程技术人员参考使用。

本书配有电子课件和程序资料，凡使用本书作为教材的教师可登录机械工业出版社教育服务网www.cmpedu.com注册后免费下载。咨询电话：010-88379375。

图书在版编目（CIP）数据

微控制器技术应用 / 黄崇富，游青山主编. -- 北京：机械工业出版社，2024. 10. -- ISBN 978-7-111-76649-0

Ⅰ．TP368.1

中国国家版本馆CIP数据核字第2024BD2966号

机械工业出版社（北京市百万庄大街22号　邮政编码100037）
策划编辑：薛　礼　　　　责任编辑：薛　礼　赵晓峰
责任校对：王荣庆　梁　静　封面设计：张　静
责任印制：刘　媛
北京中科印刷有限公司印刷
2024年12月第1版第1次印刷
184mm×260mm · 20.75印张 · 450千字
标准书号：ISBN 978-7-111-76649-0
定价：58.00元

电话服务　　　　　　　网络服务
客服电话：010-88361066　机 工 官 网：www.cmpbook.com
　　　　　010-88379833　机 工 官 博：weibo.com/cmp1952
　　　　　010-68326294　金 　书 　网：www.golden-book.com
封底无防伪标均为盗版　机工教育服务网：www.cmpedu.com

本书是机电一体化技术专业国家级双高专业群建设成果,微控制器应用技术是高等职业院校自动化类专业的重要课程之一。本书采用的STM32F4微控制器(单片机)在工业控制、尖端武器、通信设备、信息处理和家用电器等嵌入式系统产品的中高端市场占有率越来越高,是应用广泛的32位MCU之一。

本书在编写上反映高等职业教育特点,结合行业企业在微控制器技术领域的新技术、新器件应用,采用项目化编写模式,按照做中学原则,每个项目以实现一个具体的项目实践过程为教学主线,引入活页式教材要求,根据学生完成任务的情况进行评分,适时进行理论教学。

本书内容基于STM32CubeMX和STM32CubeIDE的开发方式,是由ST官方免费提供的。使用STM32CubeMX可以进行MCU的系统功能和外设图形化配置,生成STM32CubeIDE项目框架代码,包括系统初始化代码和已配置外设的初始化代码。用户在生成的STM32CubeIDE初始项目的代码沙箱段内添加自己的应用程序代码即可。在STM32CubeMX中修改MCU设置,重新生成代码,不会影响用户已经添加的程序代码。这样可提高工作效率,降低STM32的学习难度。

本书示例项目均在STM32F4核心板上验证测试过,核心板的MCU型号是STM32F407IGT6。全书共9个项目,包含微控制器应用基础认知、LED点阵设计与实现、抢答器设计与实现、微控制器与上位机通信设计与实现、超声波倒车雷达设计与实现、直流电机控制设计与实现、烟雾浓度测量设计与实现、OLED显示设计与实现、智能工厂门禁系统设计与实现。每个项目都重点针对STM32的一个关键知识进行介绍。

本书由重庆工程职业技术学院黄崇富、游青山任主编,朱琼玲、熊飞任副主编,张伟、司婷婷参与了编写,百科荣创科技发展有限公司廖旭操、郑其、杨云海、鲜璠荣、袁智锋和唐小妹等做了实训验证、部分文字录入及图片整理等工作。本书配有电子课件、在线课程、程序资料等资源。重庆工程职业技术学院刘铭教授对全书进行了认真的审阅,并提出了宝贵的意见和建议,在此表示衷心的感谢!

由于编者水平有限,书中难免有疏漏之处,敬请广大读者批评指正。

编　者

前言
项目1 微控制器应用基础认知 ·· 1
项目2 LED点阵设计与实现 ·· 41
项目3 抢答器设计与实现 ·· 75
项目4 微控制器与上位机通信设计与实现 ································ 101
项目5 超声波倒车雷达设计与实现 ·· 141
项目6 直流电机控制设计与实现 ·· 181
项目7 烟雾浓度测量设计与实现 ·· 205
项目8 OLED显示设计与实现 ··· 237
项目9 智能工厂门禁系统设计与实现 ····································· 277
参考文献 ·· 325

项目 1 微控制器应用基础认知

1.1 学习目标

素养目标：
1. 培养搜集资料、组织安排的工作能力。
2. 培养小组合作能力。
3. 培养职场安全意识。
4. 整理实训设备，践行劳动教育。

知识目标：
1. 了解 STM32 微控制器的特点、系统组成。
2. 学会搭建微控制器开发环境。
3. 熟悉 STM32CubeIDE 开发软件的使用。

技能目标：
1. 能熟练使用开发软件。
2. 能够编写项目控制代码。
3. 能初步掌握软件编辑、调试方法。

1.2 项目描述

本项目以微控制器 I/O 口驱动 STM32F4 核心板上的 LED（发光二极管）灯为主要工作任务，引导学生学习微控制器开发软件的搭建步骤，创建项目工程，了解 STM32CubeIDE 开发环境、界面布局以及各个功能的使用，理解应用课程的入门知识，熟练掌握微控制器的开发流程。

1.3 项目要求

项目任务：

搭建 STM32CubeIDE 开发环境，配置 LED 端口，完善控制代码，首先实现点亮一盏 LED 灯，然后能以流水灯方式实现多盏灯交替闪烁。

1）合理选择芯片并绘制出一盏 LED 灯连接电路原理图。

2）应用 STM32CubeIDE 新建项目工程，配置端口，完善控制代码，代码结构清晰，可读性强。

3）进行软件、硬件联合调试并实现功能。

项目要求：

1）设计并绘制 LED 灯接口电路。

2）编写完善的 LED 控制代码。

3）技术文档（工作任务及要求、电路原理图、装配工艺文件、软件流程图、调试测试记录、结果分析等）相关知识。

1.4 项目实施

1. 项目准备

STM32F4 核心板一个、STM32CubeIDE 软件安装包一个、操作台一个、方口数据线 1 条、双公头电源线和 6Pin 连接线，如图 1-1 所示。

2. 开发环境搭建

在项目开始之前需要搭建 STM32 的开发环境，STM32 的开发环境有很多，这里重点介绍 STM32CubeIDE 软件。它是一个多功能的集成开发工具，集成 STM32CubeMX 和 TrueSTUDIO，是 STM32Cube 软件生态的一部分，如图 1-2 所示。

图 1-1　STM32F4 核心板

图 1-2　STM32CubeIDE

STM32CubeIDE 是一个高级 C/C++ 开发平台，具有基于 STM32 微控制器和微处理器的外设配置、代码生成、代码编译和代码调试等多种功能。它基于 Eclipse/CDT 框架和 GCC 工具链进行开发，基于 GDB 调试器进行调试。它允许集成数百个包含 Eclipse IDE 功能的现有插件。

STM32CubeIDE 集成了 STM32CubeMX 配置和项目创建功能，提供了一体式工具的体验，并节省了安装和开发时间。在选择一个空的 STM32 MCU（微控制器）或 MPU（微处理器）之后，从预装配的微控制器或微处理器中创建项目并生成初始化代码。在开发过程中，用户可以随时返回到外围设备或中间件的初始化和配置，重新生成初始化代码，而不会对用户区的代码产生影响。

STM32CubeIDE 可为用户提供有关项目状态、内存要求等有用信息。它包括 CPU（中央处理器）内核寄存器、存储器和外设寄存器的查看窗口，以及实时变量监视、串行线查看器接口或故障分析器等内容。

可以通过 ST（意法半导体）官网下载 STM32CubeIDE，下载链接：https://www.st.com/zh/development-tools/stm32CubeIDE.html。

将安装包放在没有中文的路径下后，直接双击安装包，选择合适的安装路径后，按照步骤依次完成即可。

3. 项目配置

这里以点亮 PF9 端口上的一盏 LED 灯为例进行学习。具体步骤如下。

（1）创建 Project（工程） 打开 STM32CubeIDE，选择保存工作空间路径（默认即可），单击 Launch。工程保存路径如图 1-3 所示。

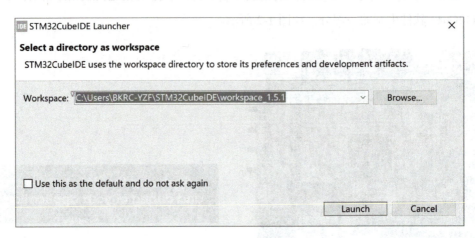

图1-3　工程保存路径

如出现提示，单击 No Thanks 即可，如果没有出现提示，跳过此步骤即可。功能使用协议如图 1-4 所示。

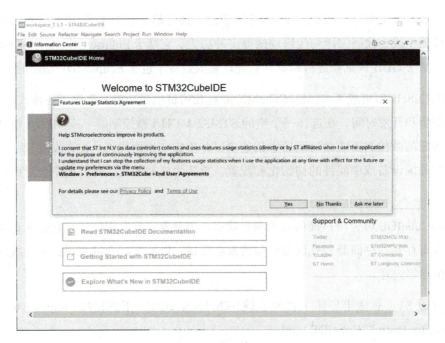

图1-4　功能使用协议

单击左上角的 File，选择 New，单击 STM32 Project，如图 1-5 所示。

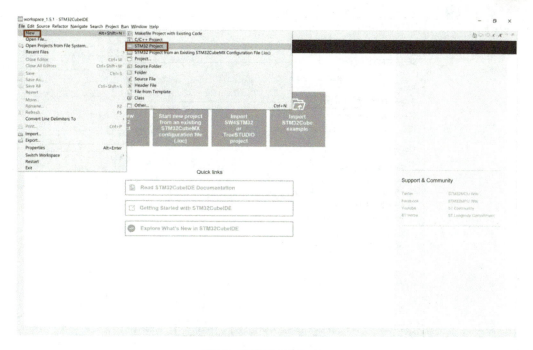

图1-5　选择STM32 Project

在 Part Number 中输入芯片型号"STM32F407IG",或在下拉菜单中选择芯片型号为STM32F407IGTx 系列的芯片,最后单击 Next,如图1-6所示。

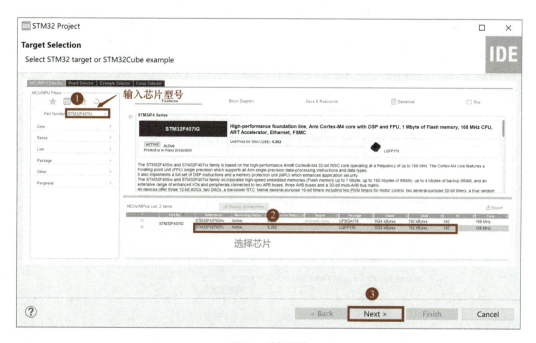

图1-6　选择芯片

输入工程名称(不能为中文),单击 Finish 完成工程创建,如图1-7所示。

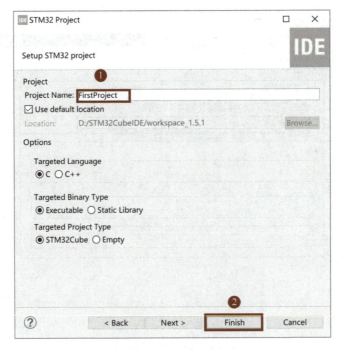

图1-7　输入工程名称

如出现图 1-8 所示关联视角提示，单击 Yes 即可。

图1-8　关联视角提示

（2）CubeMX 参数配置　工程新建完成，可以看到左边是 HAL 库，右边是 CubeMX 的配置界面，如图 1-9 所示。STM32CubeIDE 使用图形化界面的方式来配置 STM32 工程，它会自动生成配置代码，在 STM32CubeMX 界面有四个选项卡，分别为 Pinout&Configuration（配置引脚功能）、Clock Configuration（配置芯片的时钟树）、Project Manager（对工程进行配置，如使用的库版本、代码生成方式等）、Tools（芯片性能测试工具项，如完成功耗测试等）。

图1-9　工程新建完成

1）RCC 时钟源配置。选择 Pinout&Configuration 选项卡后，配置界面中间最大的就是工程中用到的 STM32 芯片，如图 1-10 所示。它显示了芯片的型号和封装以及芯片的所有引脚的名称。系统用不同的颜色区分了普通 I/O 口、电源和复位引脚。芯片的引脚功能可以通过单击引脚来配置，通常情况下不用每个引脚都手动配置，使用左侧的分类选项让系统自动配置更为方便，如果系统默认分配的引脚不符合设计要求，可以再手动调节。

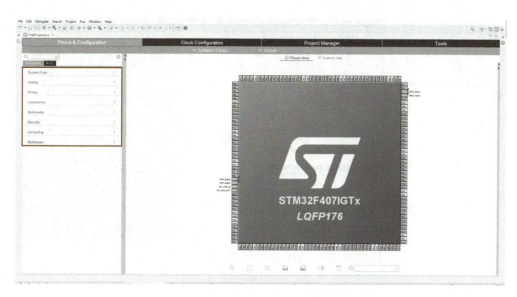

图1-10　Pinout&Configuration界面

界面左侧的功能分类如下。

System Core：该项主要完成芯片的 DMA（直接存储器访问）、GPIO（通用输入/输出接口）、IWDG（独立看门狗）、NVIC（内嵌向量中断控制器）、RCC（复位和时钟控制）、SYS（系统）、WWDG（窗口看门狗）功能的配置。

Analog：该项主要完成 ADC（模数转换器）和 DAC（数模转换器）的配置。

Timers：该项主要完成 RTC（实时时钟）和 TIM（基本定时器）的配置。

Connectivity：该项主要完成芯片的通信接口的配置，主要是 CAN（控制器局域网总线）、ETH、FSMC（可变静态存储控制器）、I^2C（集成电路总线）、SDIO（安全数字输入/输出接口）、SPI（串行外设接口）、UART（通用异步接收发送设备）、USB（通用串行总线）等接口的配置。

Multimedia：该项是多媒体功能的配置接口，有 DCMI（数字摄像头接口）和 I^2S 接口。

Security：该项是安全项的配置，主要是对 RNG（随机数生成器）进行设置。

Computing：该项是对 CRC（循环冗余校验）进行配置。

Middleware：该项是中间件的配置，主要配置 FatFs 文件系统、FreeRTOS 实时操作系统、LIBJPEG、LWIP、MBEDTLS、PDM2PCM、USB_DEVICE、USB_HOST。

在 STM32CubeMX 配置界面 Pinout&Configuration 选项卡中单击 System Core 将其展开，并单击 RCC，在 High Speed Clock（HSE）处选择 Crystal/Ceramic Resonator，此时在右边的 PH0-OSC_IN 和 PH1-OSC_OUT 引脚变成了绿色，如图 1-11 所示。

图1-11　时钟引脚配置

2）Clock Configuration 时钟树参数配置。该选项卡主要用于完成 STM32 时钟树的配置，配置时只需要配置好时钟的来源，然后写上所需的时钟频率，系统会自动计算参数来生成所需频率，不需要手动计算，提高了配置的效率。

如图 1-12 所示，在 Clock Configuration 选项卡下 Input frequency 的参数与设备硬件晶振一致，在 PLL Source Mux 处选择 HSE，System Clock Mux 处选择 PLLCLK，通过锁相环稳定高频的时钟信号，最后在 HCLK（MHz）处填写方框下提示的最大 MHz 数值 168。按 <Enter> 键即可。

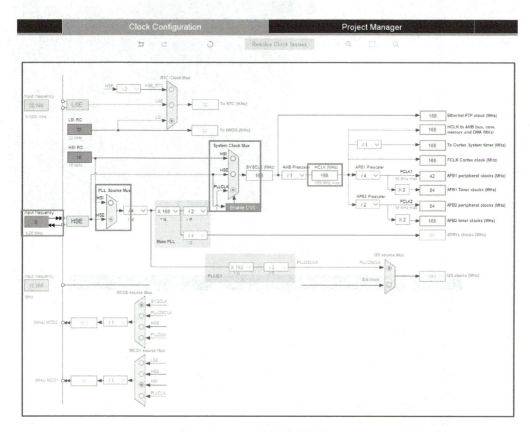

图1-12　时钟树参数配置

3）引脚配置。通过查看 STM32F4 核心板原理图可知，四个 LED 灯对应的引脚分别为 LED1 对应 PF9、LED2 对应 PF10、LED3 对应 PH14、LED4 对应 PH15。

在 Pinout&Configuration 选项卡中的 Pinout view 搜索框中，输入 LED1 引脚 PF9，即可看到 PF9 引脚闪烁，如图 1-13 所示。单击 PF9 引脚，弹出引脚属性配置框，选择 GPIO_Output 输出模式。

4）Project Manager 选项卡。该选项卡主要是完成工程的管理。Project 栏目如图 1-14 所示，其中需要注意的是 Project Location 的工程存放位置，Toolchain/IDE 选项卡中选择 STM32Cube IDE 以及 Minimum Heap Size 和 Minimum Stack Size，这两项的大小会影响程序运行。特别是在使用操作系统和文件系统时，要多加注意。

图1-13 查找引脚

图1-14 Project栏目

在 Code Generator 栏目中，为了方便工程文件管理和程序设计，可勾选将初始化的外设生成为独立的 ".c/.h" 文件，如图 1-15 所示。

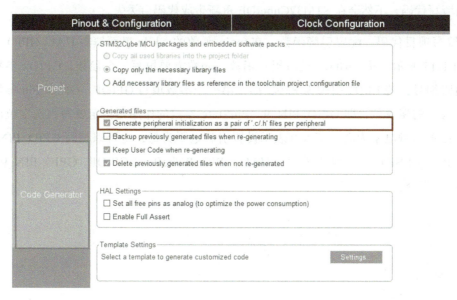

图1-15 将初始化的外设生成为独立的 ".c/.h" 文件

5）Tools 选项卡。该选项卡主要是估算芯片工作时的功耗问题，通常在设计产品时会用到。Tools 界面如图 1-16 所示。

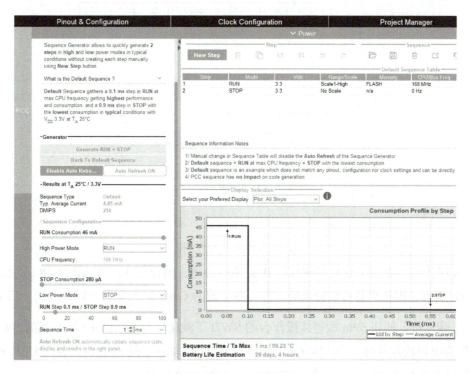

图1-16 Tools界面

工程参数配置完成后，单击工具栏的图标 将 CubeMX 配置的内容生成代码。在 Core/Src 目录下打开 main.c 文件，在 /* USER CODE BEGIN XX */ 和 /* USER CODE END XX */ 的特定区间填写代码，不然会在 STM32CubeIDE 重新生成代码后丢失。

6）编写项目代码，配置引脚函数。在 main 函数的 while 里面填写 HAL_GPIO_WritePin（）；如图 1-17 所示。按 <Alt+/> 键可提示函数，函数需要填写三个参数，GPIOx 参数的作用是指定引脚编号，若 LED1 引脚为 PF9，那么第一个参数填写 GPIOF。GPIO_Pin 参数的作用是指定要写入的端口位，即 GPIO_PIN_9。PinState 参数的作用是指定要写入选定位的值，填入 1 表示设置引脚电平为高，填入 0 表示设置引脚电平为低，也可以填写 GPIO_PIN_SET 或者 GPIO_PIN_RESET。本例程写入：HAL_GPIO_WritePin（GPIOF，GPIO_PIN_9，GPIO_PIN_SET）；指令。

图1-17　配置引脚函数

7）编译代码。单击工具栏的图标 快速进行构建，编译完成结果如图 1-18 所示，最终自动生成 .elf 文件，即仿真器可以烧录的文件，在下面的 Console 控制台可以看到编译后的结果。

8）下载运行。使用 6Pin 线连接操作台的 SWD 下载接口与 STM32F4 核心板的 SWD 接口，使用双公头电源线连接操作台 12V OUT 接口与 STM32F4 核心板 J4 接口，使用 USB 转方口线连接操作台左侧 USB 接口与计算机 USB 接口，如图 1-19 所示。

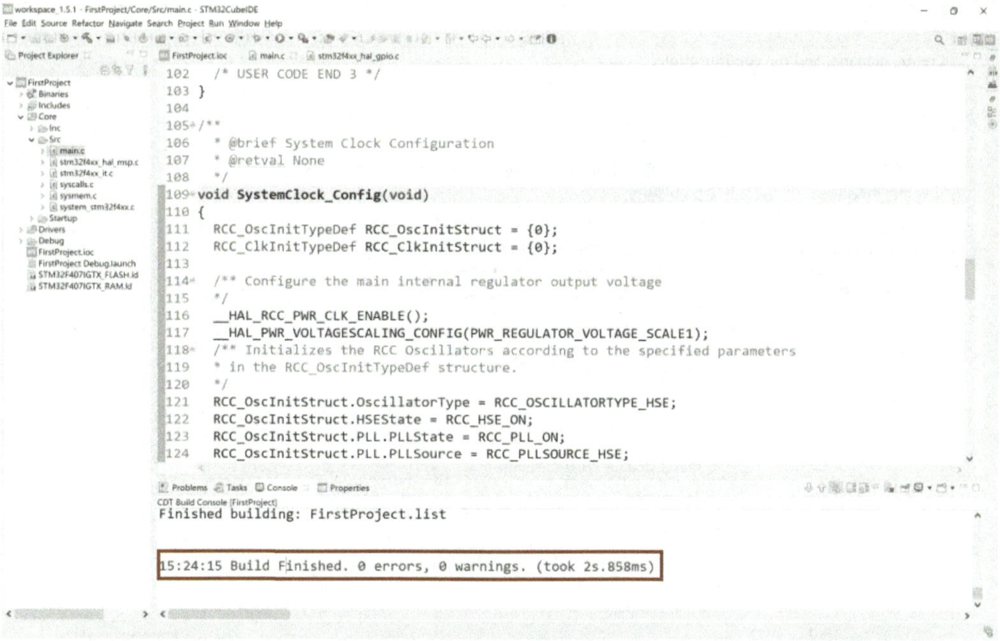

图1-18 编译完成结果

图1-19 STM32F4核心板与操作台接线

在菜单栏 Run 选项中找到 Run Configurations，进入 Run Configurations 界面后双击 STM32Cortex-M C/C++ Application，打开配置调试界面，配置仿真器和接口方式如图 1-20 所示。单击调试器选项，调试探头选择 SEGGER J-LINK，接口选择 SWD，最后单击 Apply 即可。

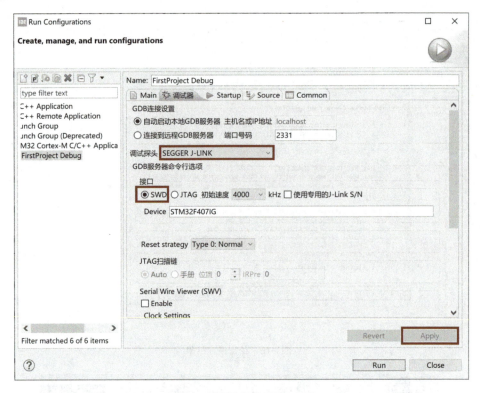

图1-20　配置仿真器和接口方式

单击菜单栏中的开始图标把程序下载到STM32F4核心板上，此时可以看到LED1已点亮。

（3）实现流水灯

1）CubeMX配置。本书用到的STM32F407核心板，LED1～LED4四盏灯对应的引脚分别为PF9、PF10、PH14、PH15，读者可以按照上面的步骤来配置对应四盏灯的GPIO引脚，其他的时钟等配置保持不变。

2）更新main.c函数文件。回到main.c文件，添加LED2、LED3、LED4的引脚函数，PinState参数都填写为GPIO_PIN_SET或者1，即在while（1）函数内编写如下四条指令：

1. HAL_GPIO_WritePin（GPIOF，GPIO_PIN_9，GPIO_PIN_SET）；
2. HAL_GPIO_WritePin（GPIOF，GPIO_PIN_10，GPIO_PIN_SET）；
3. HAL_GPIO_WritePin（GPIOH，GPIO_PIN_14，GPIO_PIN_SET）；
4. HAL_GPIO_WritePin（GPIOH，GPIO_PIN_15，GPIO_PIN_SET）；

将代码编译并下载到STM32F4核心板上，此时可以看到四个LED灯都被点亮，如图1-21所示。

图1-21 四个LED灯被点亮

同理，将 PinState 参数都填写为 GPIO_PIN_RESET 或者 0，将代码编译并下载到 STM32F4 核心板上，此时可以看到四个 LED 灯都被熄灭。

高电平点亮 LED 灯，低电平熄灭 LED 灯。加上延时函数 HAL_Delay（500），函数延时 500ms，让 LED 灯以流水灯方式点亮，程序段如下：

```
1. HAL_GPIO_WritePin（GPIOF，GPIO_PIN_9，GPIO_PIN_SET）;
2. HAL_Delay（500）;
3. HAL_GPIO_WritePin（GPIOF，GPIO_PIN_9，GPIO_PIN_RESET）;
4. HAL_GPIO_WritePin（GPIOF，GPIO_PIN_10，GPIO_PIN_SET）;
5. HAL_Delay（500）;
6. HAL_GPIO_WritePin（GPIOF，GPIO_PIN_10，GPIO_PIN_RESET）;
7. HAL_GPIO_WritePin（GPIOH，GPIO_PIN_14，GPIO_PIN_SET）;
8. HAL_Delay（500）;
9. HAL_GPIO_WritePin（GPIOH，GPIO_PIN_14，GPIO_PIN_RESET）;
10. HAL_GPIO_WritePin（GPIOH，GPIO_PIN_15，GPIO_PIN_SET）;
11. HAL_Delay（500）;
12. HAL_GPIO_WritePin（GPIOH，GPIO_PIN_15，GPIO_PIN_RESET）;
```

还可使用引脚电平翻转函数来实现引脚高低电平转换。函数定义如下：

void HAL_GPIO_TogglePin（GPIO_TypeDef* GPIOx，uint16_t GPIO_Pin）

此函数用于设置引脚的电平翻转，使用 GPIO 的 ODR 寄存器进行设置。第 1 个参数表示使用的端口号，从 GPIOA ~ GPIOK。第 2 个参数表示配置选择的引脚，范围为 GPIO_PIN_0 ~ GPIO_PIN_15。

即在 while（1）函数内编写如下指令来实现：

1. HAL_GPIO_TogglePin（GPIOF，GPIO_PIN_9）；
2. HAL_Delay（500）；
3. HAL_GPIO_TogglePin（GPIOF，GPIO_PIN_10）；
4. HAL_Delay（500）；
5. HAL_GPIO_TogglePin（GPIOH，GPIO_PIN_14）；
6. HAL_Delay（500）；
7. HAL_GPIO_TogglePin（GPIOH，GPIO_PIN_15）；
8. HAL_Delay（500）；

4. 断点调试与数值监测

（1）调试界面及功能介绍　调试界面如图 1-22 所示。

图1-22　调试界面

调试界面主要用于调试任务，各序号对应调试按钮功能见表 1-1。

表 1-1　调试按钮功能

图标	功能	图标	功能	图标	功能
	1：复位芯片重新调试		4：暂停运行		7：单步跳过
	2：终止并重新启动		5：终止调试		8：单步返回
	3：继续运行		6：单步跳入		9：启动调试

（2）断点调试过程　单击工具栏中的瓢虫按钮 或者右击选择 Debug As，选择 STM32 Cortex-M C/C++ Application 启动调试，此时提示是否切换视角，单击 Switch 开关，如图 1-23 所示。

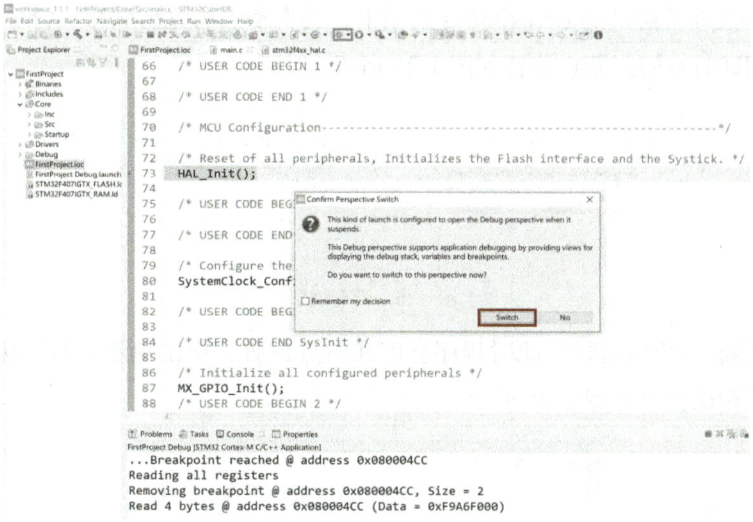

图1-23　启动调试

调试启动后界面右边会出现参数调试窗口。在调试窗口中用得多的是变量、断点和特殊功能寄存器。

Variables：查看变量。根据LED灯的接口查看对应的GPIO的ODR寄存器（输出数据寄存器），可以看到数值的变化，同时观察核心板的LED灯状态。

Breakpoints：查看断点位置。在main.c文件的左侧灰色标签栏中，代码行数的左侧双击即可完成断点添加，如图1-24所示。

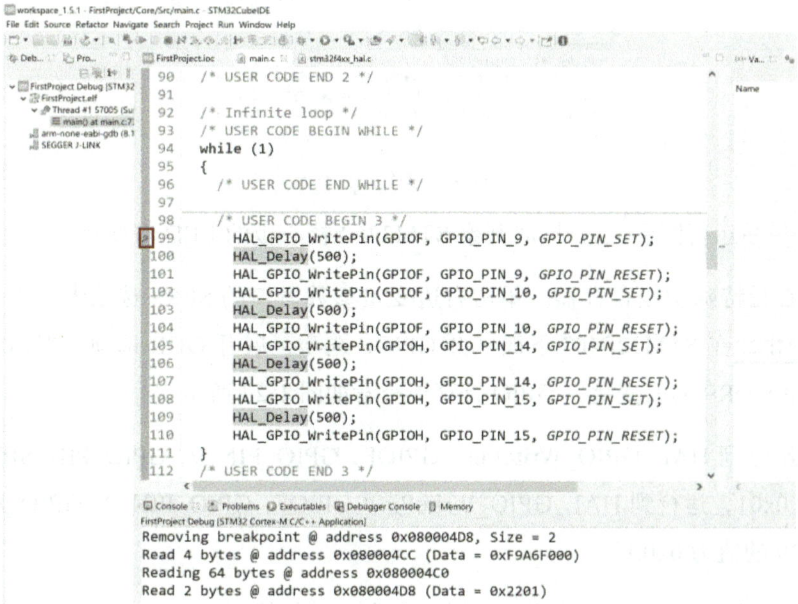

图1-24　添加断点

单击右边参数查看窗口的 Breakpoints 选项卡，会将断点的先后顺序、行号和文件等信息显示出来，方便调试时查阅。断点位置如图 1-25 所示。

图1-25　断点位置

单击运行图标▷开始运行，此时程序会停在断点位置，单击单步运行图标，单步执行每一行代码。开始调试程序如图 1-26 所示。

图1-26　开始调试程序

继续单击单步运行图标，同时观察 STM32F4 核心板的 LED 灯变化。

SFRS：查看特殊功能寄存器。单击右边变量参数窗口的 SFRS 选项卡，查看 PF9 引脚寄存器参数值变化，在 STM32F407 下面展开 GPIOF 选项，展开 ODR 选项，然后单击单步运行图标，观察 ODR9 的值变化。GPIO 寄存器查看如图 1-27 所示。

当程序运行到 HAL_GPIO_WritePin（GPIOF, GPIO_PIN_9, GPIO_PIN_SET）;函数时，ODR9 的值为 0x01，运行到 HAL_GPIO_WritePin（GPIOF, GPIO_PIN_9, GPIO_PIN_RESET）;函数时，ODR9 的值为 0x00。

注意：如超过 1min 没有调试程序会提示命令失败等错误，此时关掉提示，单击复位芯片图标，再单击运行图标▷即可。

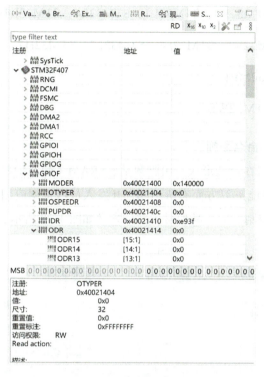

图1-27　GPIO寄存器查看

1.5　知识直通车

微控制器学习八问。

一问：什么是STM32？

1. STM32 概述

STM32 是意法半导体（STMicroelectronics，简称 ST）有限公司出品的一系列微控制器（Micro Controller）的统称。

意法半导体于1987年6月成立，是由意大利的SGS微电子公司和法国Thomson半导体公司合并而成。1998年5月，SGS-THOMSON Microelectronics将公司名称改为意法半导体有限公司，是目前世界最大的半导体公司之一。

STM32系列微控制器基于 ARM Cortex-M0、M0+、M3、M4 和 M7 内核，这些内核是为高性能、低成本和低功耗的嵌入式应用专门设计的。该系列的微控制器按内核架构可以分为：

1）主流产品：STM32F0、STM32G0、STM32F1、STM32F3、STM32G4。

2）超低功耗产品：STM32L0、STM32L1、STM32L4、STM32L4+、STM32L5。

3）高性能产品：STM32F2、STM32F4、STM32F7、STM32H7。

4）MPU 产品：STM32MP1。

5）无线系列产品：STM32WB。

2. STM32 微控制器的命名规则

STM32 系列微控制器在封装形式、引脚数量、SRAM（静态随机存储器）和闪存大小、最高工作频率（影响产品性能）等方面有所不同，开发人员可根据应用需求选择最合适的型号完成项目设计。STM32 微控制器的产品型号各部分含义如图 1-28 所示。

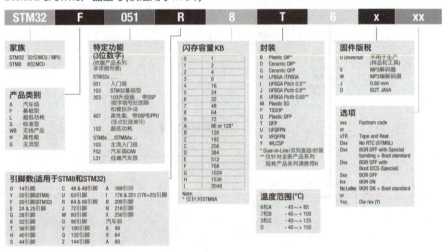

图 1-28 STM32 微控制器的产品型号图

下面以 STM32F407ZGT6 型微控制器说明型号各部分的含义，见表 1-2。

表 1-2 STM32F407ZGT6 型微控制器产品型号各部分含义

序号	命名	具体含义
1	STM32	STM32 代表 ARMCortex-M 内核的 32 位微控制器
2	F	F 代表芯片子系列
3	407	407 代表高性能产品系列
4	Z	Z：引脚数，其中 T 代表 36 脚，C 代表 48 脚，R 代表 64 脚，V 代表 100 脚，Z 代表 144 脚，I 代表 176 脚
5	G	G：内嵌 Flash 容量，其中 6 代表 32KB Flash，8 代表 64KB Flash，B 代表 128KB Flash，C 代表 256KB Flash，D 代表 384KB Flash，E 代表 512KB Flash，G 代表 1MB Flash
6	T	T：封装，其中 H 代表 BGA 封装，T 代表 QFP 封装，U 代表 UFQFPN 封装

3. STM32F4微控制器的基本结构

STM32 微控制器在芯片上集成了各种基本功能部件，它们之间通过总线相连。功能部件主要包括：内核 Core、系统时钟发生器、复位电路、程序存储器、数据存储器、中断控制器、调试接口以及各种外设。

STM32 微控制器中常见的外设有：通用输入输出接口（GPIO）、定时器（Timer）、模数转换器（ADC）、数模转换器（DAC）、通用同步/异步串行收发器（USART）、安全数字输入输出接口（SDIO）、串行外设接口（SPI）、内部集成电路接口（IIC）、控制器局域网总线（CAN）等。

下面通过图 1-29 介绍 STM32F4 的系统架构。

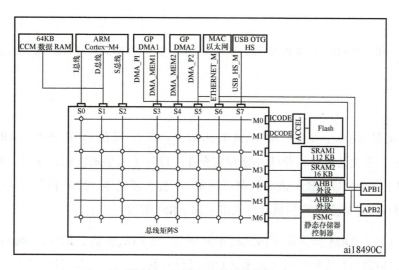

图1-29　STM32F4 的系统架构

从图 1-29 中可以看到，主系统由多层 AHB 总线矩阵构成，可实现以下部分的互联：

（1）八条主控总线

1）Cortex-M4 内核 I 总线、D 总线和 S 总线。

2）DMA1 存储器总线。

3）DMA2 存储器总线。

4）DMA2 外设总线。

5）以太网 DMA 总线。

6）USB OTG HS DMA 总线。

（2）七条被控总线和一条特殊的总线

1）内部 Flash ICode 总线。

2）内部 Flash DCode 总线。

3）主要内部 SRAM1（112KB）。

4）辅助内部 SRAM2（16KB）。

5）辅助内部 SRAM3（64KB）（图 1-29 中无，为特殊的总线，仅适用于 STM32F42×××和 STM32F43××× 器件）。

6）AHB1 外设（包括 AHB-APB 总线桥和 APB 外设）总线。

7）AHB2 外设总线。

8）FSMC。

注：更详细的 STM32F4 微控制器的系统框图可参考 STM32F4 数据手册 Datasheet 第 19 页 Figure5。

二问：什么是ARM？

ARM 公司是 Apple、Acorn 和 VLSI Technology 等公司的合资企业。ARM（Advanced RISC Machines）是微处理器行业的一家知名企业，设计了大量高性能、廉价、耗能低的 RISC 处理器，适用于多个领域，比如嵌入控制、消费/教育类多媒体、DSP 和移动式应用等。目前，全世界超过 95% 的智能手机和平板计算机都采用 ARM 架构。

1990 年 11 月，ARM 公司在英国剑桥正式成立，专门从事基于 RISC（Reduced Instruction Set Computer，精简指令集计算机）技术芯片的设计开发，作为知识产权供应商，该公司本身不直接从事芯片生产，只出售芯片设计技术的授权，由合作公司生产各具特色的芯片。世界各大半导体生产商从 ARM 公司购买其设计的 ARM 微处理器核，根据各自不同的应用领域，加入适当的外围电路，从而形成自己的基于 ARM 内核的微处理器芯片进入市场。目前全世界有几十家大的半导体公司与 ARM 签订了硬件技术使用许可协议，其中包括 Intel（英特尔）、IBM（国际商业机器公司）、LG 半导体、NEC（日本电气）、SONY（索尼）、飞利浦和国家半导体这样的大公司。至于软件系统的合伙人，则包括微软、SUN 和 MRI 等一系列知名公司。

因此，生活中若提到"ARM"，既可以代表一家公司的名称（从事基于 RISC 技术芯片设计，只出售芯片设计的授权），又代表一种技术（处理器核心、指令系统和开发环境等），还可以代表一类微处理器（由半导体公司生产的基于 ARM 内核的微处理器）。

ARM 处理器发展多年，经历了 ARM1、v2、v3、v4、v5、v6、v7、v8 等不同版本的内核架构。发展至 ARMv7 架构时，开始以 Cortex 来命名，并分为 Cortex-A、Cortex-R 和 Cortex-M 三个系列。三大系列分工明确："A"系列面向尖端的基于虚拟内存的操作系统和用户应用，"R"系列针对实时系统，"M"系列针对微控制器。简单地说，Cortex-A 系列是用于移动领域的 CPU，

Cortex-R 和 Cortex-M 系列是用于实时控制领域的 MCU。STM32 微控制器即是基于 ARMv7 架构中的 Cortex-M 系列内核。

三问：STM32能做什么？

随着电子、计算机和通信技术的迅速发展，嵌入式系统已经广泛地融入人们的生活，它的应用前景很好，应用领域包括家用电器、交通工具、办公系统等。

ST 公司在 2007 年发布首款搭载 ARM Cortex-M3 内核的 32 位 MCU，STM32 产品线相继加入了基于 ARM Cortex-M0、Cortex-M4 和 Cortex-M7 的产品，越来越多的电子产品使用 STM32 微控制器构成解决方案，包括智能硬件、智能家居/智慧城市、智慧工业和智能驾驶等领域。图 1-30 是生活中常见的几款使用 STM32 作为主控的电子产品。

图1-30　STM32的应用领域

四问：STM32学习必备知识基础是什么？

利用 STM32 微控制器进行应用开发主要的编程语言是 C 语言，同时在应用开发过程中，需要经常阅读电路原理图、集成电路芯片 Datasheet 等专业资料，因此在学习 STM32 前，应先学习"C 语言程序设计""模拟电子电路分析与应用"和"数字电子电路分析与应用"等课程，这些课程将为 STM32 学习奠定基础。

五问：STM32学习需要哪些工具与平台？有什么好的学习方法？

1. STM32学习所需工具与平台

在 STM32 学习中，挑选一块合适的开发板是必需的。目前市面上可选购的 STM32 开发板主要有两大类：图 1-31 所示为 STM32 最小系统板与外设齐全的开发板。这两种开发板对于学习各有其优缺点。最小系统板相对来说便宜，但需要自行搭建外设应用电路。外设齐全的开发板可以方便地完成芯片性能测试、程序功能验证以及想法创意的快速应用。

a) 最小系统板　　　　　　　　　　　b) 外设齐全的开发板

图1-31　STM32 最小系统板与外设齐全的开发板

根据 ST 公司官网显示，支持 STM32 开发的 IDE（Integrated Development Environments，集成开发环境）有 17 种，其中包括商业版软件和免费的软件。目前比较常用的商业版 IDE 有 MDK-ARM-STM32 与 IAR-EWARM，免费的 IDE 包括 SW4STM32、TrueSTUDIO 和 CoIDE 等。ST 官方推荐使用 STM32CubeIDE 软件可视化地进行芯片资源和引脚配置，生成项目的源程序，并在 IDE 中进行编译、调试与下载。常用的 STM32 开发软件如图 1-32 所示。

 STM32 IDEs

图1-32　STM32 开发软件一览

2. 微控制器学习方法

（1）粗读一遍文档　重点看基础部分，如：存储器和总线架构、电源控制、备份寄存器、复位和时钟控制、通用和复用功能 I/O、中断等。具体外设的使用细节，可等用到时再仔细阅读。

（2）制订分阶段目标　可以把 STM32 微控制器的学习过程分为三个阶段。

初始阶段：把厂家配套的开发板使用手册浏览一遍，熟悉所买的开发板。按照使用手册，把开发板上的相关测试、操作步骤，都动手做一遍。

"模仿"阶段：按自己的想法修改例程，达到不同的效果。

"自由发挥"阶段：选取一个小项目，并实现它的功能，这样对STM32开发就算入门了。

六问：如何搭建STM32F4微控制器的最小系统？

一般来说，STM32F4××微控制器的最小系统应包含以下几个部分：

1. 电源电路

开发板上有一个5V直流电源接口，通过电源适配器将外部220V交流电压转换为5V直流电压，然后使用该接口接入开发板。电路板上使用一个TPS62203芯片将5V电压转换为3.3V稳定电压。3.3V稳压电路和备用电源电路如图1-33所示。

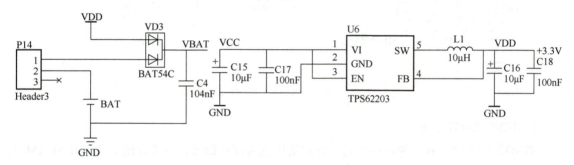

图1-33　3.3V稳压电路和备用电源电路

电路板上还有一个纽扣电池作为备用电源VBAT，这个电源接STM32F407的VBAT引脚，作为RTC和备份寄存器的备用电源。

2. 外部晶振电路

STM32F4微控制器的最小系统板需要安装两个晶振。外部晶振电路原理图如图1-34所示。电路板上有HSE晶振电路作为外部时钟源，高频晶振可选用8MHz或者25MHz，还有一个LSE低频晶振，一般选用32.768kHz。

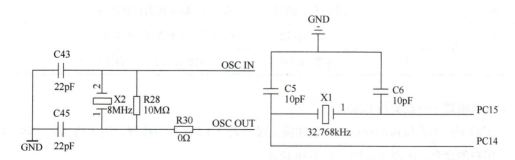

图1-34　外部晶振电路原理图

3. 仿真调试、复位接口

电路板上仿真器接口是一个 20 针插座，它与 STM32F407 的 JTAG/SW 调试接口连接，可以通过软件设置为 JTAG 接口或 SW 接口仿真。尽量使用 2 线的 SW 调试接口，因为 JTAG 接口的几个引脚与 SDIO 接口和 SPI1 接口复用，使用 JTAG 接口时容易出现冲突和错误。相应的电路图如图 1-35 所示。STM32F407 是低电平复位，按复位键可使 STM32F407 系统复位。

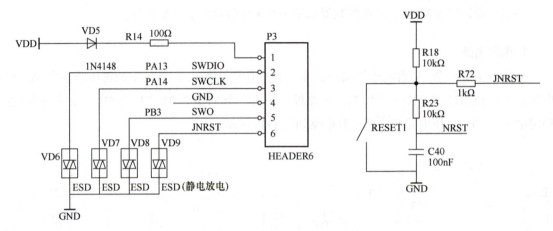

图 1-35　JTAG 仿真调试、复位接口电路

4. 启动模式选择电路

STM32 微控制器有三种启动模式，分别是从主闪存存储器、系统存储器和内置 SRAM 三种存储介质启动，这几种存储介质都是芯片内置的。从哪种存储介质启动由芯片上的两个引脚进行配置，分别是"BOOT0"和"BOOT1"引脚。

STM32F407IG 由 BOOT0（Pin138）和 BOOT1（Pin48）两个引脚设置自举模式，一般将 BOOT1 短接 GND，将 BOOT0 短接 3.3V，选择从系统存储器启动，引脚配置见表 1-3。

表 1-3　"BOOT0"与"BOOT1"引脚配置

启动模式选择引脚		启动模式	说明
BOOT0	BOOT1		
0	X	主闪存存储器	选择主 Flash 作为启动区域
1	0	系统存储器	选择系统存储器作为启动区域
1	1	内置 SRAM	选择内置 SRAM 作为启动区域

5. 人机接口——按键与 LED

为了验证最小系统板的功能，一般在板上设计若干 LED 灯与按键，用于指示程序运行情况并接受用户的命令，电路原理图如图 1-36 所示。

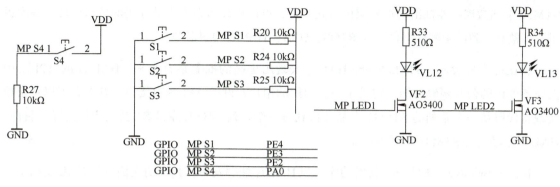

图1-36　人机接口电路原理图

七问：STM32 的应用开发模式有哪些？

1. STM32 的开发库

ST 公司为开发者提供了开发库，目前有标准外设库、HAL 库与 LL 库三种。另外，ST 公司还针对 F0 与 L0 系列推出了 STM32Snippets 代码集合。下面分别对以上几种开发库进行介绍。

（1）STM32Snippets　STM32Snippets 是代码示例的集合，直接基于 STM32 寄存器，在代码执行效率上得到了最大的优化。由于处在最底层，需要开发者直接操作寄存器，对开发者的水平要求较高，目前只在 STM32F0 和 L0 系列微控制器中提供。使用 STM32Snippets 的缺点是代码在不同系列的 ST 芯片之间没有可移植性。

（2）标准外设库　STM32 标准外设库（Standard Peripherals Library）是一个固件函数包，它由程序、数据结构和宏组成，包括了微控制器所有外设的性能特征，该函数库还包括每一个外设的驱动描述和应用实例，为开发者访问底层硬件提供了一个中间 API。通过使用固件函数库，无须深入掌握底层硬件细节，开发者就可以轻松应用每一个外设。因此，使用固态函数库可以大大减少开发者使用片内外设的时间，进而降低开发成本。

标准外设库较早的版本也称固件函数库或简称固件库，它是目前使用最多的库，缺点是不支持 L0、L4 和 F7 等 STM32 系列芯片。

ST 公司为各系列提供的标准外设库有些区别。例如，STM32F1×× 的库和 STM32F4×× 的库在文件结构与内部实现上有所不同，因此标准外设库在不同系列的芯片之间的移植性也较差。

（3）STM32CubeIDE 与 HAL 库、LL 库　为了减少开发人员的工作量，提高程序开发的效率，ST 公司发布了一个新的软件开发工具产品——STM32CubeIDE。这个产品由图形化配置工具 STM32CubeMX、库函数（HAL 库与 LL 库）以及一系列的中间件集合 [RTOS、USB 库、文件系统和 TCP/IP（传输控制协议 / 互联网协议）协议栈等] 构成。

HAL 是 Hardware Abstraction Layer 的缩写，中文名是硬件抽象层。HAL 库是 ST 公司为

STM32 系列微控制器推出的抽象层嵌入式软件，可以提高跨系列产品代码的可移植性。该库提供了一整套一致的中间件组件，如 RTOS、USB、TCP/IP 和图形等。

相比标准外设库，STM32Cube HAL 库表现出更高的抽象整合水平，HAL 库的 API 集中关注各外设的公共函数功能，定义了一套通用的用户友好的 API 函数接口，开发者可以轻松地实现将代码从一个系列的 STM32 产品移植到另一个系列。HAL 库是 ST 公司主推的库。目前，HAL 库已经支持 STM32 全系列产品。

LL（Low Layer）库是 ST 新增的库，与 HAL 库捆绑发布，其说明文档也与 HAL 文档编写在一起，如 STM32L4×× 的 HAL 库说明文档中，就新增了 LL 库这一章节。

上述各开发库在移植性、程序优化等方面的比较见表 1-4。

表 1-4 各开发库的比较

开发库名称		移植性	程序优化 （内存占用 & 执行效率）	易用性	程序可读性	支持硬件系列
STM32Snippets			+++			+
标准外设库		++	++	+	++	+++
STM32Cube	HAL 库	+++	+	++	+++	+++
	LL 库	+	+++	+	++	++

注：表格中"+"越多，代表其相应的特性越好。

2. 常用开发模式

根据 ST 公司的开发库构成情况，常见的开发模式主要有以下几种：

（1）基于寄存器的开发模式　开发者选择这种开发模式可从细节上了解 STM32 微控制器的架构与原理，它的程序代码简练、执行效率高。缺点是 STM32 微控制器外设多，寄存器功能五花八门，且后期维护难，移植性差。这种开发模式适合有一定功底的开发人员。

（2）基于标准外设库的开发模式　这种开发模式对开发者要求较低，会调用 API 即可写程序，容易上手，且程序代码容错性好，后期维护简单。缺点是程序冗余较多，运行速度相对操作寄存器开发模式偏慢。另外，从深度掌握 STM32 内部原理角度而言，不如操作寄存器的开发模式。这种开发模式可快速入门，多数初学者会选择这种开发模式。

（3）基于 STM32Cube 的开发模式　STM32Cube 是开源免费的开发平台，基于此开发平台的开发模式是根据应用需求先使用图形化配置工具对外设进行配置，再生成基于 HAL 库或 LL 库的初始化代码。它的优点是可自动生成程序框架，简化了新建工程、编写初始代码的过程；图形化配置工具操作简单、界面直观，简化了查询数据手册了解引脚与外设功能的步骤；鉴于 HAL 库的特性，这种开发模式生成的程序移植性最好。缺点是程序可读性较差，函数调用关系较复杂，执行效率偏低，对初学者比较不友好。

基于 STM32Cube 的开发模式是 ST 公司目前主推的一种模式，近年来推出的新产品，ST 公司也已不为其配备标准外设库。因此，本书综合考虑软件开发工具发展现状与技术发展的潮流，选取了“基于 STM32Cube 的开发模式”。

八问：STM32CubeF4扩展包的文件结构是怎样的？

截止本书出版时，ST 公司官网上可下载到的 STM32CubeF4 扩展包的版本是 V6.2.0，压缩包解压后的文件夹主要含义如下。

_htmresc：包含 ST 公司 Logo（商标）、STM32Cube 组件架构图和版本更新内容说明网页等。

Documentation：包含了 STM32Cube 开发使用文档。

Drives：包含了 BSP（板级支持包）、CMSIS（微控制器软件接口标准）和 STM32F4xx_HAL_Driver 文件。

Middlewares：包含开发中可以使用的中间件文件。

Projects：官方范例与工程模板。

Utilities：ST 官方评估板示例代码，可作为学习参考。

html 文件：该文件为网页文件，其主要记录 STM32CubeF4 固件包的更新说明。

1. 主程序代码（main.c）分析

（1）程序开始部分 用 /* …*/ 表示说明部分，其中省略号是程序说明内容。主要功能是介绍文件名（@file）、版权信息等，如图 1-37 所示。

```
/* USER CODE BEGIN Header */
/**
  ******************************************************************************
  * @file           : main.c
  * @brief          : Main program body
  ******************************************************************************
  * @attention
  *
  * <h2><center>&copy; Copyright (c) 2021 STMicroelectronics.
  * All rights reserved.</center></h2>
  *
  * This software component is licensed by ST under BSD 3-Clause license,
  * the "License"; You may not use this file except in compliance with the
  * License. You may obtain a copy of the License at:
  *                        opensource.org/licenses/BSD-3-Clause
  *
  ******************************************************************************
  */
/* USER CODE END Header */
```

图1-37 文件版权信息

（2）includes（包含）部分 里面包含了 main.h 和 gpio.h 两个 .h 文件，该文件包含 stm32f4xx_hal.h 头文件，支持 STM32F4 系列单片机。用户需要包含的头文件，要添加在 /* USER CODE BEGIN Includes */ 和 /* USER CODE END Includes */ 之间，比如，要添加字符串处理函数的头文件时，可按如图 1-38 所示添加。

```
/* Includes ------------------------------------------------------------------*/
#include "stm32f4xx_hal.h"

/* Private includes ----------------------------------------------------------*/
/* USER CODE BEGIN Includes */
#include <string.h> //添加字符串处理头文件

/* USER CODE END Includes */
```

图1-38 添加头文件

（3）变量定义部分　包括全局变量、宏定义和结构体定义等，这些放在 BEGIN 和 END 之间的区域。

（4）函数声明部分　在 /* Private function prototypes --*/ 部分，用于专用函数的声明，如 CubeIDE 对自动产生的以下函数进行声明。

1. void SystemClock_Config（void）;

如果用户有自定义的函数，可以在以下两个解释之间进行声明。

1. /* USER CODE BEGIN PFP */
2. /* USER CODE END PFP */

（5）主函数 int main（void）　在以下声明之间添加用户的程序代码，比如定义局部变量等。

1. /* USER CODE BEGIN 1 */
2. /* USER CODE END 1 */

以下声明用于复位所有外设、初始化 Flash 和系统节拍等。

1. /* MCU Configuration---*/
2. /* Reset of all peripherals, Initializes the Flash interface and the SysTick. */
3. HAL_Init（）;
4. /* USER CODE BEGIN Init */
5. /* USER CODE END Init */

调用 HAL_Init（）函数，该函数在 stm32f4xx_hal.c 中进行了定义，如图 1-39 所示，主要完成了 Flash 配置、开启数据与指令缓存、中断分组、SysTick 配置和初始化硬件底层。

```
HAL_StatusTypeDef HAL_Init(void)
{
  /* Configure Flash prefetch, Instruction cache, Data cache */
#if (INSTRUCTION_CACHE_ENABLE != 0U)
  __HAL_FLASH_INSTRUCTION_CACHE_ENABLE();
#endif /* INSTRUCTION_CACHE_ENABLE */

#if (DATA_CACHE_ENABLE != 0U)
  __HAL_FLASH_DATA_CACHE_ENABLE();
#endif /* DATA_CACHE_ENABLE */

#if (PREFETCH_ENABLE != 0U)
  __HAL_FLASH_PREFETCH_BUFFER_ENABLE();
#endif /* PREFETCH_ENABLE */

  /* Set Interrupt Group Priority */
  HAL_NVIC_SetPriorityGrouping(NVIC_PRIORITYGROUP_4);

  /* Use systick as time base source and configure 1ms tick (default
  HAL_InitTick(TICK_INT_PRIORITY);

  /* Init the low level hardware */
  HAL_MspInit();

  /* Return function status */
  return HAL_OK;
}
```

图1-39 HAL_Init函数内容

在以下声明区间可添加系统时钟配置代码：

1. /* Configure the system clock */
2. SystemClock_Config（ ）;
3. /* USER CODE BEGIN SysInit */
4. /* USER CODE END SysInit */

SystemClock_Config（ ）函数是基于在 STM32CubeMX 当中的配置，而自动生成的系统时钟配置代码，如果用户需要进行时钟修订，将函数放在指定的用户代码区即可。

在以下声明区间可添加外设初始化配置代码：

1. /* Initialize all configured peripherals */
2. MX_GPIO_Init（ ）;
3. /* USER CODE BEGIN 2 */
4. /* USER CODE END 2 */

MX_GPIO_Init（ ）函数用来配置 GPIO 引脚，是在文件 gpio.h 中定义的 GPIO 引脚初始化函数，它是 CubeMX 中 GPIO 引脚图形化配置的实现代码，用于特定引脚的初始化。

在 main.c 函数中，HAL_Init（ ）、SystemClock_Config（ ）这两个函数是必然调用的两个函数，再根据使用外设情况，会调用各个外设的初始化函数，然后进入 while（1）无限循环。

（6）while（1）循环体 在 /* USER CODE BEGIN 3 */ 和 /* USER CODE END 3 */ 之间加

入需要循环执行的部分，即用户需要自编代码。这里加入的是实现 LED 闪烁语句，控制代码如图 1-40 所示。

```
while (1)
{
  /* USER CODE END WHILE */

  /* USER CODE BEGIN 3 */
  /* HAL_GPIO_WritePin(GPIOF, GPIO_PIN_9,GPIO_PIN_SET);*/

          HAL_GPIO_TogglePin(GPIOF, GPIO_PIN_9);
          HAL_Delay(500);
          HAL_GPIO_TogglePin(GPIOF, GPIO_PIN_10);
          HAL_Delay(500);
          HAL_GPIO_TogglePin(GPIOC, GPIO_PIN_0);
          HAL_Delay(500);
          HAL_GPIO_TogglePin(GPIOC, GPIO_PIN_1);
          HAL_Delay(500);
}
  /* USER CODE END 3 */
}
```

图1-40　LED 闪烁控制代码

（7）系统调用函数部分　在 while（1）循环部分后面，main.c 文件还没有结束，可以看到有 void SystemClock_Config（void）函数内容。该函数是 STM32CubeMX 软件生成的系统时钟配置函数。如果配置失败，则调用 Error_Handler（　）函数来处理。代码如图 1-41 所示。

```
void SystemClock_Config(void)
{
  RCC_OscInitTypeDef RCC_OscInitStruct = {0};
  RCC_ClkInitTypeDef RCC_ClkInitStruct = {0};

  /** Configure the main internal regulator output voltage
  */
  __HAL_RCC_PWR_CLK_ENABLE();
  __HAL_PWR_VOLTAGESCALING_CONFIG(PWR_REGULATOR_VOLTAGE_SCALE1);
  /** Initializes the RCC Oscillators according to the specified parameters
  * in the RCC_OscInitTypeDef structure.
  */
  RCC_OscInitStruct.OscillatorType = RCC_OSCILLATORTYPE_HSE;
  RCC_OscInitStruct.HSEState = RCC_HSE_ON;
  RCC_OscInitStruct.PLL.PLLState = RCC_PLL_ON;
  RCC_OscInitStruct.PLL.PLLSource = RCC_PLLSOURCE_HSE;
  RCC_OscInitStruct.PLL.PLLM = 25;
  RCC_OscInitStruct.PLL.PLLN = 336;
  RCC_OscInitStruct.PLL.PLLP = RCC_PLLP_DIV2;
  RCC_OscInitStruct.PLL.PLLQ = 4;
  if (HAL_RCC_OscConfig(&RCC_OscInitStruct) != HAL_OK)
  {
    Error_Handler();
  }
  /** Initializes the CPU, AHB and APB buses clocks
  */
  RCC_ClkInitStruct.ClockType = RCC_CLOCKTYPE_HCLK|RCC_CLOCKTYPE_SYSCLK
                              |RCC_CLOCKTYPE_PCLK1|RCC_CLOCKTYPE_PCLK2;
  RCC_ClkInitStruct.SYSCLKSource = RCC_SYSCLKSOURCE_PLLCLK;
  RCC_ClkInitStruct.AHBCLKDivider = RCC_SYSCLK_DIV1;
  RCC_ClkInitStruct.APB1CLKDivider = RCC_HCLK_DIV4;
  RCC_ClkInitStruct.APB2CLKDivider = RCC_HCLK_DIV2;

  if (HAL_RCC_ClockConfig(&RCC_ClkInitStruct, FLASH_LATENCY_5) != HAL_OK)
  {
    Error_Handler();
  }
}
```

图1-41　时钟配置代码

（8）用户源代码区　有一段区域是由 /* USER CODE BEGIN 4 */ 和 /* USER CODE END 4 */ 组成的，在该区域内，可添加用户子函数源代码。

（9）错误处理函数　在 main.c 的后半部分，定义了一个空函数，void Error_Handler（void），可以在该函数内部添加相应功能，以应对可能发生的错误。

（10）错误提示信息　在 main.c 文件的最后，是一个条件编译，里面定义了一个 void assert_failed（uint8_t *file, uint32_t line）的函数，用于检测程序中存在错误的文件名称和程序行号码，用户可根据自己的使用环境，添加适当的错误提示信息。

以上就是使用 STM32CubeMX 生成的基于 HAL 库的驱动代码，代码结构清晰、逻辑严密。需要注意的是用户自己添加代码时，需要写在规定的 begin 和 end 区域之间，否则，当下次使用 STM32CubeMX 软件重新生成代码时，没有写在 begin 和 end 区域之间的内容将会被删掉。

2. 外设端口初始化函数分析

前面介绍了 main.c 文件的结构，下面分析代码具体执行过程。

（1）时钟使能函数 __HAL_RCC_GPIOF_CLK_ENABLE（）　在 main.c 函数中，在打开的 MX_GPIO_Init（void）函数体中，首先定义了 GPIO_InitTypeDef 类型的变量，紧接着是两个端口时钟使能函数，如图 1-42 所示。

```
void MX_GPIO_Init(void)
{
    GPIO_InitTypeDef GPIO_InitStruct = {0};

    /* GPIO Ports Clock Enable */
    __HAL_RCC_GPIOF_CLK_ENABLE();
    __HAL_RCC_GPIOH_CLK_ENABLE();
```

图1-42　MX_GPIO_Init 函数代码

GPIO_InitTypeDef 类型的结构体就是 HAL 库对 STM32GPIO 引脚进行的封装，其成员有引脚号、工作模式、上拉/下拉和工作速度的参数。

宏定义时钟使能函数标识符：__HAL_RCC_GPIOF_CLK_ENABLE（），这个函数使能 GPIOF 引脚的时钟信号。打开时钟使能函数，能看到具体的代码，如图 1-43 所示。

```
#define __HAL_RCC_GPIOF_CLK_ENABLE()    do { \
                                __IO uint32_t tmpreg = 0x00U; \
                                SET_BIT(RCC->AHB1ENR, RCC_AHB1ENR_GPIOFEN);\
                                /* Delay after an RCC peripheral clock enabling */ \
                                tmpreg = READ_BIT(RCC->AHB1ENR, RCC_AHB1ENR_GPIOFEN);\
                                UNUSED(tmpreg); \
                              } while(0U)
```

图1-43　时钟使能函数定义

SET_BIT（RCC->AHB1ENR, RCC_AHB1ENR_GPIOFEN）;设置寄存器 RCC->AHB1ENR 的 GPIOFEN 位为 1。

只需要在用户程序中调用宏定义标识符：__HAL_RCC_GPIOF_CLK_ENABLE（），就可以实现 GPIOF 时钟使能。

从 STM32F4 数据手册可以知道，GPIOx 的时钟都是由 AHB1 总线提供的，属于高速外设，如图 1-44 所示芯片总线结构。从图中可以清楚地看到端口挂在哪个总线上。

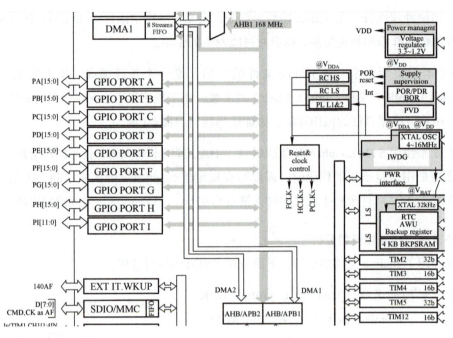

图1-44 STM32F4芯片总线结构

（2）GPIO初始化HAL_GPIO_Init（）函数　在时钟使能函数下面，首先调用函数HAL_GPIO_WritePin（），将用到的端口置0，如图1-45所示，将PF9、PF10等端口置0，然后对GPIO_InitStruct结构体的各成员赋值，最后调用HAL_GPIO_Init（）函数完成GPIO端口的初始化。

```
void MX_GPIO_Init(void)
{
  GPIO_InitTypeDef GPIO_InitStruct = {0};

  /* GPIO Ports Clock Enable */
  __HAL_RCC_GPIOF_CLK_ENABLE();
  __HAL_RCC_GPIOH_CLK_ENABLE();

  /*Configure GPIO pin Output Level */
  HAL_GPIO_WritePin(GPIOF, GPIO_PIN_9|GPIO_PIN_10, GPIO_PIN_RESET);

  /*Configure GPIO pin Output Level */
  HAL_GPIO_WritePin(GPIOH, GPIO_PIN_14|GPIO_PIN_15, GPIO_PIN_RESET);

  /*Configure GPIO pins : PF9 PF10 */
  GPIO_InitStruct.Pin = GPIO_PIN_9|GPIO_PIN_10;
  GPIO_InitStruct.Mode = GPIO_MODE_OUTPUT_PP;
  GPIO_InitStruct.Pull = GPIO_NOPULL;
  GPIO_InitStruct.Speed = GPIO_SPEED_FREQ_LOW;
  HAL_GPIO_Init(GPIOF, &GPIO_InitStruct);

  /*Configure GPIO pins : PH14 PH15 */
  GPIO_InitStruct.Pin = GPIO_PIN_14|GPIO_PIN_15;
  GPIO_InitStruct.Mode = GPIO_MODE_OUTPUT_PP;
  GPIO_InitStruct.Pull = GPIO_NOPULL;
  GPIO_InitStruct.Speed = GPIO_SPEED_FREQ_LOW;
  HAL_GPIO_Init(GPIOH, &GPIO_InitStruct);
}
```

图1-45 HAL_GPIO_Init（）函数

在 HAL_GPIO_Init（GPIOC，&GPIO_InitStruct）；打开 stm32f4xx_hal_gpio.c 文件，发现该函数原型为

void HAL_GPIO_Init（GPIO_TypeDef *GPIOx，GPIO_InitTypeDef *GPIO_Init）

函数有两个参数，一个是指向 GPIO_TypeDef 类型的指针，用于指明操作的端口分组，比如 GPIOA、GPIOB 等，另一个参数是指向结构 GPIO_InitTypeDef 的指针，包含了外设 GPIO 的配置信息。通过该函数，用户就可以完成 GPIO 引脚的初始化。

常见 GPIO 引脚的操作主要包括初始化、读取引脚输入和设置引脚输出，相关的 HAL 驱动程序定义在文件 stm32f4xx_hal_gpio.h 中，主要的操作函数见表 1-5，表中列出了函数名。使用 STM32CubeMX 生成代码时，GPIO 引脚初始化的代码会自动生成，用户常用的 GPIO 操作函数是进行引脚状态读写的函数。

表 1-5　GPIO 操作相关函数

函数名	功能描述
HAL_GPIO_Init（）	初始化 GPIO 引脚
HAL_GPIO_DeInit（）	GPIO 引脚反初始化，恢复为复位后的状态
HAL_GPIO_WritePin（）	使引脚输出 0 或 1
GPIO_ReadPin（）	读取引脚的输入电平
HAL_GPIO_TogglePin（）	使引脚的输出翻转
HAL_GPIO_LockPin（）	锁定引脚配置，而不是锁定引脚的输入或输出状态

本项目以 STM32 单片机引脚控制 LED 闪烁为例子，分析了 STM32CubeMX 产生的代码结构，分析了 GPIO 外设初始化的过程，通过学习以上内容，读者应该对 STM32 微控制器有了初步了解。

1.6　总结与思考

本项目以点亮 LED 灯、实现简易流水灯展示为任务，依托 STM32CubeIDE 开发平台，介绍了参数配置、程序运行、调试方法、STM32 基础知识和生成代码含义等。通过 STM32CubeMX 进行配置，应用 HAL 库进行软件开发，可以极大提高开发效率。本项目的内容与"1+X"项目、技能大赛项目接轨，在实践中注意培养学生创新能力，实现了"课-证-赛-创"融通。

（一）信息收集

1）LED 灯驱动电路的工作信息。

2）电路的电子元件参数信息。

3）主控芯片的型号、工作电压和封装信息。

4）编程软件和开发工具的信息。

5）软硬件调试的工具信息。

（二）实施步骤

1）列出元器件材料清单。

序号	元器件名称	功能	序号	元器件名称	功能

2）绘制 LED 灯接口电路（其中 STM32F407 可用框图代替），其中限流电阻 R 取 470Ω。

3）描述 STM32CubeMX 配置参数步骤。

序号	步骤名称	功能描述	备注

4）绘制主函数流程图，编写 while（1）内代码（每只 LED 灯点亮 0.5s，熄灭 0.5s；换为下一只 LED 灯点亮 0.5s，熄灭 0.5s；依次循环显示）。

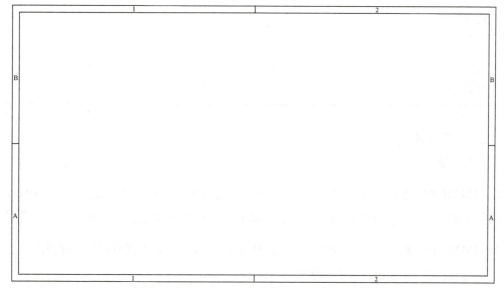

5）代码下载、运行与调试。

6）考核。

项目考核评分表					
基本信息	班级		学号		分组
	姓名		时间		总分
任务考核（50%）	序号	步骤 || 完成情况（好、较好、一般、未完成）	标准分	得分
	1	STM32CubeIDE 下载安装 ||	10	
	2	STM32CubeMX 配置工作参数 ||	10	
	3	能理解点亮 1 盏 LED 灯代码 ||	10	

(续)

项目考核评分表					
	序号	步骤	完成情况（好、较好、一般、未完成）	标准分	得分
任务考核（50%）	4	能编写4盏LED灯间隔0.5s循环闪烁代码		30	
	5	程序正常运行，功能正确		20	
	6	能设置断点，会通过窗口观察参数变化		20	
素质考核（50%）	1	安全规范操作		20	
	2	团队沟通、协作创新能力		20	
	3	资料查阅、文档编写能力		20	
	4	劳动纪律		20	
	5	精益求精、追求卓越		20	
教师评价					
学生总结					

（三）课后习题

一、填空题

1. STM32F407 是基于 ARM 的_____内核，其总线最高工作频率为_____MHz，外部晶振频率可选用_____MHz，或者_____MHz。芯片封装有_____和_____类型。

2. STM32CubeIDE 是一个高级开发平台，具有基于 STM32 微控制器和微处理器的_____、_____、_____和_____等多种功能。

3. STM32F407 的工作电压是_____V，其 GPIO 最高能容忍的电压是_____V。

4. 一个 C 语言语句结束的符号是_____。

二、判断题

1. STM32CubeMX 可以在中文路径下运行。（　　）

2. STM32 微控制器可以用寄存器进行开发。（　　）

3. if 语句中的表达式不限于逻辑表达式，可以是任意的数值类型。（　　）

4. if 语句、switch 语句可以嵌套，而且嵌套的层数没有限制。（　　）

5. LED 在电路中需要串联限流电阻。（　　）

三、选择题

1. 所有的 GPIO 引脚为（　　）模式。

A. 输入　　　　B. 输出　　　　C. 模拟　　　　D. 以上都对

2. 每个 I/O 端口位可以自由编程，尽管 I/O 端口寄存器必须以（　　）的方式访问。

A. 16 位字　　　B. 16 位字节　　C. 32 位字节　　D. 32 位字

3. HAL 库中的功能状态（Functional State）类型被赋予以下两个值（　　）。

A. ENABLE 或者 DISABLE　　　　B. SET 或者 RESET

C. YES 或者 NO　　　　　　　　D. SUCCESS 或者 ERROR

4. HAL 库中的标志状态（Flag Status）类型被赋予以下两个值（　　）。

A. ENABLE 或者 DISABLE　　　　B. SUCCESS 或者 ERROR

C. SET 或者 RESET　　　　　　　D. YES 或者 NO

5. STM32F407IGT 内部 Flash 容量是（　　）。

A. 1MB　　　　B. 512KB　　　　C. 2MB　　　　D. 192KB

四、问答题

1. 试描述 STM32CubeIDE 的开发步骤。

2. #define 语句的作用是什么？while（1）语句的作用是什么？

五、技能训练题

1. 编程控制 6 盏 LED 灯，实现间隔 1s 流水灯效果。

2. 设有一个独立按键接在 PE4 引脚，试编写程序实现 GPIO 引脚读取该按键的输入值。

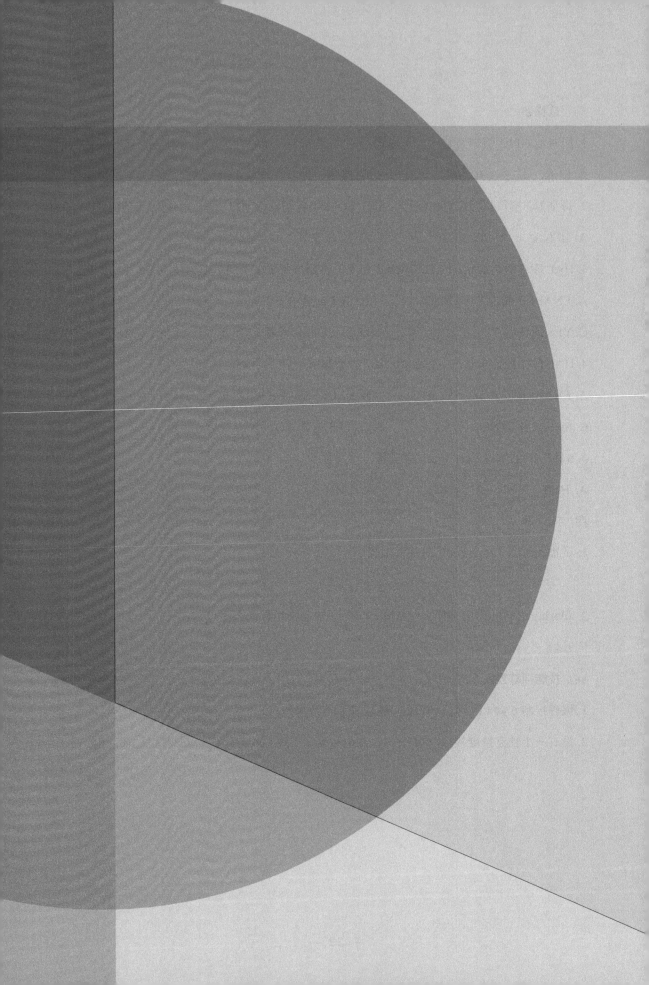

项目 2

LED 点阵设计与实现

2.1 学习目标

素养目标：
1. 培养查阅资料、编写文档的能力。
2. 培养沟通、合作与创新能力。
3. 培养职场安全意识规范。
4. 整理实训设备，践行劳动教育。
5. 培养深度思考的能力。

知识目标：
1. 理解 LED 限流电阻的计算。
2. 了解点阵屏显示工作过程。
3. 深度熟悉 STM32CubeIDE 开发软件的使用。

技能目标：
1. 能熟练使用 STM32CubeIDE 开发软件。
2. 能够掌握点阵显示驱动程序设计。
3. 理解核心代码，能仿写代码。
4. 能熟练掌握软件编辑、调试方法。

2.2 项目描述

系统采用STM32F407微控制器I/O口驱动8×8的点阵屏,实现点阵屏"心形"图形显示。8×8点阵屏的内部结构如图2-1所示,它由16个引脚控制(1~8和a~h)、64个发光二极管组成,每个发光二极管都放置在行线和列线的交叉点上,图中每一行阳极连在一起,每一列阴极连在一起,即行共阳,列共阴。若将图2-1旋转90°,变成了行共阴,列共阳。当对应的某一行置高电平(1),某一列置低电平(0)时,则相应的发光二极管点亮。

比如要点亮图2-1中第一行的c、d两列,则第一行电平取1,行引脚赋值00000001,第c、d列电平取0,列引脚赋值11001111。若要点亮第二行的b、c、d、e四列,则行引脚赋值00000010,列引脚赋值01111000。实际应用时,往往需要显示图像,此时不能局限于点亮一行或者一列,而是需要利用动态扫描来显示图像。

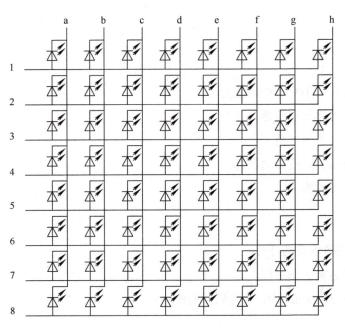

图2-1 8×8点阵屏的内部结构示意图

动态扫描就是快速地点亮下一行或者下一列,通过人眼视觉的"暂留"效应,实现多行显示(由于人眼的视觉"暂留"效应,感觉整个点阵上的所有"行"或者所有"列"都是同时显示的,所以实现了多行显示)。

本项目通过动态扫描8×8的点阵来显示心形图像,硬件连接图如图2-2所示,在8×8点阵模块上,采用2个74HC595串级来控制16个点阵引脚,选择STM32F407的PA4、PB3、

PA6、PA7 四个 I/O 口控制这 2 个 74HC595 的功能引脚 $\overline{OE}$、SCK、RCK、SI，从而控制 16 个点阵引脚动态显示。

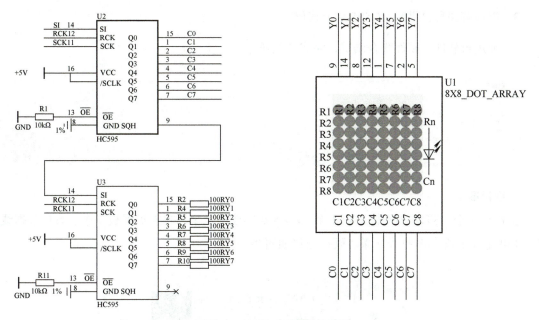

图2-2　8×8点阵硬件连接图

项目在 HC595.h 文件内进行宏定义端口连接情况如下：

1. #define OE（x）GPIO_WriteBit（GPIOA，GPIO_Pin_4，（BitAction）x）
2. #define SCK（x）GPIO_WriteBit（GPIOB，GPIO_Pin_3，（BitAction）x）
3. #define RCK（x）GPIO_WriteBit（GPIOA，GPIO_Pin_6，（BitAction）x）
4. #define SI（x）GPIO_WriteBit（GPIOA，GPIO_Pin_7，（BitAction）x）

2.3　项目要求

项目任务：

搭建 STM32CubeIDE 开发环境，配置 LED 端口、时钟，完成硬件连接。根据 HC595 硬件连接情况，理解模块功能代码。下载并运行程序，观察 LED 点阵显示。

项目要求：

1）分析 HC595 连接电路图，理解电路工作过程。

2）应用STM32CubeIDE搭建项目工程，能使用CubeMX配置时钟树、RCC、GPIO端口并生成项目代码，能理解代码各部分作用。

3）能理解课程提供的HC595功能代码。

4）能进行软件、硬件联合调试，完成考核任务。

2.4 项目实施

1. 项目准备

操作台1个、STM32F4核心板1个、8×8点阵模块1个、功能扩展板1个、方口数据线1条、16P排线1条、6P排线2条。硬件连接如图2-3所示。

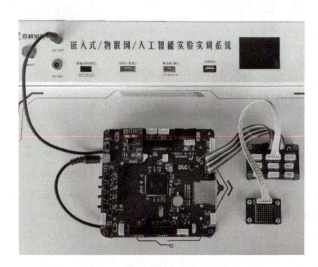

图2-3　STM32F4核心板硬件连接

2. CubeMX配置

（1）新建项目工程　新建一个项目工程，名称为TEST_02，选择芯片型号为核心板自带的芯片STM32F407IG，除非有特别说明，在后面的项目中将忽略此步骤，不再赘述。

（2）选择晶振　核心板系统外部高速晶振为8MHz，分别连接到PH0和PH1引脚。右侧图形化芯片引脚PH0和PH1会自动高亮。

关于芯片选型、外部时钟源使能、系统时钟配置及工程文件配置，在项目1进行了详细讲解，此处就不再赘述，这里主要讲解LED点阵GPIO的工作模式设置。

阅读原理图，整理出本项目要使用的GPIO引脚，STM32F4核心板与8×8点阵模块连线见表2-1。

表2-1　STM32F4核心板与8×8点阵模块连线

STM32F4 核心板	8×8 点阵模块
PA4	$\overline{OE}$
PB3	SCK
PA6	RCK
PA7	SI

按照表2-1列出的连接关系，在STM32CubeMX将要使用的引脚选中，并且设置为输出模式，配置完成后在GPIO使用列表中能看到选中的引脚信息，LED点阵控制引脚选中如图2-4所示。

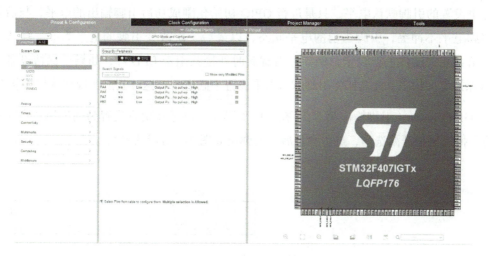

图2-4　LED点阵控制引脚选中

（3）引脚详细参数设置　在GPIO使用列表中，可以对选中的引脚进行更加细致的参数设置，以选中PA4为例。单击PA4后会在下面弹出参数设置界面，如图2-5所示。

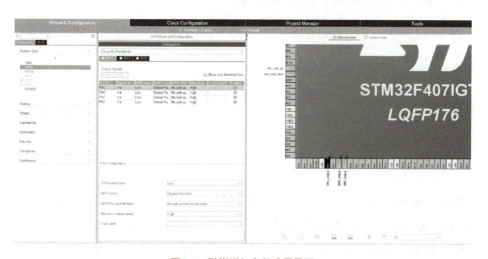

图2-5　引脚详细参数设置界面

由图 2-5 可以看到关于引脚的配置参数有 5 个，在下面进行一一讲解：

1）GPIO output level（引脚输出电平）。选中参数后，会弹出如图 2-6 所示的界面，Low 即默认输出低电平（0），High 则默认为高电平（1）。

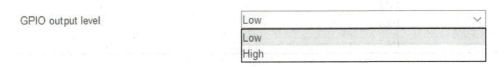

图2-6　输出电平设置

这里设置的引脚默认电平，只是进行 GPIO 初始化刚成功后引脚输出的电平，与后期程序修订引脚电平不冲突，引脚当前的电平状态，以最后一次改变引脚的电平为准。默认电平的设置要结合相关硬件进行设定，例如：引脚此时外接共阳极 LED 灯，如果要保持设备上电后 LED 灯保持熄灭状态，就需要将引脚默认电平设置为高电平，这样就能实现默认熄灭状态。

2）GPIO mode（引脚输出模式）。在选中引脚时，已经将引脚设置为输出模式，而这里主要是进行推挽还是开漏选择，选中参数后，会弹出如图 2-7 所示的界面。

图2-7　推挽和开漏选择

为方便程序控制和硬件电路设计，在这里选择 Output Push Pull（推挽输出模式），关于该模式的详细讲解，可见知识直通车 GPIO 简介内容。

3）GPIO Pull-up/Pull-down（引脚上/下拉设置）。选中参数后，会弹出如图 2-8 所示的界面。

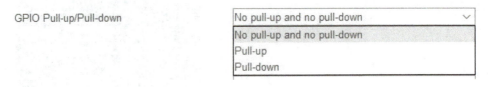

图2-8　上/下拉设置

此参数对于输出控制端口十分重要，针对不同的设备需要进行针对性设置。在本项目中主要采用 No pull-up and no pull-down 即无上/下拉模式，这样引脚输出状态可以通过程序进行随意控制。而 Pull-up（上拉）和 Pull-down（下拉）在引脚作为通信接口时设置得偏多。

4)Maximum output speed（端口输出控制速度）。选中参数后，会弹出如图2-9所示的界面，没有特殊要求采用默认设置即可。

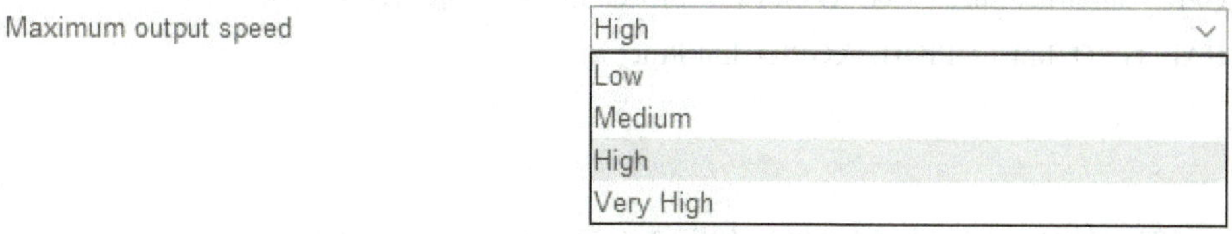

图2-9　输出速度设置

5）User Label（用户标识）。选中参数后，会弹出如图2-10所示的界面。该功能可以对选中的引脚定义一个标识，可方便程序移植、阅读等。

图2-10　用户标识

其他引脚控制参数设置方式与此类似，在此就不再一一赘述。单击"🔨"完成代码构建，会生成端口配置函数：

1. static void MX_GPIO_Init（void）
2. {
3. GPIO_InitTypeDef GPIO_InitStruct = {0}；
4. /* GPIO 端口时钟使能 */
5. __HAL_RCC_GPIOH_CLK_ENABLE（）；
6. __HAL_RCC_GPIOA_CLK_ENABLE（）；
7. __HAL_RCC_GPIOB_CLK_ENABLE（）；
8. /* 配置 GPIO 引脚输出电平 */
9. HAL_GPIO_WritePin（GPIOA，GPIO_PIN_4|GPIO_PIN_6|GPIO_PIN_7，GPIO_PIN_RESET）；
10. HAL_GPIO_WritePin（GPIOB，GPIO_PIN_3，GPIO_PIN_RESET）；
11. /* 配置 GPIO 引脚：PA4 PA6 PA7 */
12. GPIO_InitStruct.Pin = GPIO_PIN_4|GPIO_PIN_6|GPIO_PIN_7；
13. GPIO_InitStruct.Mode = GPIO_MODE_OUTPUT_PP；// 推挽输出模式
14. GPIO_InitStruct.Pull = GPIO_NOPULL；// 无上拉或下拉
15. GPIO_InitStruct.Speed = GPIO_SPEED_FREQ_LOW；// 输出速率
16. HAL_GPIO_Init（GPIOA，&GPIO_InitStruct）；
17. /* 配置 GPIO 引脚：PB3 */

18. GPIO_InitStruct.Pin = GPIO_PIN_3；

19. GPIO_InitStruct.Mode = GPIO_MODE_OUTPUT_PP；// 推挽输出模式

20. GPIO_InitStruct.Pull = GPIO_NOPULL；// 无上拉或下拉

21. GPIO_InitStruct.Speed = GPIO_SPEED_FREQ_LOW；// 输出速率

22. HAL_GPIO_Init（GPIOB，&GPIO_InitStruct）；

23. }

（4）配置时钟树　时钟树配置界面如图2-11所示。

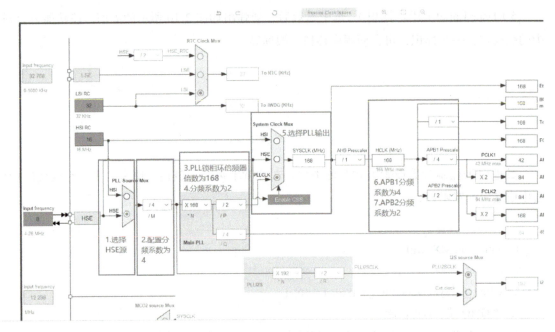

图2-11　时钟树配置界面

1）锁相环时钟源为8MHz外部高速时钟。

2）高速时钟分频系数配置为4，输出为2MHz。

单击HCLK（MHz），数值更改为168，然后按<Enter>键，CubeMX自动配置各个时钟参数。

单击工具栏"💾"按钮或按<Ctrl+S>键，自动生成时钟配置代码函数：

1. void SystemClock_Config（void）

2. {

3. RCC_OscInitTypeDef RCC_OscInitStruct = {0}；

4. RCC_ClkInitTypeDef RCC_ClkInitStruct = {0}；

5. /** 配置内部稳压器输出电压 **/

6. __HAL_RCC_PWR_CLK_ENABLE（）；

7. __HAL_PWR_VOLTAGESCALING_CONFIG（PWR_REGULATOR_VOLTAGE_SCALE1）；

8. /* 初始化 CPU、AHB 和 APB 总线时钟频率 */

9. RCC_OscInitStruct.OscillatorType = RCC_OSCILLATORTYPE_HSE；// 使用 HSE

10. RCC_OscInitStruct.HSEState = RCC_HSE_ON；// 开启 HSE

11. RCC_OscInitStruct.PLL.PLLState = RCC_PLL_ON；// 开启主锁相环

12. RCC_OscInitStruct.PLL.PLLSource = RCC_PLLSOURCE_HSE；//PLL 时钟源设置为 HSE

13. RCC_OscInitStruct.PLL.PLLM = 25；//PLLM 分频系数为 25

14. RCC_OscInitStruct.PLL.PLLN = 336；//PLLN 倍频系数为 336

15. RCC_OscInitStruct.PLL.PLLP = RCC_PLLP_DIV2；//PLLP 分频系数为 2

16. RCC_OscInitStruct.PLL.PLLQ = 4；//PLLQ 分频系数为 4

17. if（HAL_RCC_OscConfig（&RCC_OscInitStruct）!= HAL_OK）

18. { Error_Handler（）; }

19. /** 初始化 CPU、AHB 和 APB 总线时钟 */

20. RCC_ClkInitStruct.ClockType = RCC_CLOCKTYPE_HCLK|RCC_CLOCKTYPE_SYSCLK

21. |RCC_CLOCKTYPE_PCLK1|RCC_CLOCKTYPE_PCLK2；

22. RCC_ClkInitStruct.SYSCLKSource = RCC_SYSCLKSOURCE_PLLCLK；

23. RCC_ClkInitStruct.AHBCLKDivider = RCC_SYSCLK_DIV1；//AHB 分频系数为 1

24. RCC_ClkInitStruct.APB1CLKDivider = RCC_HCLK_DIV4；// APB1 分频系数为 4

25. RCC_ClkInitStruct.APB2CLKDivider = RCC_HCLK_DIV2；// APB2 分频系数为 2

26. if（HAL_RCC_ClockConfig（&RCC_ClkInitStruct，FLASH_LATENCY_5）!= HAL_OK）

27. { Error_Handler（）; }

28. }

29. /** 错误处理函数 */

30. void Error_Handler（void）

31. {

32. /* USER CODE BEGIN Error_Handler_Debug */

33. /* User can add his own implementation to report the HAL error return state */

34. __disable_irq（）；

35. while（1）

36. {}

37. /* USER CODE END Error_Handler_Debug */

38. }

由此可见，在时钟树配置完成后，会在主函数内自动生成一个系统时钟函数，函数会根据 CubeMX 里的 RCC、时钟树设置自动生成对应配置代码。

3. 项目软件分析

（1）主程序文件分析　主程序文件包含 main.h 和 main.c。

main.h 是宏定义变量、包含文件声明等。

1. #ifndef __MAIN_H
2. #define __MAIN_H
3. #ifdef __cplusplus
4. extern "C"
5. {
6. #endif
7. #include "stm32f4xx_hal.h"
8. void Error_Handler（void）;
9. #ifdef __cplusplus
10. }
11. #endif
12. #endif

main.c 程序框图如图 2-12 所示。主程序删除了 CubeIDE 生成项目代码解释说明等内容。通过调用 HAL_Init（）、SystemClock_Config（）、MX_GPIO_Init（）这三个函数，进入 while（）死循环。

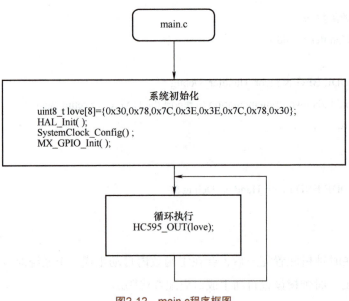

图2-12　main.c程序框图

main.c 文件当中的 int main（void）函数中，首先进行了心形图案数据定义、MCU 硬件初始化、系统时钟配置和实现 LED 点阵控制端口的初始化，最后进入 while（1）循环中，执行心形图案显示函数。

详细的代码内容如下所示。

1. #include "main.h"
2. #include "gpio.h"
3. #include "HC595.h"
4. void SystemClock_Config（void）; // CubeMX 时钟配置后生成代码
5. static void MX_GPIO_Init（void）; // CubeMX 端口配置后生成代码
6. int main（void）
7. {
8. uint8_t love[8] = {0x30, 0x78, 0x7C, 0x3E, 0x3E, 0x7C, 0x78, 0x30}；
9. HAL_Init（）;
10. SystemClock_Config（）;
11. MX_GPIO_Init（）;
12. while（1）
13. {
14. HC595_OUT（love）;
15. }
16. }

1~3 行：包含项目所使用资源的头文件。

8 行：uint8_t love[8]={0x30，0x78，0x7C，0x3E，0x3E，0x7C，0x78，0x30}；

定义数组 love[8] 并赋值，数组内容下载时存放在 STM32 Flash 中，在程序运行时，数组内容被放在 RAM（随机存储器）中。数组内容显示心形图形的十六进制编码，可以通过 LED 点阵取模软件得到。

9 行：对 HAL 库的初始化。HAL_Init（）函数是 HAL 初始化，包括 MCU 配置、复位所有外设、初始化 Flash 接口、初始化系统定时器 SysTick，SysTick 每毫秒中断一次，产生周期为 1ms 的嘀嗒信号，HAL 使用它来实现毫秒级别精确延时，系统有一个延时函数 HAL_Delay（）。

HAL_Init（）函数是在 stm32f4xx_hal.h 文件中定义的 HAL 库初始化函数。该函数又调用了 MSP 函数 HAL_MspInit（），用于特定 MCU 初始化。

10 行：时钟初始化，本项目所选择的是外部高速时钟，最终配置为 168MHz 系统时钟，SystemClock_Config（）函数是 GPIO 外设的初始化函数，在 main.c 中定义。

11 行：LED 点阵使用的端口进行初始化，MX_GPIO_Init（）函数在文件 gpio.h 中定义。

14 行：循环执行，完成心形图案显示。HC595_OUT（love）函数通过 HC595 动态扫描，输出 love（）数组数据并在 LED 点阵显示出心形。

（2）hc595.c 文件　HC595 功能函数。HC595 功能函数包含 HC595.h、hc595.c 两个函数。

HC595.h 进行宏定义端口、文件包含等工作。

```
1. #ifndef HC595_HC595_H_
2. #define HC595_HC595_H_
3. #include "main.h"
4. #include "stm32f4xx.h"
5. #include "stm32f4xx_hal_gpio.h"
6. #define OE（x）HAL_GPIO_WritePin（GPIOA，GPIO_PIN_4,（GPIO_PinState）x）
7. #define SCK（x）HAL_GPIO_WritePin（GPIOB，GPIO_PIN_3,（GPIO_PinState）x）
8. #define RCK（x）HAL_GPIO_WritePin（GPIOA，GPIO_PIN_6,（GPIO_PinState）x）
9. #define SI（x）HAL_GPIO_WritePin（GPIOA，GPIO_PIN_7,（GPIO_PinState）x）
10. void HC595_Hardware_Init（void）；
11. void HC595_Send_16Bit（uint16_t data）；
12. void HC595_OUT（uint8_t* data）；
13. #endif /* HC595_HC595_H_ */
```

打开 HC595_OUT（love）函数后，会跳转到 hc595.c 文件中，该文件中主要有以下三个功能函数：

1）void HC595_Send_16Bit（uint16_t data）函数。LED 点阵硬件设计采用 2 片 74HC595 进行串联实现控制点阵完成图案显示，所以设计针对本硬件的 HC595 16 位数据传输函数，从而实现行、列数据传输。实现代码如下：

```
1. #include "HC595.h"
2. #define DELAY_MS（）Delay_us（1）
3. void HC595_Send_16Bit（uint16_t data）
4. {
5.    uint16_t i = 0 ;
```

```
6.   for ( i = 0 ; i < 16 ; i++ )
7.   {
8.      if ( ( data & 0x8000 ) == 0X8000 )
9.      {
10.        SI ( 1 );
11.     }
12.     else
13.     {
14.        SI ( 0 );
15.     }
16.     DELAY_MS ( );
17.     SCK ( 0 );
18.     DELAY_MS ( );
19.     SCK ( 1 );         // 移位输入时钟，上升沿输入
20.     DELAY_MS ( );
21.     data <<= 1 ;
22.  }
23.  RCK ( 0 );
24.  DELAY_MS ( );
25.  RCK ( 1 );  // 并行输出时钟，对消隐会起作用
26. }
```

6 行：通过 16 次循环将数据进行串行传递。

8~15 行：高位数据在前，为 1 则 SI 端口拉高，为 0 则 SI 端口拉低。

17~20 行：产生一个上升沿时钟信号，实现数据移位。

21 行：数据左移一位，实现将低位数据进行传递。

23~25 行：产生一个上升沿时钟信号，实现数据锁存。

2）uint16_t HC595_Dat_Handle（uint8_t dat，uint8_t cnt）函数。该函数的主要功能就是将 dat 行显示数据和 cnt 指定显示列的控制数据进行组合，再通过 HC595_Send_16Bit 函数完成数据传输。其函数的主要内容如下：

```
1. uint16_t HC595_Dat_Handle（uint8_t dat，uint8_t cnt）
2. {
3.    uint16_t Rt = 0 ;
```

4.   Rt = cnt ;
5.   Rt <<= 8 ;
6.   Rt |=（uint8_t）(~ dat);
7.   return Rt ;
8. }

3 行：定义一个 16 位的数据用于缓存数据。

4 行：将指定显示列的控制数据进行保存。

5 行：将列的控制数据左移 8 位，留出低 8 位数据用于存储指定行控制数据。

6 行：将列的控制数据和行控制数据组合，合成一个 16 位数据。其中对行数据进行了取反运算，这与 LED 点阵极性有关。

7 行：将合成的行列控制数据返回。

3）HC595_OUT（uint8_t* data）子函数。该函数实现了心形图案的显示，输入指针型参数 data 则是通过取模软件得到的显示字符数据，函数的设计如下：

1. void HC595_OUT（uint8_t* data）
2. {
3.   uint8_t i = 0 ;
4.   uint16_t dat = 0 ;
5.   for（i=0 ; i<8 ; i++）
6.   {
7.   dat = HC595_Dat_Handle（*（data+i）, 1<<i）;
8.   HC595_Send_16Bit（dat）;
9.   }
10. }

5 行：通过 8 次循环和"视觉暂留"效应，实现点阵图案显示。

7、8 行：实现指定列和行的显示数据。

4. 项目效果

经过程序的调试、编译，并下载到 STM32F4 核心板，在设备上实现使用 74HC595 控制 8×8 点阵屏，并在点阵上显示心形图案，效果如图 2-13 所示。

图2-13 项目效果图

2.5 知识直通车

1. LED与HC595简介

（1）LED 电路　LED（Light Emitting Diode），也称为发光二极管，是一种能够将电能转化为可见光的固态半导体器件，它可以直接把电转化为光。LED 的"心脏"是一个半导体的晶片，晶片的一端附在一个支架上，一端是负极，另一端连接电源的正极，使整个晶片被环氧树脂封装起来。

结合本项目所使用的硬件，通过 MCU I/O 输出高电平时 LED 灯被点亮，MCU 输出低电平时 LED 灯熄灭。LED 灯正向导通如图 2-14 所示。

在 LED 驱动电路中，为避免发生过电流导致器件损坏，需要增加限流电阻（R），以保证通过 LED 灯的电流不超过额定电流，故将电阻 R 称为限流电阻。

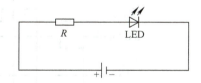

图2-14 LED灯正向导通图示

限流电阻 R 的计算式为

$$限流电阻 = \frac{电源电压(单位为V) - LED接入电压(单位为V)}{限流电流(单位为A)}$$

例如：I/O 口电压是 3.3V，LED 压降一般是 1.7V 左右，LED 工作电流一般取 5~15mA。LED 工作电流假设为 10mA，则限流电阻的大小如下。

$$R = \frac{3.3 - 1.7}{0.01}\Omega = 160\Omega$$

（2）74HC595 工作过程简介　如图 2-15 所示，74HC595 共有 16 个引脚，74HC595 是一个 8 位串行输入、并行输出的位移缓存器，并行输出为三态输出。在 SCK（SRCLK）的上升沿，串行数据由 SDL（$\overline{SRCLR}$）输入到内部的 8 位位移缓存器，并由 Q7'（Q_H）输出，而并行输出则是在 LCK（RCLK）的上升沿将在 8 位位移缓存器的数据存入到 8 位并行输出缓存器。当串行数据输入端 $\overline{OE}$ 的控制信号为低电平时，输出有效，并行输出端的输出值等于并行输出缓存器所存储的值。而当 $\overline{OE}$ 为高电位，也就是输出关闭时，并行输出端会维持在高阻抗状态。HC595 真值表和时序图如图 2-16、图 2-17 所示。各个引脚的功能说明见表 2-2。

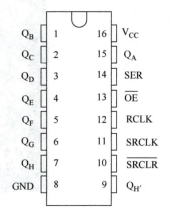

图2-15　74HC595引脚示意图

输入引脚					输出引脚
SER	SRCLK	$\overline{SRCLR}$	RCLK	$\overline{OE}$	
X	X	X	X	H	$Q_A \sim Q_H$ 输出高阻态
X	X	X	X	L	$Q_A \sim Q_H$ 输出有效值
X	X	L	X	X	移位寄存器清零
L	上升沿	H	X	X	移位寄存器存储L
H	上升沿	H	X	X	移位寄存器存储H
X	下降沿	H	X	X	移位寄存器状态保持
X	X	X	上升沿	X	输出寄存器锁存移位寄存器中的状态值
X	X	X	下降沿	X	输出存储器状态保持

图2-16　74HC595真值表

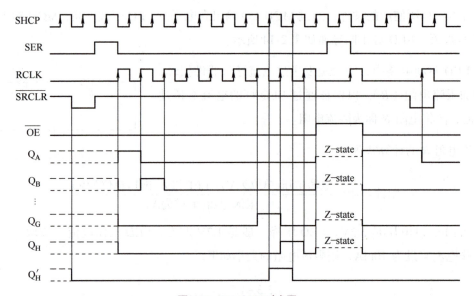

图2-17　74HC595时序图

表2-2　74HC595引脚功能说明表

引脚	功能
$Q_A \sim Q_H$	八位并行输出端，可以直接控制数码管的8个段
$Q_{H'}$（9号脚）	级联输出端，将它接下一个595的数据输入端SI
SER（14号脚）	串行数据输入端
$\overline{SRCLR}$（10号脚）	数据清零端，低电平时将移位寄存器的数据清零。通常将它连接VCC
SRCLK（11号脚）	上升沿时数据移位，下降沿时数据保持
RCLK（12号脚）	上升沿时移位寄存器的数据进入存储寄存器，下降沿时存储寄存器数据不变
$\overline{OE}$（13号脚）	高电平时禁止输出（高阻态）。也可用微控制器的一个引脚控制它，可以方便地产生闪烁和熄灭效果，比通过数据端移位控制要省时省力

2. 微控制器GPIO功能

（1）微控制器I/O输出控制过程　项目使用ST公司STM32F407微控制器，内核为Cortex-M4。已知可以通过改变I/O电平实现对LED灯的亮灭控制，芯片内部的驱动结构如图2-18所示，微控制器I/O输出驱动器的外部具备一套上下拉功能以及保护机制。其中，I/O的上下拉功能能够初始化默认电平，同时避免亚稳态。I/O的保护机制能够保护微控制器内部电路，同时可以兼容更多的电平标准。

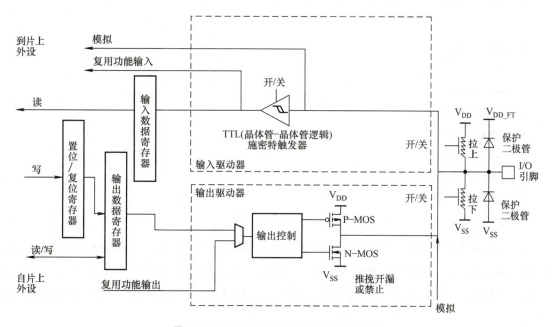

图2-18　STM32F407系列GPIO的基本结构

（2）微控制器输出模式

1）推挽输出（Push-Pull，PP）。当输出控制器输出的是高电平时，经过反向后，上方的

P-MOS 管导通，下方的 N-MOS 管关闭，对外输出高电平；而当该结构中输出低电平时，经过反向后 N-MOS 管导通，P-MOS 管关闭，对外输出低电平。当引脚高低电平切换时，两个管子轮流导通。P 管负责灌电流，N 管负责拉电流，使其负载能力和开关速度都比普通的方式有很大的提高。这种工作方式就是推挽输出模式。

2）开漏输出（Open-Drain，OD）。开漏输出模式下，上方的 P-MOS 管完全不工作。当 I/O 口输入低电平时，经过反向，N-MOS 管导通，使输出接地；当 I/O 口输入 1（无法直接输出为高电平）时，则 P-MOS 管和 N-MOS 管都关闭，所以引脚既不输出高电平，也不输出低电平，为高阻态。开漏使用时必须外接上拉电阻。

两种输出模式用于不同的场景。推挽输出模式一般应用在输出电平为 0V 和 3.3V 而且需要高速切换开关状态的场合。在 STM32 的应用中，除了必须用开漏输出模式的场合，一般都使用推挽输出模式驱动电路。

STM32 微控制器的 I/O 口还可以通过输出驱动器完成复用输出，即使用基础 I/O 完成其他复用功能，如串口、I^2C 和 SPI 等。由于本项目未使用复用功能，因此不做说明。

3. GPIO 口简介

（1）了解 GPIO 口的结构体定义　首先需要学会使用结构体完成初始化配置，在库文件"stm32f4xx_hal_gpio.h"中定义了一个结构体原型：GPIO_InitTypeDef，定义如下。

```
1. typedef struct
2. {
3.    uint32_t Pin ;
4.    uint32_t Mode ;
5.    uint32_t Pull ;
6.    uint32_t Speed ;
7.    uint32_t Alternate ;
8. } GPIO_InitTypeDef ;
```

这个结构体中有五个成员，名字分别是 Pin（通用输入输出端口）、Mode（通用输入输出模式）、Speed（通用输入输出速度）、Pull（通用输入输出内部上下拉）、Alternate（备用）。其中第一个 Pin 决定了哪个或哪些端口被初始化，而其他三个成员则决定了这些初始化端口的"功能"。

1）第一个成员 Pin（通用输入输出端口）。在 STM32F407 中每个通用 GPIO 组共有 16 个端口，分别是 GPIO_PIN_0 ~ GPIO_PIN_15，对应了端口 0 ~ 端口 15。端口可以选择多个，使

用符号"|"进行或运算便可以合并，比如同时选择了端口 0 和端口 1，则可描述为 "Pin=GPIO_PIN_0|GPIO_PIN_1"。若要一次初始化全部 16 个端口，可使用 GPIO_PIN_All。

2）第二个成员 Mode（通用输入输出模式）。这个成员决定了选择端口的模式，在 STM32F407 中可以选择的模式如下。

GPIO_MODE_INPUT（通用输入模式）：端口能够读取当前电平的高低，读取电压高低的范围为 0~5V/3.3V。返回有效值只有一位，非"1"即"0"。

GPIO_MODE_OUTPUT_PP（推挽输出模式）：输出"0"可激活 N-MOS 输出低电平，而输出"1"可激活 P-MOS 输出高电平。控制输出口的电压范围为 0~3.3V。实际输出时高电平为 3.3V，低电平为 0V。

GPIO_MODE_OUTPUT_OD（开漏输出模式）：输出"0"可激活 N-MOS 输出低电平，而输出"1"会使端口保持高阻态（Hi-Z）（P-MOS 始终不激活）。高电平由外部的上拉电阻决定，控制输出口的电压范围为 0~3.3V。

GPIO_MODE_AF_PP（推挽复用模式）：端口能够直接输出高低电平，将端口复用到芯片内置的各种功能上，比如串口发送接收、SPI 通信和 CAN 总线等。这些功能没有直接的输出口，都是通过复用端口完成它们的功能。

GPIO_MODE_AF_OD（开漏复用模式）：端口复用到芯片内置的各种功能上，比如串口发送接收、SPI 通信和 CAN 总线等。这些功能没有直接的输出口，都是通过复用端口完成它们的功能，注意端口只能输出低电平，高电平由外部的上拉电阻决定。

GPIO_MODE_AN（模拟输入模式）：端口能够读取当前电路的模拟电压值，分辨率为 4096（12bit），采集范围为 0~3.3V。采集电压尽可能不要超过 3.3V，否则可能损坏芯片。

3）第三个成员 Speed（通用输入输出速度）。在 STM32F407 中 Speed（通用输入输出速度）可以选择的速度有：GPIO_SPEED_FREQ_LOW（低速 2MHz）、GPIO_SPEED_FREQ_MEDIUM（中速 12.5~50MHz）、GPIO_SPEED_FREQ_HIGH（高速 25~100MHz）、GPIO_SPEED_FREQ_VERY_HIGH（超高速 50~200MHz），具体的参数以芯片数据手册为准。默认情况下，在使用了这款高性能芯片时选择的速度通常为 GPIO_SPEED_FREQ_VERY_HIGH。

4）第四个成员 Pull（通用输入输出内部上下拉）。可以选择的类型有：GPIO_NOPULL（无上下拉的浮空输入）、GPIO_PULLUP（上拉输入）和 GPIO_PULLDOWN（下拉输入）。

GPIO_NOPULL（无上下拉的浮空输入）：通常用于读取有上拉电阻电路的电平。

GPIO_PULLUP（上拉输入）：通常用于无上拉电阻电路或设置通信要求的电平状态（高电平为准备读取信号的状态），在端口浮空下读取的电平为高电平。电路中的电平被拉高或拉低时，读取的电平为电路中的电平。

GPIO_PULLDOWN（下拉输入）：通常用于无下拉电阻电路中，在端口浮空下读取的电平为低电平。电路中的电平被拉高或拉低时，读取的电平为电路中的电平。

（2）利用结构体初始化端口

1）首先创造结构体。GPIO_InitTypeDef结构体虽然已经定义好了，由于初始定义不算作创建好的结构体变量，所以要创建一个新的变量，比如：

GPIO_InitTypeDef GPIO_InitStruct = {0}；

其中"GPIO_InitStruct"是新建结构体变量的名称，而它的成员与初始定义成员的名称一样，比如：Pin。

2）开启时钟。基础GPIO搭载在AHB1总线上，如图2-19所示。本项目使用到了GPIOA组与GPIOB组，需要开启AHB1总线时钟。所以需要调用__HAL_RCC_GPIOA_CLK_ENABLE（）和__HAL_RCC_GPIOB_CLK_ENABLE（）函数。

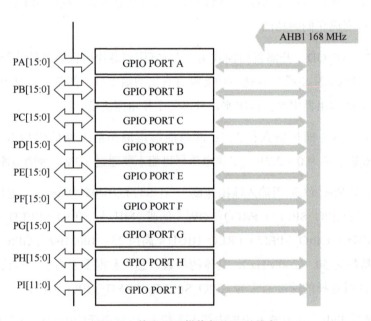

图2-19 基础GPIO搭载在AHB1总线上

1. __HAL_RCC_GPIOA_CLK_ENABLE（）;
2. __HAL_RCC_GPIOB_CLK_ENABLE（）;

3）结构体成员赋值。给创建好的结构体成员赋值，将 PA4、PA6、PA7、PB3 都设置成推挽输出。初始化时只能对单个 GPIO 组初始化。首先需要初始化 GPIOA 组的 PA4、PA6 和 PA7，再单独对 PB3 进行配置，主要进行端口、工作模式、设置类型以及端口速度设置，其代码如下：

```
1. /*Configure GPIO pins：PA4 PA6 PA7 */
2. GPIO_InitStruct.Pin = GPIO_PIN_4|GPIO_PIN_6|GPIO_PIN_7；
3. GPIO_InitStruct.Mode = GPIO_MODE_OUTPUT_PP；
4. GPIO_InitStruct.Pull = GPIO_NOPULL；
5. GPIO_InitStruct.Speed = GPIO_SPEED_FREQ_HIGH；
6. HAL_GPIO_Init（GPIOA，&GPIO_InitStruct）；
7. /*Configure GPIO pin：PB3 */
8. GPIO_InitStruct.Pin = GPIO_PIN_3；
9. GPIO_InitStruct.Mode = GPIO_MODE_OUTPUT_PP；
10. GPIO_InitStruct.Pull = GPIO_NOPULL；
11. GPIO_InitStruct.Speed = GPIO_SPEED_FREQ_HIGH；
12. HAL_GPIO_Init（GPIOB，&GPIO_InitStruct）；
```

2、8 行：进行引脚选择。

3、9 行：将引脚工作模式设置为通用推挽输出。

4、10 行：引脚设置为悬空，无上下拉模式。

5、11 行：将端口模式设置为高速模式。

6、12 行：调用 HAL_GPIO_Init 函数将参数进行配置。

4. SysTick定时器延时功能分析

本项目利用 SysTick 定时器实现延时。今后随着学习的深入，编程过程中也可能会调用另外的延时函数，如利用 STM32 处理器的机器时间去延时。这种延时函数是利用 CPU 循环等待来实现延时，代码如下。这样写延时函数的缺点是占用 CPU 运行时间，且延时不够精确。

```
1. void Delay（uint16_t count）
2. {
3.    for（；count != 0；count--）；
4. }
```

（1）SysTick 定时器简介　　SysTick 定时器也称为 SysTick 嘀嗒定时器，对于 CM3、CM4 内核芯片，都有 SysTick 定时器嵌入在 NVIC 中。它是一个 24 位向下递减的定时器，每计数一次所需时间为 1/SysTick，SysTick 是系统定时器时钟，当定时器计数到 0 时，将从 LOAD 寄存器中自动重装定时器初值，重新向下递减计数，如此循环往复。如果开启 SysTick 中断的话，当定时器计数到 0 时，将产生一个中断信号。因此只要知道计数的次数就可以准确得到它的延时时间。

SysTick 定时器的时钟是 AHB 或者 AHB/8（也就是 HCLK/8），如图 2-20 所示。那么 SysTick 的时钟为 168MHz 或 21MHz。SysTick 可使用此时钟作为时钟源，也可使用 HCLK 作为时钟源，具体可在 CubeMX 中配置，也可在 SysTick 控制和状态寄存器中配置。

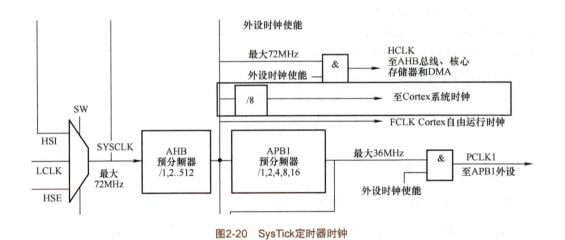

图 2-20　SysTick 定时器时钟

本项目中 SysTick 时钟频率选择 168MHz，向下计数。SysTick 的重装载寄存器 LOAD 和计数寄存器 VAL 是 24 位的，最大存值为 $2^{24} - 1 = 16777215$。若 SysTick 的时钟为 21MHz，在定时器每次都从 LOAD 满值计到 0 的情况下，也就是 SysTick 的计数器 VAL（定时器的 CURRENT 寄存器）每减 1，就代表时间过了 $1/21\mu s$。如果单位操作的时间需要 $1\mu s$，那么 LOAD 只需要存 21 即可；要达到单位操作时间为 1ms，LOAD 需要存值 21000。

（2）SysTick 定时器相关可编程寄存器　　SysTick 定时器具体位置是在 Cortex-M4 内核的 NVIC 中，定时结束时会产生 SysTick 中断（中断号是 15）。SysTick 定时器有 4 个可编程寄存器，包括 SysTick 控制与状态寄存器、SysTick 重装载寄存器、SysTick 计数器和 SysTick 校准数值寄存器。这里主要介绍前 3 个可编程寄存器。

1）SysTick 控制与状态寄存器。SysTick 控制与状态寄存器（SysTick->CTRL）各位定义见表 2-3。

表 2-3　SysTick 控制与状态寄存器各位定义

位段	名称	类型	复位值	描述
16	COUNTFLAG	R	0	如果在上次读取本寄存器后，SysTick 已经计数到了 0，则该位为 1。如果读取该位，该位将自动清零
2	CLKSOURCE	R/W	0	0= 外部时钟源（STCLK） 1= 内核时钟（PCLK）
1	TICKINT	R/W	0	1=SysTick 倒数为 0 时产生 SysTick 中断请求 0= 数到 0 时无动作
0	ENABLE	R/W	0	SysTick 定时器的使能位

位 16 是 SysTick 控制与状态寄存器的计数溢出标志 COUNTFLAG 位。SysTick 是向下计数的，若计数完成，COUNTFLAG 的值变为 1。当读取 COUNTFLAG 的值为 1 之后，就处理 SysTick 计数完成事件，因此读取后该位会自动变为 0，这样在编程时就不需要通过代码来清零了。

位 2 是 SysTick 时钟源选择位。为 0 时，选择外部时钟 STCLK；为 1 时，选择内核时钟 PCLK。

位 1 是 SysTick 中断使能位。为 0 时，关闭 SysTick 中断；为 1 时，开启 SysTick 中断，当计数到 0 时就会产生中断。

位 0 是 SysTick 使能位。为 0 时，关闭 SysTick 功能；为 1 时，开启 SysTick 功能。

2）SysTick 重装载寄存器。SysTick 重装载寄存器（SysTick->LOAD）各位定义见表 2-4。

表 2-4　SysTick 重装载寄存器各位定义

位段	名称	类型	描述
23:0	RELOAD	R/W	当倒数至 0 时，该值将被重装载

SysTick 重装载寄存器只使用了低 24 位，其取值范围是 0 ~ 16777215。当系统时钟为 168MHz，并且 SysTick 时钟配置为 HCLK/8 时，即 8 分频后得到频率为 21×10^6/s（单位是 s）。每计数一次的时间为 1s/（21×10^6），就是 1/21μs，所以定时器计数 21 次才等于 1μs 的时间。其最大定时时间大约是 0.7989s（$16777215/21 \times 10^{-6}$）。若 SysTick 时钟配置不分频，此时需计数 168 次才等于 1μs，其最大定时时间为 0.099864s（$16777215/168 \times 10^{-6}$）。

要想延时 delay us 的时间，定时器要数 $21 \times$ delay 次，则重载值应为

1. delay us = delay * 21
2. 重载值 = delay * 21

假如现在要定时 50μs，重载值应取 1050，这时计数器 SysTick->VAL 从 1050 开始倒计数，计数到 0 时，50μs 定时时间就到了。

3）SysTick 计数器。SysTick 计数器（SysTick->VAL），通过读取该寄存器的值，就可以获得当前计数值，每经过一个 SysTick 时钟周期，寄存器值 −1。该寄存器各位定义见表 2-5。

表 2-5 SysTick 计数器各位定义

位段	名称	类型	复位值	描述
23:0	CURRENT	R/W	0	读取时返回当前倒计数的值，写它则使之清零，同时还会清除 SysTick 控制与状态寄存器中的 COUNTFLAG 标志

另外还有一个 SysTick 校准数值寄存器，由于不经常使用，在这里就不做介绍了。

（3）CubeMX 配置 SysTick

1）SysTick 时钟源选择：SysTick 是系统的"心跳时钟"，为系统提供着时基来源，CubeMX 中默认勾选的时基来源是 SysTick。SysTick 的中断是默认已经开启了的，直接使用即可，如图 2-21 所示。

图 2-21 SysTick 时钟源选择

2）开启 SysTick 中断：一般情况下为默认开启，通过设置中断优先级，即可直接使用，如图 2-22 所示。

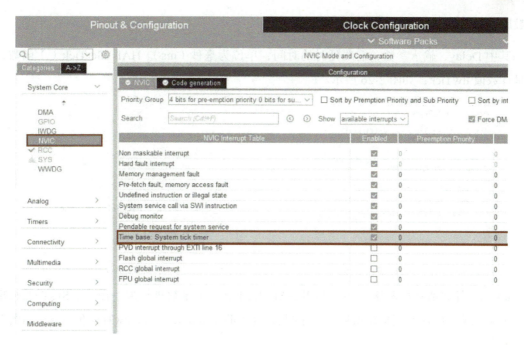

图2-22 SysTick中断设置

3）SysTick 生成 HAL_Delay 代码解析。SysTick 首先在主函数 main.c 文件内的"HAL_Init（）"函数中出现，如图 2-23 所示。

```
int main(void)
{
  /* USER CODE BEGIN 1 */
  //心形图案数据，通过取模软件获得
  uint8_t love[8]= {0x30,0x78,0x7C,0x3E,0x3E,0x7C,0x78,0x30};
  /* USER CODE END 1 */

  /* MCU Configuration--------------------------------------------------------*/

  /* Reset of all peripherals, Initializes the Flash interface and the Systick. */
  HAL_Init();
```

图2-23 HAL_Init（）函数

SysTick 被配置为系统时基，并且被配置为 1ms，其初始化如图 2-24 所示。

```
  * @note   SysTick is used as time base for the HAL_Delay() function, the application
  *         need to ensure that the SysTick time base is always set to 1 millisecond
  *         to have correct HAL operation.
  * @retval HAL status
  */
HAL_StatusTypeDef HAL_Init(void)
{
  /* Configure Flash prefetch, Instruction cache, Data cache */
#if (INSTRUCTION_CACHE_ENABLE != 0U)
   __HAL_FLASH_INSTRUCTION_CACHE_ENABLE();
#endif /* INSTRUCTION_CACHE_ENABLE */
```

图2-24 SysTick初始化

以下提到的 HAL_Delay（）、HAL_GetTick（）、HAL_IncTick（）三个函数包含在 ST 官方提供的 stm32f4xx_hal.c 函数中。SysTick_Handler（）函数包含在 stm32f4xx_it.c 中断函数中。

函数原型如图 2-25 所示。

其中 Delay，输入参数，需要延时的时间，单位为毫秒（ms）。HAL_GetTick（）函数，返回是计数值 uwTick，如图 2-26 所示。

```
__weak void HAL_Delay(uint32_t Delay)
{
  uint32_t tickstart = HAL_GetTick();
  uint32_t wait = Delay;

  /* Add a freq to guarantee minimum wait */
  if (wait < HAL_MAX_DELAY)
  {
    wait += (uint32_t)(uwTickFreq);
  }

  while((HAL_GetTick() - tickstart) < wait)
  {
  }
}
```

```
__weak uint32_t HAL_GetTick(void)
{
  return uwTick;
}
```

图2-25　HAL_Delay（）函数　　　　图2-26　HAL_GetTick（）函数

uwTick 计数值在中断服务函数调用 HAL_IncTick（）函数进行加一操作。SysTick 每出现一次中断（关于中断的概念在项目 5 中介绍），则中断函数运行一次，uwTick 值加 1，如图 2-27 所示。

HAL_IncTick（）函数如下，其中 uwTickFreq 是定义的全局变量，初始值为 1。uwTick 变量被系统定为每 ms 加 1。它是在 SysTick 中断时进行增加的，因此默认配置的是 SysTick 1ms 中断一次，如图 2-28 所示。

```
void SysTick_Handler(void)
{
  /* USER CODE BEGIN SysTick_IRQn 0 */

  /* USER CODE END SysTick_IRQn 0 */
  HAL_IncTick();
  /* USER CODE BEGIN SysTick_IRQn 1 */

  /* USER CODE END SysTick_IRQn 1 */
}
```

```
__weak void HAL_IncTick(void)
{
  uwTick += uwTickFreq;
}
```

图2-27　SysTick_Handler 中断函数　　　　图2-28　HAL_IncTick（）函数

当要使用 HAL_Delay（）函数时，直接调用函数 HAl_Delay（time）即可，填入需要延时的时长，单位为 ms，例如填入 500，则代表延迟 0.5s，这段时间 MCU 会产生 500 次中断，通过中断服务函数对计数值进行加 1 操作。

延时函数语句解析如下：

当程序进入延时函数时，就调用 HAL_GetTick（）获取当前 uwTick 的值。接着通过 if（wait<HAL_MAX_DELAY）{wait +=（uint32_t）（uwTickFreq）;}，判断 wait 的值，若不大于可以延时的最大值，则 wait 自加 1。然后再通过 while 循环语句，while（（HAL_GetTick（）-tickstart）<wait）{}，不断获取 HAl_GetTick 的值，直到这个值和初始值的差不小于等待的时间，结束循环。

4）SysTick 时间片方式。SysTick 定时器的重装载值 RELOAD 是固定的，且定时器是一直在工作的。那么肯定有一个时间片段定时器的计数值与延时时间计数值相等，可以用此来实现精准延时。

设计步骤：

① 根据延时时间和定时器所选时钟频率，计算出定时器要计数的计数值。

② 获取当前数值寄存器的数值。

③ 以当前数值为基准开始计数。

④ 当所计数值等于（大于）需要延时的时间数值时退出。

定时器的时钟周期为

$$时钟周期 = \frac{1}{频率(Hz)}$$

指定时间的计数值为

$$计数值 = \frac{时间值}{时钟周期} = 时间值 \times 频率$$

以时间值 1μs、频率 168MHz 为例，计数值为

$$计数值 = 0.000001s \times 168000000Hz$$

采用时间片轮询机制来设计延时函数，其程序流程图如图 2-29 所示。

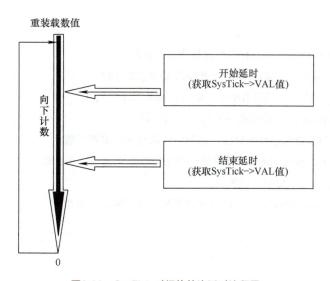

图2-29 SysTick 时间片轮询延时流程图

（4）功能函数设计

1）初始化延时函数。延时函数初始化内容如下所示，其参数 SYSCLK 为系统时钟频率。

1. void Delay_Init（uint8_t SYSCLK）
2. {
3. //SysTick 频率为 HCLK，SYSTICK 的时钟固定为 AHB 时钟的 1/8
4. HAL_SYSTICK_CLKSourceConfig（SYSTICK_CLKSOURCE_HCLK）;
5. fac_us=SYSCLK；
6. }

4 行：设置 SysTick 定时器的时钟。

5 行：微秒参数设置。

2）微秒延时函数。微秒延时函数内容如下所示，参数 nus 为用户设置的延时时长。

1. void Delay_us（uint32_t nus）
2. {
3. uint32_t ticks；
4. uint32_t told, tnow, tcnt=0；
5. uint32_t reload=SysTick->LOAD；//获取重装载寄存器 SysTick->LOAD 值
6. ticks=nus*fac_us；   //需要的计数时间值
7. told=SysTick->VAL；   //获取开始计数时，寄存器值
8. while（1）
9. {
10.   tnow=SysTick->VAL；//获取当前数值寄存器值
11.   if（tnow!=told）   //当前值不等于开始值说明已在计数
12.   { if（tnow<told） //当前值小于开始值，说明未计数到 0
13.   tcnt+=told-tnow；//计数值 = 开始值 − 当前值
14.   else   //当前值大于开始数值，说明已计数到 0 并重新计数
15.   tcnt+=reload-tnow+told；//计数值 = 重装载值 − 当前值 + 开始值
16.   told=tnow；   //更新开始值
17.   if（tcnt>=ticks）break； //时间超过要延迟的时间，则退出
18.   }
19. }
20. }

5~7行：获取当前 SysTick 定时器计数值，计算定时设定值。

10~17行：不断读取 SysTick 定时器当前数值寄存器，判断计时时间是否到达。

3）毫秒级延时函数。毫秒级延时函数内容如下所示，参数 nms 为用户设置的延时时长。

```
1. void Delay_ms（uint16_t nms）
2. {
3.   uint32_t i ;
4.   for（i=0 ; i<nms ; i++）
5.   {
6.     Delay_us（1000）;
7.   }
8. }
```

5~7行：基于微秒级延时函数实现毫秒级延时。

4）延时函数的 *.h 文件编写。为方便使用延时函数，延时函数的 *.h 文件编写如下：

```
1. #ifndef __DELAY_H_
2. #define __DELAY_H_
3. #include "main.h"
4. void Delay_Init（uint8_t SYSCLK）;
5. void Delay_ms（uint16_t nms）;
6. void Delay_us（uint32_t nus）;
7. #endif
```

1、2、7行：进行文件预编译。

3~6行：进行头文件包含和函数声明。

2.6 总结与思考

本项目以点亮 8×8LED 点阵、实现心形灯展示为任务，依托 STM32CubeIDE 开发平台，介绍了 HC595 应用、程序运行、设计、调试方法、STM32GPIO 端口、SysTick 系统定时器应用等知识；还介绍了通过 STM32CubeMX 进行端口配置、系统时钟配置，应用 HAL 库进行软件开发的流程。项目的内容与实际应用接轨，在实践中注意培养学生严谨细致的作风、勇于创新的能力。

（一）信息收集

1）8×8点阵电路的工作信息。

2）HC595芯片参数及相关应用信息。

3）主控芯片的型号、工作电压和封装信息。

4）熟悉编程软件和开发工具的相关信息。

5）熟悉软硬件调试工具信息。

（二）实施步骤

1）列出元器件材料清单。

序号	元器件名称	功能	序号	元器件名称	功能

2）绘制STM32F407与HC595连接线路图（其中STM32F407可用框图代替）。

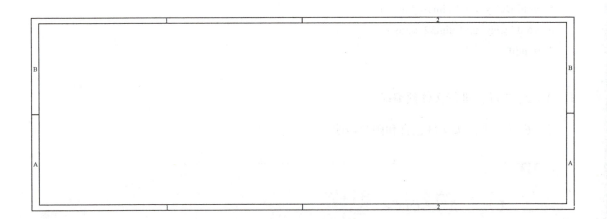

3）结合硬件电路，在调试中单步运行HC595_OUT（uint8_t*data）函数，分析第一次调用HC595_Dat_Handle（*（data+i），1<<i）;（即 i=0 时）函数时的工作过程并填空。

```
uint16_t HC595_Dat_Handle（uint8_t dat，uint8_t cnt）
{
  uint16_t Rt = 0；
  Rt = cnt；// cnt=____，Rt=____
  Rt <<= 8；// Rt=_____
  Rt |=（uint8_t）（~dat）；// Rt=_____，指令作用是_____
  return Rt；
}
HC595_Send_16Bit（dat）；
void HC595_Send_16Bit（uint16_t data）
{
uint16_t i = 0；
for（i = 0；i < 16；i++）// 功能为_____
{
if（（data & 0x8000）== 0X8000）// data=_____，功能为_____
{
SI（1）；
}
else
{
  SI（0）；
}
DELAY_MS（ ）；
SCK（0）；
DELAY_MS（ ）；
SCK（1）；// 功能作用为_____
DELAY_MS（ ）；
data <<= 1；// data=_____
}
RCK（0）；
DELAY_MS（ ）；
RCK（1）；
}
```

该函数第一次完整运行一次（即循环 16 次），是将数据 data=_____，通过两片 HC595 级联，实现串行输入，并行输出。其中 Y0～Y7 取值是_____，C0～C7 取值是_____。

4）考核。

<table>
<tr><td colspan="6" align="center">项目考核评分表</td></tr>
<tr><td rowspan="2">基本信息</td><td>班级</td><td></td><td>学号</td><td></td><td>分组</td><td></td></tr>
<tr><td>姓名</td><td></td><td>时间</td><td></td><td>总分</td><td></td></tr>
<tr><td></td><td>序号</td><td>步骤</td><td>完成情况（好、较好、一般、未完成）</td><td>标准分</td><td>得分</td></tr>
<tr><td rowspan="6">任务考核（50%）</td><td>1</td><td>STM32CubeMX 配置端口</td><td></td><td>10</td><td></td></tr>
<tr><td>2</td><td>STM32CubeMX 配置系统时钟</td><td></td><td>10</td><td></td></tr>
<tr><td>3</td><td>理解 HC595 点亮 8×8 点阵心形代码</td><td></td><td>20</td><td></td></tr>
<tr><td>4</td><td>会编译、调试程序</td><td></td><td>20</td><td></td></tr>
<tr><td>5</td><td>代码下载到开发板上，程序正常运行，功能展示正确</td><td></td><td>20</td><td></td></tr>
<tr><td>6</td><td>能设置断点，会通过窗口观察参数变化，理解程序运行过程</td><td></td><td>20</td><td></td></tr>
<tr><td rowspan="5">素质考核（50%）</td><td>1</td><td>安全规范操作</td><td></td><td>20</td><td></td></tr>
<tr><td>2</td><td>团队沟通、协作创新能力</td><td></td><td>20</td><td></td></tr>
<tr><td>3</td><td>资料查阅、文档编写能力</td><td></td><td>20</td><td></td></tr>
<tr><td>4</td><td>劳动纪律</td><td></td><td>20</td><td></td></tr>
<tr><td>5</td><td>严谨细致、追求卓越</td><td></td><td>20</td><td></td></tr>
<tr><td colspan="2">教师评价</td><td colspan="4"></td></tr>
<tr><td colspan="2">学生总结</td><td colspan="4"></td></tr>
</table>

（三）课后习题

一、选择题

1. 当前 SysTick 使用到的时钟源频率为 168MHz，则最大的定时时间约为（   ）。

A. 168ms   B. 168μs   C. 84ms   D. 99ms

2. 当前 SysTick 使用到的时钟源频率为 168MHz，然后 8 分频，则最大的定时时间约为（   ）。

A. 1680ms   B. 99ms   C. 798ms   D. 990ms

二、简答题

1. 什么是 GPIO？

2. STM32 微控制器 GPIO 有多少种工作模式？分别列举出来，并简述它们主要使用在哪些场合。

3. 简述使用 STM32CubeMX 配置 STM32F407 微控制器 GPIO 的过程。

4. 简述 HAL_Delay 程序工作过程。

三、编程题

通过开发板，使用 74HC595 级联方式控制一个 8×8 LED 点阵模块，编程实现图 2-30 中字符 E 的显示。

图2-30　字符E显示效果图

项目 3

抢答器设计与实现

3.1 学习目标

素养目标：
1. 培养查阅资料，编写文档的能力。
2. 培养归纳、总结的能力。
3. 整理实训设备，践行劳动教育。

知识目标：
1. 理解按键检测及消抖方法。
2. 了解蜂鸣器工作过程。
3. 熟悉蜂鸣器驱动程序的设计。

技能目标：
1. 能熟练使用 STM32CubeIDE 开发软件。
2. 理解按键抢答核心代码，能编写相应代码。
3. 能熟练掌握软件编辑、调试方法。

3.2 项目描述

本项目采用 STM32F407 核心板板载的四个独立按键，分别连接 PA0、PE2、PE3、PE4 端口。通过按键、蜂鸣器和 LED 灯模拟抢答器。其中 STM32F407 蜂鸣器连接 PH7，对应四个 LED 灯分别连接 PF9、PF10、PH14、PH15。

首先微控制器检测按键状态，通过软件消抖方式保证按键状态的准确性。然后使用微控制器 I/O 端口驱动蜂鸣器和 LED 灯工作。当按键被按下时，蜂鸣器发出提示音，同时，按键对应的 LED 灯点亮，模拟抢答器工作过程。抢答器系统示意图如图 3-1 所示。

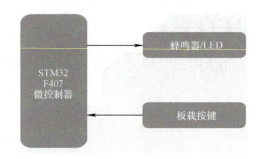

图3-1　抢答器系统示意图

3.3 项目要求

项目任务：

利用 STM32CubeIDE 开发环境，通过 CubeMX 配置按键输入端口、LED 灯输出端口、蜂鸣器端口和时钟树等，生成项目代码。搭建硬件电路，理解模块功能。下载并运行程序，观察运行结果。

项目要求：

1）分析按键电路图，理解电路消抖方法。

2）应用 STM32CubeIDE 搭建项目工程，能使用 CubeMX 配置时钟树、RCC、GPIO 端口并生成项目代码，能理解代码各部分作用。

3）能理解课程提供的函数代码。

4)能进行软件、硬件联合调试,完成考核任务。

3.4 项目实施

1. 项目准备

计算机 1 台(Windows 10 及以上系统)、操作台 1 个、STM32F4 核心板 1 个、方口数据线 1 条、6P 排线 1 条、电源转接线 1 条和操作台电源适配器(12V/2A)。

操作台供电后,使用电源转接线连接到 STM32F4 核心板,将 6P 排线通过操作台的 SWD 下载口连接到 STM32F4 核心板下载口。连接实物图如图 3-2 所示。

按键本质上就是一个开关,其下部有一个用于复位的弹簧。按下按键时可以导通 A 端与 B 端;松开后弹簧又将按键弹开从而保持电路开路状态,按键开闭状态如图 3-3 所示。

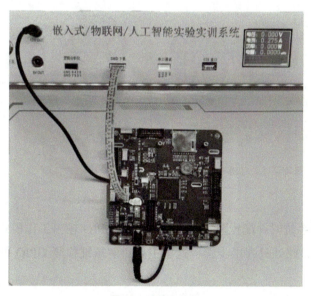

图 3-2 连接实物图

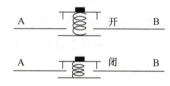

图 3-3 按键开闭状态示意图

按键开关为机械弹性开关,由于机械触点的弹性作用,按键开关在闭合时不会马上稳定地接通,在断开时也不会瞬间完全断开。因此,在断开和闭合的瞬间均会伴随连续的电平抖动,抖动时间的长短由按键的机械特性决定,一般为 5~10ms。

STM32F407 核心板上板载有四个独立按键,其原理图如图 3-4 所示,分别连接 PA0、PE2、PE3、PE4。不同的是当四个按键都按下后 PA0 读取的电平是高电平,而 PE2、PE3、PE4 读取到的电平为低电平。

蜂鸣器是一种一体化结构的电子讯响器，其驱动电路与实物图如图3-5所示，采用直流电压供电，广泛应用于计算机、打印机、复印机、报警器、电子玩具、汽车电子设备、电话机和定时器等电子产品中作发声器件。

蜂鸣器主要分为压电式的有源蜂鸣器和电磁式的无源蜂鸣器两种类型，有源蜂鸣器内部带振荡源，一通电就会发声。无源蜂鸣器内部不带振荡源，必须用方波驱动才能发声。万用表电阻档 R×1 档测试：用黑表笔接蜂鸣器"+"引脚，红表笔在另一引脚上来回碰触，如果触发出"咔、咔"声且电阻只有 8Ω（或 16Ω）的是无源蜂鸣器；如果能发出持续声音，且电阻在几百欧以上，是有源蜂鸣器。

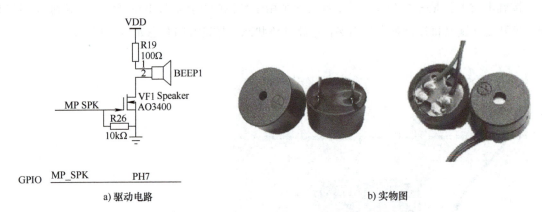

图3-4 板载按键原理图

图3-5 蜂鸣器驱动电路与实物图

2. CubeMX配置

关于芯片选型、外部时钟源使能、系统时钟配置及工程文件配置和 GPIO 输出工作模式设定，在项目1、项目2进行了详细讲解，此处只列出步骤。这里主要讲解按键检测 GPIO 的工作模式设置。

首先建立工程项目，选择芯片，即开发板自带的芯片 STM32F407IG。然后配置系统时钟，系统时钟配置与项目2类同，此处只列出步骤。

（1）选择晶振　STM32F407 外部高速晶振为 8MHz，分别连接到 PH0 和 PH1 引脚。

（2）选择 RCC 外设　选择高速时钟为外部时钟源，PH0 和 PH1 引脚自动高亮。

（3）配置时钟树

1）锁相环时钟源为 8MHz 外部高速时钟。

2）高速时钟分频系数配置为 4，输出为 2MHz。

3）单击 HCLK（MHz），数值更改为 168，然后按 <Enter> 键，CubeMX 自动配置各个时钟参数。

（4）端口配置　将本项目当中使用的端口全部选中后，在 System Core 中选中 GPIO，就会进入如图 3-6 所示的页面中。标号④的区域就是按键所使用的端口。

图3-6　进入 GPIO 参数配置界面

以 PA0 为例，单击后，如图 3-7 所示，会在页面下方弹出参数详细配置界面。

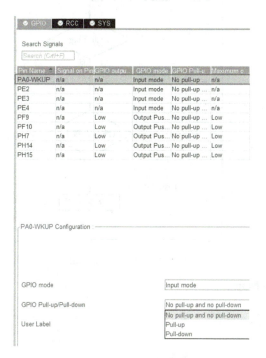

图3-7　GPIO参数详细配置界面

GPIO mode：主要是 GPIO 的方向设置，在之前选择端口时就已设定为输入。

GPIO Pull-up/Pull-dowm：设置端口的输入状态，有浮空、上拉和下拉，结合硬件平台，在这里设置为浮空输入。

User Label：用户可以自定义端口标识，方便阅读和使用。

到这里，已经将本项目所使用的片上外设配置完成，单击 完成代码构建，开始本项目软件程序设计。

3. 项目软件分析

（1）主程序 main.c 文件　抢答器的特点是，开启抢答后一旦有人率先抢答成功，在没有重置的前提下，其他人再进行抢答都不会成功。为了实现该项目要求，设计一个变量 rush_Flag 用于检测抢答事件是否产生，产生以后则会自动屏蔽接下来的任何抢答事件，直至设备进行复位。程序流程如图 3-8 所示。

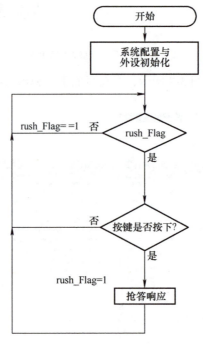

图3-8　抢答器程序流程图

详细的代码内容如下所示。

1. #include "main.h"
2. #include "gpio.h"

3. uint8_t rush_Flag = 0 ;
4. void SystemClock_Config（void）; // CubeMX 配置后生成代码
5. int main（void）
6. {
7. HAL_Init（）;
8. SystemClock_Config（）;
9. MX_GPIO_Init（）;
10. while（1）
11. {
12. if（rush_Flag == 0）
13. {
14. /* 此处插入按键被点击，蜂鸣器鸣叫，LED 亮起程序，分别是：
按键 1 被点击，蜂鸣器鸣叫 300ms，LED1 亮起
按键 2 被点击，蜂鸣器鸣叫 300ms，LED2 亮起
按键 3 被点击，蜂鸣器鸣叫 300ms，LED3 亮起
按键 4 被点击，蜂鸣器鸣叫 300ms，LED4 亮起
*/
15. }
16. }
17. }

1、2 行：包含项目所使用资源的头文件。

3 行：定义一个标志位，用于检测抢答事件是否已经产生。

7 ~ 9 行：对 HAL 库的初始化、系统时钟配置和 GPIO 初始化。

12 ~ 15 行：抢答事件未出现，则不断去检测抢答器端口，若出现则执行相关的功能，并且记录抢答事件已产生。如果还需要重新开始抢答，则需要进行复位。

（2）按键程序分析　STM32F407 核心板上板载有四个独立按键，分别连接 PA0、PE2、PE3、PE4。不同的是当四个按键都按下后 PA0 读取的电平是高电平，而 PE2、PE3、PE4 读取到的电平为低电平。对应 LED 灯分别连接 PF9、PF10、PH14、PH15。蜂鸣器连接至 PH7。

采用软件延时方式的按键消抖程序流程图，如图 3-9 所示。

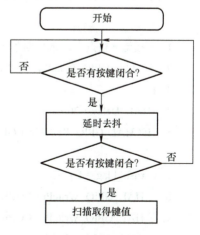

图 3-9　软件进行按键消抖程序流程图

其中按键 1 对应按键程序如下所示。

```
1.  if( HAL_GPIO_ReadPin（GPIOE, GPIO_PIN_4）== 0 )
2.  {
3.     HAL_Delay（20）;
4.     if( HAL_GPIO_ReadPin（GPIOE, GPIO_PIN_4）== 0 )
5.     {
6.        rush_Flag = 1 ;
7.        HAL_GPIO_WritePin（GPIOF, GPIO_PIN_9, GPIO_PIN_SET）; //LED1 亮起
8.        HAL_GPIO_WritePin（GPIOH, GPIO_PIN_7, GPIO_PIN_SET）;
9.        HAL_Delay（300）;
10.       HAL_GPIO_WritePin（GPIOH, GPIO_PIN_7, GPIO_PIN_RESET）; // 蜂鸣器鸣叫 300ms
11.       while（!HAL_GPIO_ReadPin（GPIOE, GPIO_PIN_4））;
12.    }
13. }
```

1～4 行：进行软件消抖防止误触。

6 行：抢答事件已经产生，则 if（rush_Flag == 0）将不再满足。

7～10 行：实现蜂鸣器鸣叫 300ms 和 LED1 开启常亮。

其中第 11 行 while（!HAL_GPIO_ReadPin（GPIOE, GPIO_PIN_4））; 是一个循环语句，当 !HAL_GPIO_ReadPin（GPIOE, GPIO_PIN_4）值恒为 1 时，此时按键按下，手并未离开按键，PE4==0，即 while（1），程序原地循环。

当按键松开时，即 !HAL_GPIO_ReadPin（GPIOE, GPIO_PIN_4）值为 0 时，程序向下执行。

```
1.  /* 按键 4 被点击，蜂鸣器鸣叫 300ms, LED4 亮起 */
2.  if( HAL_GPIO_ReadPin（GPIOA, GPIO_PIN_0）== 1 )
3.  {
4.     HAL_Delay（20）;
5.     if( HAL_GPIO_ReadPin（GPIOA, GPIO_PIN_0）== 1 )
6.     {
7.        rush_Flag = 1 ;
8.        HAL_GPIO_WritePin（GPIOH, GPIO_PIN_15, GPIO_PIN_SET）;
9.        HAL_GPIO_WritePin（GPIOH, GPIO_PIN_7, GPIO_PIN_SET）;
10.       HAL_Delay（300）;
```

11.   HAL_GPIO_WritePin（GPIOH，GPIO_PIN_7，GPIO_PIN_RESET）；
12.   while（!HAL_GPIO_ReadPin（GPIOE，GPIO_PIN_4））；
13.   }
14. }

按键 2、按键 3 被点击，蜂鸣器鸣叫，LED 亮起程序与按键 1 类同，读者可仿照自动添加。

4. 项目效果

随机按动四个按钮中的一个，或同时按下多个按键，按下时间最早的，蜂鸣器同步鸣叫，按键对应的 LED 灯也会随之亮起。按下按键后，需按复位按钮后方可再次使用。如图 3-10 所示，图中实现效果为按下 KEY3 后，对应的 LED 灯亮起。

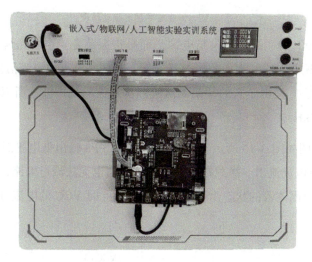

图 3-10　抢答器实现效果

3.5　知识直通车

1. 蜂鸣器工作原理

压电式有源蜂鸣器主要由多谐振荡器、压电蜂鸣片、阻抗匹配器及共鸣箱、外壳等组成。多谐振荡器由晶体管或集成电路构成。当接通电源后（1.5～15V 直流工作电压），直流电源输入经过振荡电路和振动系统的处理转换为声音信号输出，有源自激型蜂鸣器的驱动原理如图 3-11 所示。

图 3-11 有源自激型蜂鸣器的驱动原理

而电磁式的无源蜂鸣器由振荡器、电磁线圈、磁铁、振动膜片及外壳等组成。接通电源后，振荡器产生的音频信号电流通过电磁线圈，使电磁线圈产生磁场。振动膜片在电磁线圈和磁铁的相互作用下周期性地振动发声，无源蜂鸣器的驱动原理如图 3-12 所示。

图 3-12 无源蜂鸣器的驱动原理

"有源"与"无源"的"源"不是指电源，而是指振荡源。也就是说，有源蜂鸣器内部带振荡源，通电就能起振并鸣叫。而无源蜂鸣器内部不带振荡源，用直流信号是无法令其鸣叫的，只有用方波信号驱动它。又由于人的耳朵无法听到次声波与超声波，所以驱动无源蜂鸣器频率的合适范围为 20～20kHz。

板载蜂鸣器电路图如图 3-13 所示，JP2 跳帽接上，PF8 输出低电平时 S8050 的基极与发射极电压都为 0V，没有电流流出。搭载在集电极的蜂鸣器也无法流过电流，因此不能鸣叫。相反地，PF8 输出高电平时晶体管的状态由截止变为饱和，此时 VCC 的电流可以通过蜂鸣器，蜂鸣器就会鸣叫。

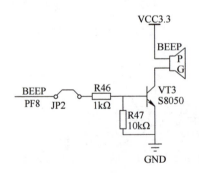

图 3-13 板载蜂鸣器电路图

2. 按键检测及消抖原理

机械按键会发生抖动，如图 3-14 所示。按键抖动的持续时间长短，是由操作人员的按键动作决定的，一般为零点几秒至数秒。按键抖动会引起一次按键操作被多次误读。因此，为保障微控制器对单次按下按键时能准确处理，必须消除按键抖动。

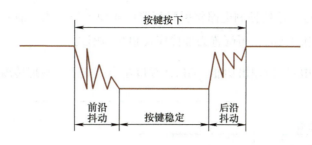

图 3-14 机械按键抖动示意图

按键消抖分为硬件消抖与软件消抖。

（1）硬件消抖　在按键上并联一个电容，利用电容的充放电特性，来对按键抖动过程中产生的不稳定电压进行平滑处理，从而实现消抖。实际应用中，硬件消抖增加了硬件成本和电路复杂度，所以应用不多。

（2）软件消抖　使用软件程序完成消抖任务。从图 3-14 中可知：按键按下后会产生一段前沿抖动，抖动时长通常为 5～10ms，之后便会进入稳定状态，稳定的时长大于前沿抖动，所以，利用已知的按键抖动时间最大值作为按键消抖的时间参数，即可使按键的消抖实现最大化。跳过前沿抖动后，再去读取按键稳定状态完成按键检测。同理，按键松开后也可以完成一次消抖延时。

3. 微控制器GPIO端口应用

（1）微控制器 GPIO 端口结构　如图 3-15 所示，STM32 每个引脚内部电路由一对保护二极管、受控上下拉电阻、一个施密特触发器、一对 MOS 管、若干读写控制逻辑、输入输出数据寄存器、复位 / 置位寄存器及输出控制逻辑等构成。

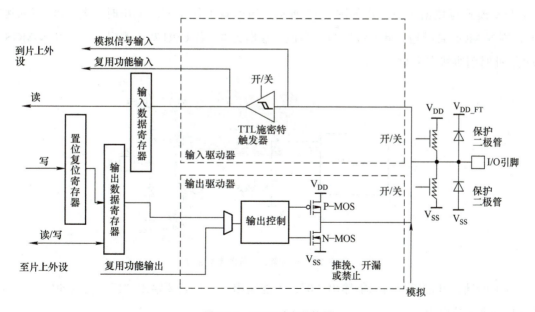

图 3-15　GPIO 内部结构图

此前项目已介绍过,这些控制电路将引脚配置成 4 种工作方式:输入、输出、复用和模拟信号输入。输出和复用模式时,可配置为推挽模式和开漏模式。

(2)微控制器 GPIO 端口输出功能　GPIO 端口输出模式下,数据传输通道如图 3-16 所示。

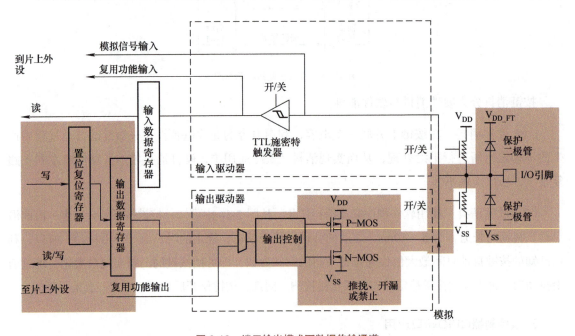

图 3-16　端口输出模式下数据传输通道

1)开漏模式(GPIO_Mode_Out_OD):输出数据寄存器的值,途经 N-MOS 管,输出到 I/O 端口,此时 P-MOS 管关闭,N-MOS 管为工作状态。

开漏模式写数据传输通道如图 3-17 所示,当引脚工作于开漏输出时,若 CPU 写入逻辑"0",则 N-MOS 管导通,此时引脚与地相连,输出为 0。若 CPU 写入逻辑"1",则 N-MOS 管截止,此时引脚状态未知。

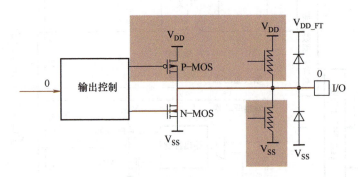

图 3-17　开漏模式写数据传输通道

综上所述,开漏输出时只能输出"0",不能输出"1"。若要输出"1",需要使能上拉电阻或外接一个上拉电阻。

2)推挽模式(GPIO_Mode_Out_PP):此模式中,输出数据寄存器的值,途经 P-MOS 管和 N-MOS 管,输出到 I/O 端口,P-MOS 管和 N-MOS 管都处于工作状态。写数据传输通道如图 3-18 所示。

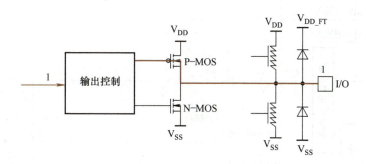

图 3-18　推挽模式写数据传输通道

当引脚工作于推挽输出时,若 CPU 写入逻辑"1",则 P-MOS 管导通,N-MOS 管截止,引脚输出状态为"1"。若 CPU 写入逻辑"0",则 P-MOS 管截止,N-MOS 管导通,引脚输出状态为"0"。

综上所述,当引脚工作于推挽方式时,STM32 引脚既可输出 1 也可输出 0,因此在点亮 LED 灯时,采用推挽方式。

(3)微控制器 GPIO 输入原理

1)保护二极管电路设计如图 3-19 所示。I/O 引脚上下两边两个二极管用于防止引脚外部过高、过低的电压输入。当引脚电压高于 V_{DD} 时,上方的二极管导通;当引脚电压低于 V_{SS} 时,下方的二极管导通,防止不正常电压引入芯片导致芯片烧毁。尽管如此,还是不能直接外接大功率器件,须增加大功率及隔离电路驱动,防止烧坏芯片或者外接器件无法正常工作。

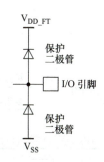

图 3-19　GPIO内部保护二极管电路设计

2)浮空输入方式(GPIO_Mode_IN_FLOATING)。浮空输入读数据传输通道如图 3-20 所示。

此方式下,I/O 端口的电平信号直接进入输入数据寄存器。I/O 的电平状态是不确定的,完全由外部输入决定。在该引脚悬空(在无信号输入)的情况下,该端口的电平是不确定的。

3)上拉输入方式(GPIO_Mode_IPU)。上拉输入读数据传输通道如图 3-21 所示。

此方式下,上拉电阻接入电路,在 I/O 端口悬空(在无信号输入)的情况下,输入端的电平可以保持在高电平。在 I/O 端口输入为低电平的时候,输入端的电平保持低电平。

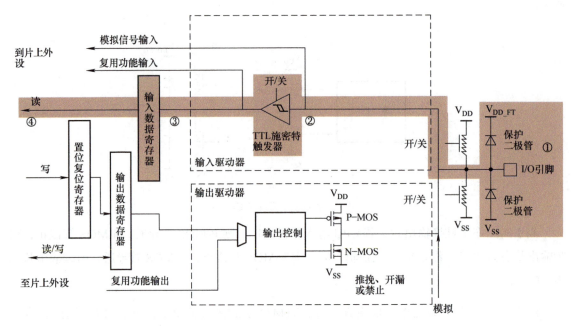

图 3-20 浮空输入读数据传输通道

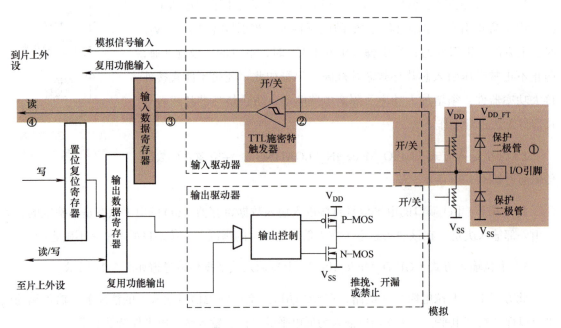

图 3-21 上拉输入读数据传输通道

4）下拉输入方式（GPIO_Mode_IPD）。下拉输入读数据传输通道如图 3-22 所示。

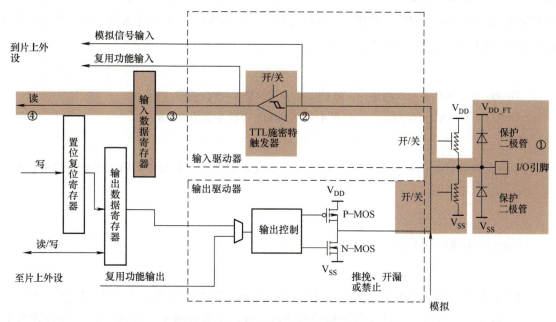

图 3-22　下拉输入读数据传输通道

此方式下，下拉电阻接入电路，在 I/O 端口悬空（在无信号输入）的情况下，输入端的电平保持在低电平。在 I/O 端口输入为高电平的时候，输入端的电平保持高电平。

4. C 语言基础知识

通过项目 1 和项目 2，可知 HAL 库中采用了大量的结构体、指针和宏定义，对编程人员的 C 语言知识要求较高。因此，本任务专门对 C 语言进行介绍。

（1）位操作　在 STM32 单片机编程中，位操作是对基本类型变量在位级别进行操作。下面先介绍几种位运算符，C 语言支持表 3-1 所列的 6 种位操作。

表 3-1　6 种位操作

运算符	含义	运算符	含义
&	按位与	~	取反
|	按位或	<<	左移
^	按位异或	>>	右移

与、或、取反、异或、右移和左移这些运算符的定义，可以参考 C 语言学习资料。下面着重介绍位操作在微控制器 STM32 开发中的一些用法。

1)不改变其他位的值的情况下,对某几个位进行设值。此种情况在微控制器编程中经常遇到,方法是先对需要设置的位用 &(与)操作符进行清零操作,然后用 |(或)操作符设值。比如要改变 GPIOA-> BSRRL 的状态,可以先对寄存器的值进行 & 清零操作,然后再对需要设置的值进行 |(或)运算。如下例程所示。

1. GPIOA-> BSRRL &= 0XFF0F ; // 将 CRL 寄存器的第 4~7 位清零
2. GPIOA-> BSRRL |= 0X0040 ; // 设置 4~7 位的值,不改变其他位的值

2)移位操作代码。移位操作在单片机开发中也非常重要,下面是 GPIO 初始化的函数里面的一行代码:

1. GPIOx->BSRR = (((uint32_t) 0x01) << px);

这个操作是先将"0x01"这个 8 位十六进制转换为 32 位二进制,然后左移"px"位,这个"px"就是一个变量,其值就是要移动的位数。也就是将 BSRR 寄存器的第 px 位设置为 1。为什么要通过左移而不是直接设置一个固定的值?其实,这是为了提高代码的可读性以及可重用性。这行代码可以很直观地知道是将第 px 位设置为 1。如果写成:

1. GPIOx->BSRR = 0x0040 ;

这样的代码阅读性就不强,并且为后期维护增加了工作量。因此,应采用移位操作进行寄存器参数设置,再如:

1. GPIOA->ODR |= 1<<5 ; //PA.5 输出高电平,不改变其他位

将 1 左移 5 位,也就是将 ODR 的第六位设置为 1,即将 PA.5 输出高电平。

3)取反操作。以设定 SR 寄存器参数为例,SR 寄存器的每一位都代表一个状态,某个时刻希望设置某一位的值为 0,同时其他位都保留为 1,简单的做法是直接给寄存器赋一个值:

1. IMx->SR = 0xFFFE ;

这句语句是设置 SR 第 0 位为 0,但是这样的做法可读性差。而库函数代码中是这样使用的:

```
1. TIMx->SR =（uint16_t）~ TIM_FLAG_Update ;
```

TIM_FLAG_Update 是通过宏定义来定义的值：

#define TIM_FLAG_Update（（uint16_t）0x0001）;

上面直接从宏定义中就可以看出 TIM_FLAG_Update 的真实值为（（uint16_t）0x0001）。指令就是设置 TIMx->SR 的第 0 位，便于使用、修改，可读性强。

（2）define 宏定义　　define 是 C 语言中的预处理命令，它用于宏定义，可以提高源代码的可读性，为编程提供方便。常见的格式如下：

#define　标识符　字符串

"标识符"为所定义的宏名，"字符串"可以是常数、表达式和格式串等。

例如：

```
1. #define SYSCLK_FREQ_168MHz 168000000
```

定义标识符 SYSCLK_FREQ_168MHz 的值为 168000000。注意该语句最后不加分号。至于 define 宏定义的一些其他知识，可参考相关的 C 语言书籍。

（3）ifdef 条件编译　　在程序开发过程中，经常会遇到这样一种情况，当满足某条件时，对一组语句进行编译，当条件不满足时则编译另一组语句。条件编译命令最常见的形式为

```
1. #ifdef // 标识符
2.    // 程序段 1
3. #else
4.    // 程序段 2
5. #endif
```

它的作用是：当标识符已经被定义过（一般是用 #define 命令定义），则对程序段 1 进行编译，否则编译程序段 2。其中 #else 部分也可以没有，即

```
1. #ifdef // 标识符
2.    // 程序段 1
3. #endif
```

条件编译在 HAL 库里面用得很多，在 stm32f407xx.h 头文件中经常会看到这样的语句：

1. #ifndef __STM32F407xx_H
   #define __STM32F407xx_H
2. // 芯片需要的大量变量、结构体定义；
3. #endif

条件编译也是 C 语言的基础知识，可参考 C 语言相关书籍。

（4）extern 变量声明　C 语言中 extern 可以置于变量或者函数前，表示变量或者函数是定义在别的文件中，提示编译器遇到此变量和函数时在其他文件中寻找其定义。这里面要注意，对于 extern 声明变量可以多次，但定义只有一次。在代码中会看到这样的语句：

1. extern uint32_t SystemCoreClock；

这个语句是声明 SystemCoreClock 变量在其他文件中已经定义了，在这里要使用到。所以，可以在某个文件中找到定义这个变量的语句：

1. SystemCoreClock=16000000；

extern 变量声明也是 C 语言的基础知识，可参考 C 语言相关书籍。

（5）typedef 类型别名　typedef 用于为现有类型创建一个新的名字，或称为类型别名，用来简化变量的定义。typedef 用得最多的就是定义结构体的类型别名和枚举类型。以在结构体中的使用方法为例。

首先定义一个 GPIO 结构体，并对内部成员进行声明：

1. struct _GPIO
2. {
3. 　__IO uint32_t CRL；
4. 　__IO uint32_t CRH；
5. 　…
6. }；

如果需要使用这个结构体，则需要定义一个结构体 _GPIO，这样定义变量的方式为

1. Struct _GPIO GPIOA；// 定义结构体变量 GPIOA

但是这样很烦琐，有很多这样的结构体变量需要定义。这里可以为结构体定义一个别名 GPIO_TypeDef，这样就可以在其他地方通过别名 GPIO_TypeDef 来定义结构体变量了。方法如下：

1. typedef struct
2. {
3. __IO uint32_t CRL；
4. __IO uint32_t CRH；
5. __IO uint32_t IDR；
6. //…
7. } GPIO_TypeDef；

Typedef 为结构体定义一个别名 GPIO_TypeDef，这样可以通过 GPIO_TypeDef 来定义结构体变量：

1. GPIO_TypeDef _GPIOA，_GPIOB；

这里的 GPIO_TypeDef 就跟 struct _GPIO 是等同的作用了，这样就方便了很多。

（6）结构体　HAL 库中很多地方使用了结构体以及结构体指针，理解结构体和结构体指针有助于更好地开发单片机程序。为了定义结构，必须使用 struct 语句。struct 语句定义了一个包含多个成员的新的数据类型，struct 语句的格式如下：

1. struct tag {
2. member-list
3. member-list
4. member-list
5. ...
6. } variable-list；

1 行：tag 是结构体标签。

2~4 行：member-list 是标准的变量定义，比如 int i 或者 float f，或者其他有效的变量定义。

6 行：variable-list 结构变量，定义在结构的末尾，最后一个分号之前，可以指定一个或多个结构变量。

1. struct U_TYPE
2. {
3.   Int BaudRate
4.   Int WordLength ;
5. }usart1，usart2 ;

在结构体声明的时候可以定义变量，也可以声明之后定义，方法是：struct+ 结构体名字 + 结构体变量列表。例如：

1. struct U_TYPE usart1，usart2 ;

结构体成员变量的引用方法是：结构体变量名字 . 成员名。比如要引用 usart1 的成员 BaudRate，方法是：usart1.BaudRate ;

结构体指针变量定义也是一样的，跟其他变量没有区别，例如：

1. struct U_TYPE *usart3 ; // 定义结构体指针变量 usart3 ;

结构体指针成员变量引用方法是通过 "->" 符号实现，比如要访问 usart3 结构体指针指向的结构体的成员变量 BaudRate，方法是：

1. usart3 -> BaudRate ;

上面介绍了结构体和结构体指针的一些知识，下面通过一个实例来应用结构体与结构体指针。

在单片机程序开发过程中，经常会遇到要初始化一个外设的情况。以串口为例，它的初始化状态是由多个属性来决定的，比如串口号、波特率、极性以及模式。对于这种情况，在不用结构体的时候，一般的使用方法是：

1. void USART_Init（u8 usartx，u32 BaudRate，u8 parity，u8 mode）；

这种方式是有效的，同时在一定场合也是可取的。但是，如果后面需要再往这个函数里面加入一个 wordlength 参数，那么势必需要修改这个函数的定义，重新加入 wordlength 这个入口参数。于是函数的定义被修改为：

1. void USART_Init（u8 usartx，u32 BaudRate，u8 parity，u8 mode，u8 wordlength）；

当函数的入口参数随着开发而不断增多时，就要不断修改函数的定义，这给开发带来很多的麻烦。利用结构体就能解决这个问题。将结构体指针作为函数的传入参数，在不改变结构体指针参数的情况下，只需要改变结构体的成员变量，就可以达到改变入口参数的目的。结构体就是将多个变量组合为一个有机的整体。上面 USART_Init 函数的参数 usartx、BaudRate、parity、mode、wordlength，对于串口而言，是一个有机整体，都是用来设置串口参数的，可以将它们通过定义一个结构体来组合在一起，如下所示。

1. typedef struct
2. {
3.   uint32_t USART_BaudRate ；
4.   uint16_t USART_WordLength ；
5.   uint16_t USART_StopBits ；
6.   uint16_t USART_Parity ；
7.   uint16_t USART_Mode ；
8.   uint16_t USART_HardwareFlowControl ；
9. } USART_InitTypeDef ；

于是，在初始化串口的时候，入口参数就可以是 USART_InitTypeDef 类型的变量或者指针变量了，库函数中是这样定义的：

1. Void USART_Init（USART_TypeDef* USARTx，USART_InitTypeDef* USART_InitStruct）；

这样，任何时候，只需要修改结构体成员变量，往结构体中间加入新的成员变量，而不需要修改函数定义就可以达到与修改入口参数同样的目的。这样的好处是不用修改任何函数定义就可以增加变量。理解了结构体在这个例子中的作用，在以后的开发过程中，如果变量定义过多，如果某几个变量是用来描述同一个对象的，就可以考虑将这些变量定义在结构体中，可以提高代码的可读性。

使用结构体组合参数，可以提高代码的可读性，避免变量定义混乱。当然结构体的作用远远不止这个；同时，HAL 库中用结构体来定义外设也不仅仅只是这个作用，这里只是举一个例子，通过最常用的场景，便于理解结构体的一个作用而已。结构体的其他知识和应用，在后续的使用中要好好体会和理解。

3.6 总结与思考

本项目通过 STM32F4 开发板，引导学生编写按键选择、消抖和蜂鸣器运行等程序，从而掌握通过 STM32CubeMX 进行端口配置、系统时钟配置方法，熟悉应用 HAL 库进行软件开发的流程。项目的内容模拟真实应用场景，在编程中注意培养积极思考、大胆创新的能力。

（一）信息收集

1）模拟抢答器电路硬件原理图。

2）蜂鸣器相关资料。

3）微控制器按键消除抖动方法。

4）查阅 STM32CubeIDE 调试方法相关文档。

（二）实施步骤

1）列出元器件材料清单。

序号	元器件名称及数量	功能	序号	元器件名称及数量	功能

2）绘制线路图，注意 PA0 为高电平输入（其中 STM32F407 可用框图代替）。

3）在 main.c 内添加完整 while（1）程序内容。

4）编译、调试程序，代码下载到开发板上，运行展示。

5）考核。

<table>
<tr><td colspan="6" align="center">项目考核评分表</td></tr>
<tr><td rowspan="2">基本信息</td><td>班级</td><td></td><td>学号</td><td></td><td>分组</td><td></td></tr>
<tr><td>姓名</td><td></td><td>时间</td><td></td><td>总分</td><td></td></tr>
<tr><td rowspan="7">任务考核（50%）</td><td>序号</td><td colspan="2">步骤</td><td>完成情况（好、较好、一般、未完成）</td><td>标准分</td><td>得分</td></tr>
<tr><td>1</td><td colspan="2">STM32CubeMX 配置端口</td><td></td><td>10</td><td></td></tr>
<tr><td>2</td><td colspan="2">STM32CubeMX 配置系统时钟</td><td></td><td>10</td><td></td></tr>
<tr><td>3</td><td colspan="2">理解模拟抢答器工作过程</td><td></td><td>10</td><td></td></tr>
<tr><td>4</td><td colspan="2">会编写程序</td><td></td><td>30</td><td></td></tr>
<tr><td>5</td><td colspan="2">编译、调试、下载程序，程序正常运行，功能展示正确</td><td></td><td>20</td><td></td></tr>
<tr><td>6</td><td colspan="2">能设置断点，会通过窗口观察参数变化，理解程序运行过程</td><td></td><td>20</td><td></td></tr>
<tr><td rowspan="5">素质考核（50%）</td><td>1</td><td colspan="2">安全规范操作</td><td></td><td>20</td><td></td></tr>
<tr><td>2</td><td colspan="2">团队沟通、协作创新能力</td><td></td><td>20</td><td></td></tr>
<tr><td>3</td><td colspan="2">资料查阅、文档编写能力</td><td></td><td>20</td><td></td></tr>
<tr><td>4</td><td colspan="2">劳动纪律</td><td></td><td>20</td><td></td></tr>
<tr><td>5</td><td colspan="2">严谨细致、追求卓越</td><td></td><td>20</td><td></td></tr>
<tr><td colspan="2">教师评价</td><td colspan="4"></td></tr>
<tr><td colspan="2">学生总结</td><td colspan="4"></td></tr>
</table>

（三）课后习题

1. GPIO 每个引脚内部电路由哪几部分构成？引脚功能有哪几种？

2. GPIO 引脚输出、输入模式分别有哪几种？为什么在点亮 LED 灯时，采用推挽方式？

3. C 语言位操作语句有哪几种？语句 1<<2 执行后结果是_____。

4. C 语言定义了结构体：

1. struct student
2. { char Name[10] ;
3.   int   Score[50] ;
4.   float Average ;
5. }stud ;

则 stud 占用多少个字节的存储单元?

5. 补充完整主程序中 while（1）按键对应按键 1、按键 2、按键 3、按键 4 程序，实现四个按键抢答的完整程序。

```
while（1）
{
 if（rush_Flag == 0）
 {
  /* 此处插入按键被点击，蜂鸣器鸣叫，LED 亮起程序，分别是：
            按键 1 被点击，蜂鸣器鸣叫 300ms，LED1 亮起
            按键 2 被点击，蜂鸣器鸣叫 300ms，LED2 亮起
            按键 3 被点击，蜂鸣器鸣叫 300ms，LED3 亮起
            按键 4 被点击，蜂鸣器鸣叫 300ms，LED4 亮起
            */
 }
}
```

项目 4

微控制器与上位机通信设计与实现

4.1 学习目标

素养目标：
1. 培养查阅资料，编写文档的能力。
2. 培养创新能力。
3. 培养团队协作能力。

知识目标：
1. 掌握通信的基本概念。
2. 了解串口通信的基本原理。
3. 熟悉串口通信程序的设计。

技能目标：
1. 能熟练使用 STM32CubeIDE 开发软件。
2. 熟悉串口与上位机通信的协议。
3. 掌握程序设计，并理解核心代码。

4.2 项目描述

串口是一种通用串行数据总线，常用于异步通信。该总线双向通信，可以实现全双工传输和接收。在嵌入式设计中，串口用于微控制器与辅助设备通信，如微控制器与传感器之间的通信、微控制器与微控制器之间的通信。

本项目中使用微控制器 USART 片上外设，因为微控制器电平和 USB 电平不一致，因此需要加上 USB 转 TTL 模块进行电平转换，再通过 USB 线连接至计算机端，实现硬件设备间的连接。微控制器与 PC（个人计算机）通信如图 4-1 所示。

而微控制器之间通信，以 STM32 为例，它们的电平都是一致的，可以直接将串口的数据发送和接收引脚进行连接，如图 4-2 所示。

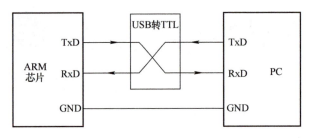

图 4-1　微控制器与PC通信

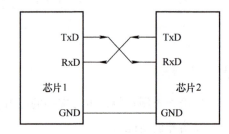

图 4-2　微控制器间连接示意图

本项目采用图 4-1 的配置，实现微控制器与上位机进行通信。使用微控制器的外设接口 USART 进行数据传输，USB 转 TTL 模块作为电平转换的桥梁，上位机按照设定的协议进行数据下发，微控制器对上位机下行的数据进行解析，根据相应的命令控制系统运行的状态，实现对微控制器上的 LED 灯进行控制。

4.3 项目要求

项目任务：

搭建 STM32CubeIDE 开发环境，通过 CubeMX 配置 LED 端口和 USART（串口），设计串口与上位机通信协议，完善控制代码。上位机通过设定的协议进行数据发送，微控制器解析数据实现对 LED 端口的控制。

项目要求：

1）掌握通信的基本概论。

2）熟悉微控制器串口通信原理和硬件搭建。

3）应用 STM32CubeIDE 搭建项目工程，能使用 CubeMX 配置时钟树、GPIO 端口和串口并生成项目代码，能理解代码各部分作用。

4）能理解课程提供的函数代码。

5）能进行软件、硬件联合调试，完成考核任务。

4.4 项目实施

1. 项目准备

计算机 1 台（Windows 10 及以上系统）、百科荣创串口调试助手 V1.2、操作台 1 个、STM32F4 核心板 1 个、方口数据线 1 条、6P 排线 1 条、4P 排线 1 条、电源转接线 1 条和操作台电源适配器（12V/2A）。

STM32F407 微控制器核心板与操作台串口调试接口的连接关系见表 4-1，对设备进行硬件连接。

表 4-1　STM32F4 核心板与操作台串口调试接口连线

STM32F4 核心板（P1 接口）	串口调试接口
PA9	TXD
PA10	RXD

（1）硬件设备连接　操作台供电后，使用电源转接线连接到 STM32F4 核心板，将 6P 排线通过操作台的 SWD 下载口连接到 STM32F4 核心板下载口。将 4P 排线通过操作台的串口调试口连接到 STM32F4 核心板 P1 口，并且将串口调试接口的 USB 数据线连接至计算机上。搭建实物图如图 4-3 所示。

（2）串口调试助手连接　相较于之前的项目，本项目除了硬件设备的准备外还需要准备相关软件。需要借助串口调试助手才能显示微控制器通过串口发送给上位机的数

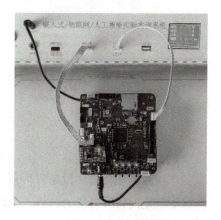

图 4-3　搭建实物图

据。读者可以在链接 https://pan.baidu.com/s/1kNYpgrYPvfzT3ZBMziMguQ（提取码：bkrc）下载该串口调试助手。

图 4-4 所示为软件的配置界面。端口号按照连接设备进行选择，其余关于串口的参数与微控制器的配置保持一致即可。

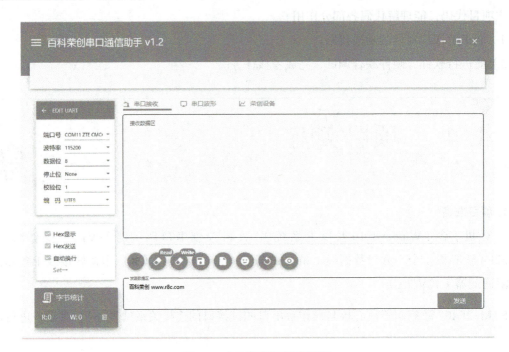

图 4-4 串口调试助手配置界面

如果不知道端口号为多少，这里以 Windows10 计算机为例，在桌面右击选中"此电脑"图标，单击管理，进入计算机管理界面，如图 4-5 所示。

图 4-5 计算机管理界面

在该界面左侧选中设备管理器，在展开的列表中找到"端口（COM 和 LPT）"这一栏。该栏目下就是设备所对应的端口，COM 口查询如图 4-6 所示。若存在多个端口，此时断开设备串口调试的数据线，消失的端口就是该设备所对应的端口。

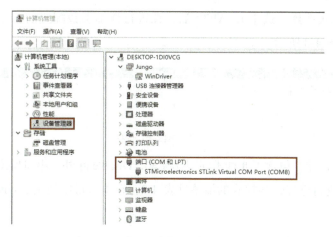

图 4-6　COM口查询

2. CubeMX配置

芯片选择与系统时钟配置前文已介绍过，此处不再赘述。下面介绍 USART1（串口 1）的相关参数配置。

（1）进入 USART 参数配置界面　打开"Pinout&Configuration"选项卡，在 Connectivity（接口）栏目中能看到项目使用芯片的相关外设接口，在这里使用 USART1 接口，选中后会见到如图 4-7 所示的界面。

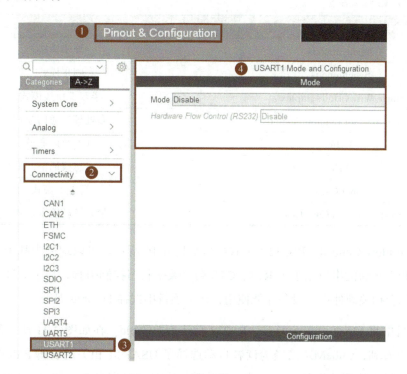

图 4-7　USART 参数配置界面

（2）USART 模式选择　选中 USART1 后，在进行详细参数配置前，需要先对串口的工作模式进行选择，如图 4-8 所示。

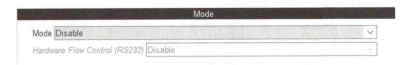

图 4-8　串口模式选择

Mode 共计 9 个选项，包含了 8 种不同工作模式，Disable 除外。串口模式设置如图 4-9 所示。根据项目使用要求进行选择，各模式的描述见表 4-2，在本项目中使用 Asynchronous（异步）通信模式。

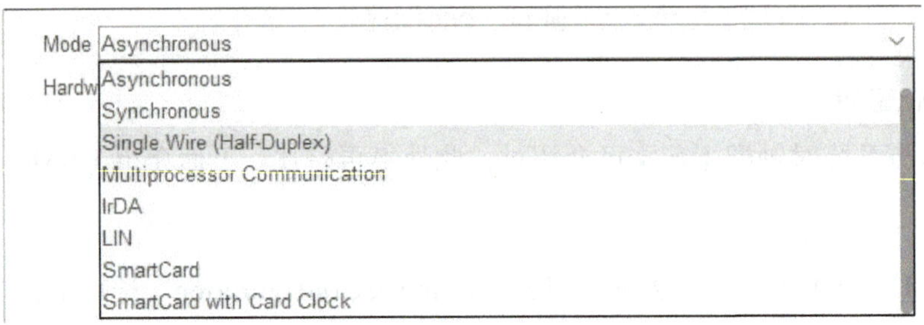

图 4-9　串口模式设置

表 4-2　USART 可使用模式描述

模式	描述
Asynchronous	异步模式
Synchronous	同步模式
Single Wire（Half-Duplex）	半双工单线模式
Multiprocessor Communication	多处理器通信模式
IrDA	红外解码通道
LIN	总线通信
SmartCard	智能卡模式
SmartCard with Card Clock	带时钟智能卡模式

Hardware Flow Control（RS232）模式配置如图 4-10 所示。可以理解为基于串口的扩展方式使用，相较于普通的串口增加了 RTS、CTS 两个数据状态控制引脚，关于引脚配置见表 4-3。RS232 需要配合相关硬件接口设备才能使用，在本项目中选择 Disable 即可。

在本项目中将 Mode 设置为异步，RS232 默认为 Disable。在如图 4-11 所示的 USART1 引脚设定中可以看到，CubeMX 已经为读者自动选择了 USART1 相关的引脚 PA9/PA10，并进行了配置。与项目中使用的硬件接口一致，保持默认即可。若读者在后期遇见 PA9/PA10 已经被其资源所占用的情况，可采用下面的方式进行解决。

微控制器与上位机通信设计与实现 项目4

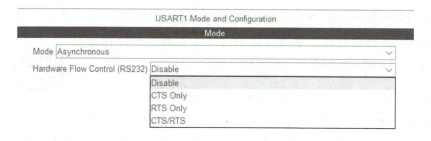

图 4-10　RS232 模式配置

表 4-3　RS232 引脚配置

硬件流控制（RS232）	描述	硬件引脚
CTS Only	Clear To Send，发送清除	CTS
RTS Only	Require To Send，发送请求	RTS
CTS/RTS	发送清除/发送请求	CTS、RTS

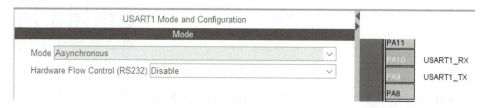

图 4-11　USART1 引脚设定

1）查询可与 USART1 复用的引脚。通过数据手册可以查询对应引脚，但通过 CubeMX 的搜索框功能会更加快捷高效。查询 USART1，具有相关功能的引脚会黑色高亮闪烁，如图 4-12 所示。

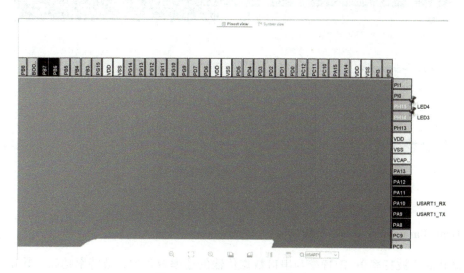

图 4-12　USART1 复用引脚查询

2)开启引脚的复用功能。STM32F407 的 PA9/PA10 与 PB6/PB7 均可使用 USART1 内部资源,这里以 PB6/PB7 为例进行相关配置。选中这两个引脚,并设置为 USART1_RX、USART1_TX 模式,如图 4-13 所示。

图 4-13 开启引脚复用功能

3)开启 USART1。在前面已经将 USART1 的引脚选中,读者会发现与之前选中引脚相比,其颜色并非绿色而是黄色。需要再次打开 USART 选择界面,在这里选择 USART1,将模式设置为异步模式,此时 USART1 的引脚就已成功设定为 PB6/PB7,如图 4-14 所示。

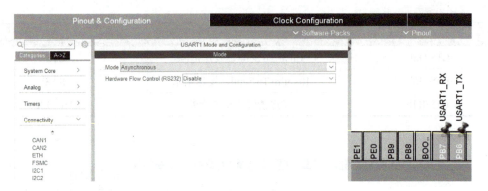

图 4-14 USART1 引脚改动成功

(3)USART1 工作参数设置 在完成 USART1 的模式和硬件控制流的设定后,在下方会自动弹出串口工作相关的配置参数,如图 4-15 所示。

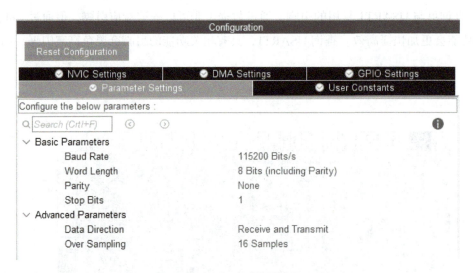

图 4-15 串口工作配置参数

1)Basic Parameters(基本参数)。

Baud Rate(波特率):波特率与串口数据传输的速率成正比,波特率越高,数据传输速度越快。在实际的项目中要结合通信设备的性能、数据容错率和数据丢包率等情况进行综合分析,选择合适的速率即可。在本项目中设定为"115200 Bits/s"即可。单击设置界面右上角图标，可以显示参数简单信息。

Word Length（字节长度）：有"8Bits"和"9Bits"长度，均包含 Parity（校验位），这里选择常用的"8Bits"长度。

Parity（校验位）：校验位在数据传输要求高的场景，有 None（无校验）、Even（偶数校验）和 Odd（奇数校验）三种类型，采用 None 即可。

Stop Bits（停止位）：在异步模式下，有 1 和 2 两种选项。停止位越长则对时钟的容错率就越大，但会提升设备的功耗，选择默认 1 位即可。

2）Advanced Parameters（高级参数）。

Data Direction（数据传输方向）：从图 4-16 中可以发现，一共有三种选择，即可发可收、只能接收和只能发送。结合项目要求，选择可发可收即可。

图 4-16　数据传输方向

Over Sampling（过采样）：过采样设置的是数据接收端口，有助于在噪声中提取有效数据。有 8 和 16 Samples 两种，这里选择 16 Samples 以增加接收器对时钟偏差的容差。高的过采样率会限制串口的最大速度。

（4）开启 USART1 中断　为了实现对上位机下行数据的实时处理，这里需要开启 USART1 的中断，实现对接收数据响应处理。在 NVIC Settings 中单击 Enabled 的设置框即可，使能 USART1 中断如图 4-17 所示。Preemption/Sub Priority 是中断的抢占优先级和响应优先级的配置，在本项目中保持默认即可，关于中断优先级的设置将在后面的项目中进行详细介绍。

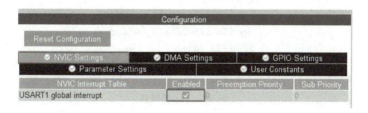

图 4-17　使能 USART1 中断

到这里，已经将本项目所使用的片上外设配置完成，单击工具栏 按钮或按 <Ctrl+S> 键，自动生成 USART1 配置代码函数：

1. void MX_USART1_UART_Init（void）
2. {
3.   UART_HandleTypeDef huart1；   //串口参数配置结构体
4.   huart1.Instance = USART1；   //选择配置 USART1
5.   huart1.Init.BaudRate = 115200；   //波特率设置为 115200
6.   huart1.Init.WordLength = UART_WORDLENGTH_8B；//数据位为 8B
7.   huart1.Init.StopBits = UART_STOPBITS_1；   //停止位只有 1 位
8.   huart1.Init.Parity = UART_PARITY_NONE；   //无校验
9.   huart1.Init.Mode = UART_MODE_TX_RX；   //收、发工作模式
10.   huart1.Init.HwFlowCtrl = UART_HWCONTROL_NONE；//无硬件控制流
11.   huart1.Init.OverSampling = UART_OVERSAMPLING_16；//16 位采样时
12.   if（HAL_UART_Init（&huart1）!= HAL_OK）   //串口参数配置初始化
13.   { Error_Handler（）; }
14. }

相较于之前的项目，本函数都是在 main.c 文件中进行编写的，而用户常常会设计很多功能函数，为了方便工程管理和移植，会独立设置文件夹和文件，用来管理和保存自己的用户代码。下面就重点讲解如何在 STM32CubeIDE 中添加文件夹和文件。

如图 4-18 所示的工程界面中是为本项目而创建的工程，前文已经对各个文件内容和作用进行了详细讲解，在此就不做过多赘述。

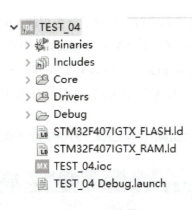

图 4-18 工程界面

选中工程文件，右击选择 New，如图 4-19 所示。这里选中添加 Source Folder（源文件夹），若选择上面的 Folder（文件夹），创建的文件夹是无法参与工程编译的，为了方便工程构建，选择 Source Folder 即可。

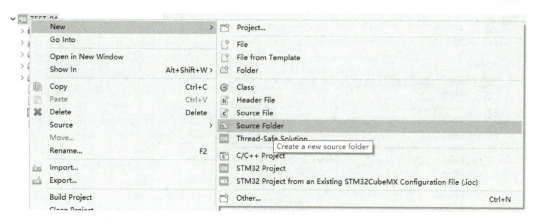

图 4-19 添加源文件夹

选择 Source Folder 后，会弹出如图 4-20a 所示的页面，用于设置文件名称，这里将文件命名为 User，在后期开发的项目文件都会放在该文件夹下。名称完成以后单击 Finish 即可，工程预览如图 4-20b 所示。

a) 设置文件名称　　　　　　　　　　　　　　　b) 工程预览

图 4-20 文件夹命名

User 文件夹创建完成后，为了方便外设驱动程序文件管理，选择 Folder 用来存放驱动程序文件。Source Folder 文件夹创立如图 4-21 所示。

单击 Folder 后系统会弹出如图 4-22a 所示界面，进行文件位置设定。这里选择 User 文件夹，并将文件名称设定为 USART1，用来放置在本项目中进行串口功能开发的功能函数。单击 Finish 后，则完成文件的创建，如图 4-22b 所示。

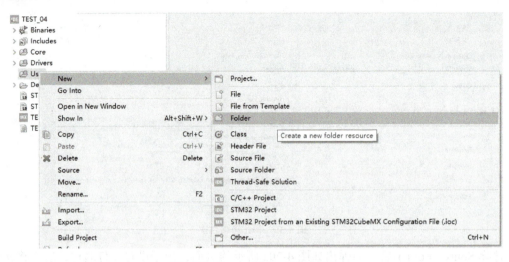

图 4-21　Source Folder文件夹创立

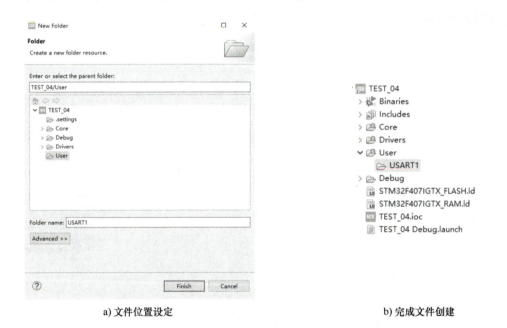

a) 文件位置设定　　　　　　　　　　　　　　　　　b) 完成文件创建

图 4-22　Folder文件夹创建

图 4-22b 中能看到工程的文件夹管理以及搭建完成，但是进行功能函数编写的 .c 和 .h 文件并没有。此时，选中 USART1 文件夹，右击，选中 New 会弹出如图 4-23 所示的界面。因为 Source File 和 Header File 分别对应着 .c 和 .h 文件，所以要分别选择，进行文件创建。

图 4-24a、b 就是分别选中 Source File 和 Header File 文件后，进行文件名称和属性设定的界面。在该界面中不仅要对文件名称进行命名，同时也需要将文件属性一并设定，如 Source File 文件夹的全称就是：bsp_bkrc_usart1.c。名称和属性设定好以后，单击 Finish 则完成文件的创建，此时文件也被保存在 User/USART1 文件路径下。

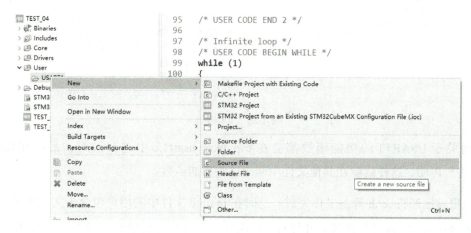

图 4-23 .c 和 .h 文件创建

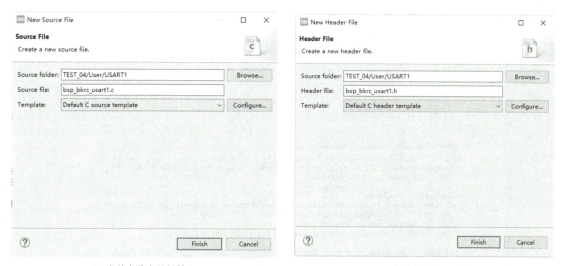

a) .c 文件名称和地址输入　　　　　　　b) .h 文件名称和地址输入

图 4-24 添加 .c 和 .h 文件

如图 4-25 所示，打开 bsp_bkrc_usart1.c/.h 后，除了 .h 进行文件的预编译，不用读者再自行编写，并且后期通过 Rename 功能，会自动将预编译的内容进行修改。

图 4-25 .c 和 .h 文件内容

打开 bsp_bkrc_usart1.c 文件，添加 #include"bsp_bkrc_usart1.h" 语句完成包含该文件的操作。在 bsp_bkrc_usart1.h 文件中，暂时只添加 #include "main.h" 语句，如图 4-26 所示。后面用户用到其他文件时，在这里进行添加即可。

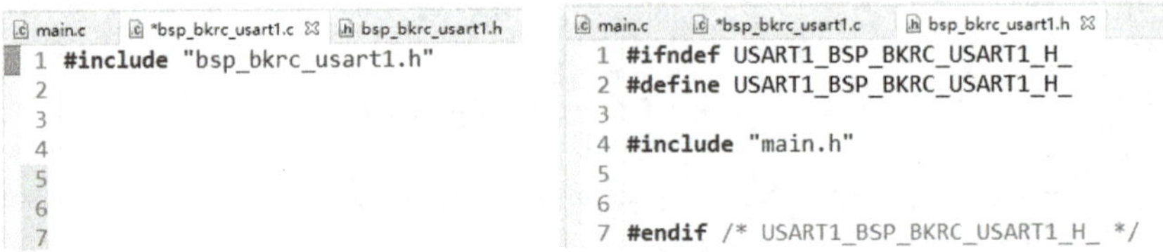

图 4-26 文件包含

后面关于 USART1 的功能函数都会在 bsp_bkrc_usart1.c 中进行编写，最后在 bsp_bkrc_usart1.h 进行声明，这样就能在其他文件中调用这些功能函数。

到这里就已经将 .c/.h 筹备工作完成。这时在 main.c 文件中的用户包含头文件区域中，将创建的 bsp_bkrc_usart1.h 进行添加，并进行一次编译，会发现工程报错，如图 4-27 所示。

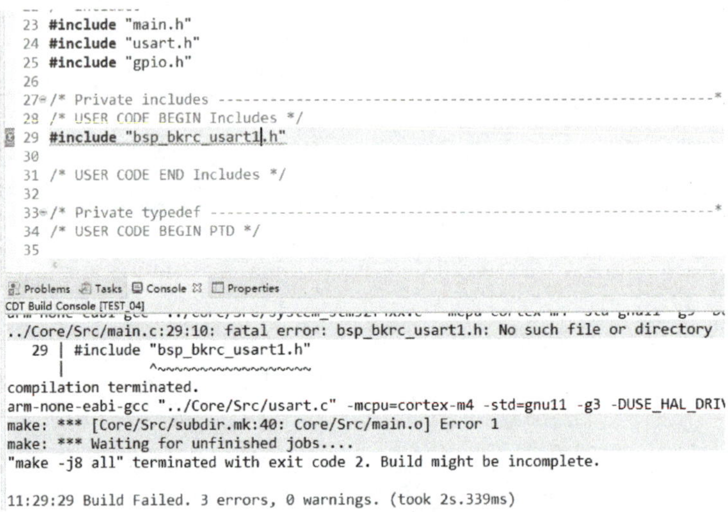

图 4-27 引用 .h 文件报错

错误内容为 No such file or directory，意思是没有发现添加的 bsp_bkrc_usart1.h 文件或者目录。出现这种情况的原因是创建的文件没有参与工程构建，因此在外部调用时没有找到该文件，解决方法就是在工程文件路径管理当中，添加 USART1 文件路径。

选中工程文件，右击选择 Properties（属性）设置界面，如图 4-28 所示。

进入 Properties 设置界面后，该窗口内先选择 C/C++ Build，选中 Settings 栏目。此时进入编译器，设计栏目就会出现，在窗口中选择 MCU GCC Compiler 中的 Include paths 栏。添加文件目录界面如图 4-29 所示。

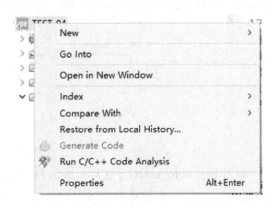

图 4-28 选择 Properties

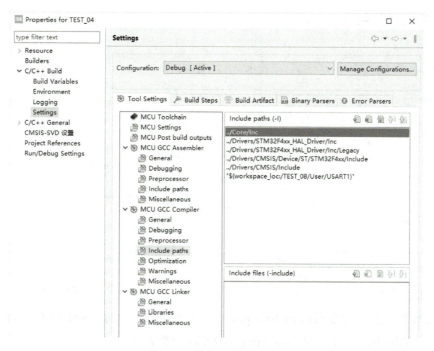

图 4-29　添加文件目录界面

在 Include paths（-I）栏目中，有五个图标，分别为添加、删除、编辑、顺序上升和顺序下调。这里单击 （添加）按钮，软件会自动弹出如图 4-30 所示的目录设置窗口。

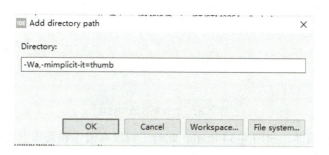

图 4-30　目录设置窗口

在图 4-30 中选择 Workspace 选项，基于工作空间即工程文件进行添加。选中以后系统会弹出如图 4-31 所示的需要添加路径文件夹选择界面，这里选中 User 文件中的 USART1 文件夹即可。若后期读者需要添加其他文件，再次选择新添加的文件即可。

选中 USART1 文件夹以后，单击 OK，系统会再次弹出目录设置窗口，图 4-32 相较于上一次出现，它将所添加文件路径在这里进行展示，方便用户进行临时修改。若不需要进行修改，单击 OK 即可。

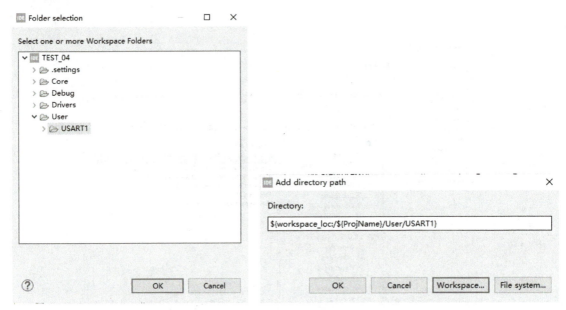

图 4-31　需要添加路径文件夹选择　　　　图 4-32　文件路径内容

添加完成后，会自动返回到 Include paths（-I）界面中，此时 USART1 的文件路径就已经添加成功了，如图 4-33 所示，再单击 Apply and Close 即可。

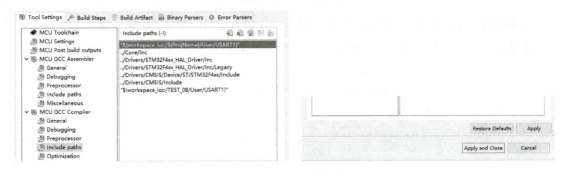

图 4-33　文件路径添加完成

此时对工程进行编译，如图 4-34 所示，此时工程没有错误和警告，接下来就可以在文件中编写项目代码。

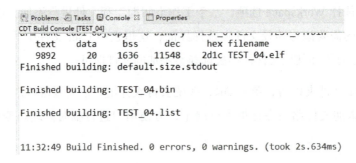

图 4-34　工程无误

3. 软件分析

（1）上位机与微控制器通信协议设计　通信协议是指双方实体完成通信或服务所必须遵循的规则和约定。在本项目中，为了保证微控制器与上位机通信的可靠性，设计一个简单的上位机下行数据协议。其格式见表 4-4。

表 4-4　上位机与微控制器通信协议格式

帧头（1 字节）	数据（1 字节）	帧尾（1 字节）
0x55	控制命令	0xaa

由表 4-4 可知，串口总共需要正确接收 3 个字节的正确数据，微控制器才会执行相关响应函数，从而提升设备间通信的可靠性。帧头是上位机下行数据开始的标志，微控制器接收到该数据时，会意识到上位机已经开始发送控制指令，需要将接收的数据进行缓存。帧尾则为下行数据的最后一位，接收到该数据时，微控制器便会知道，上位机一条完整的下行指令已经发送完毕。剩下的则是对控制命令进行解析处理即可。

这里有两点需要注意：①用户在自定义帧头和帧尾时要考虑是否会与控制命令当中的数据产生冲突，从而导致接收数据异常；②此处只是讲解了一种简单的协议，用户可以根据自己的需要，添加更加严谨的要求。

微控制器本身不具有意识去进行数据的判读，需要开发者们编写相应的功能函数。本项目中的主要控制命令、系统运行状态标识以及微控制器对应的响应状态，其解析见表 4-5。

表 4-5　控制命令功能解析

控制命令	系统运行状态标识	微控制器响应状态
0x00	LED_ALL_OFF	关闭所有的 LED 灯
0x01	LED1_Toggle	LED1 翻转
0x02	LED2_Toggle	LED2 翻转
0x03	LED3_Toggle	LED3 翻转
0x04	LED4_Toggle	LED4 翻转
0x05	Waterfall_light	LED 呈现出流水灯

（2）主程序 main.c 文件　main.c 文件中的 int main（void）函数在本项目主要用于完成硬件资源初始化、上位机下发数据协议信息打印、串口中断接收数据缓冲区设置和上位机控制命令解析。程序流程如图 4-35 所示。

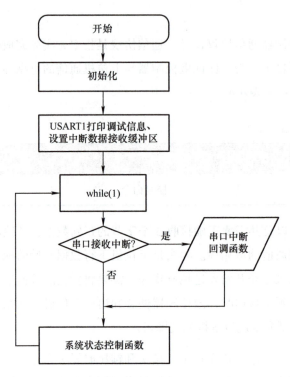

图 4-35 微控制器与上位机通信程序流程图

详细的代码内容如下所示。

1. #include "main.h"

2. #include "usart.h"

3. #include "gpio.h"

4. #include "bkrc_bsp_usart1.h"

5. void SystemClock_Config（void）;

6. int main（void）

7. {

8.   HAL_Init（）;

9.   SystemClock_Config（）;

10.   MX_GPIO_Init（）;

11.   MX_USART1_UART_Init（）;

12.   My_USART1_Init（）;

13.   while（1）

14.   {

15.   My_USART1_Test（）;

16.   }

17. }

1~3 行：软件自动包含系统相关头文件。

4 行：包含用户自定的串口收发数据处理文件，该文件中有实现该项目功能的接口函数。

8~11 行：进行片上外设初始化，包括串口 1 的工作参数设置。

12 行：用户自定义的串口 1 初始化函数，主要功能是给上位机发送协议提示信息和设置串口中断接收缓冲区。

15 行：在 while（1）循环中不断执行，用于执行上位机下发指令控制的解析，并执行相关功能函数。

（3）进行串口收发数据处理的 bkrc_bsp_usart1.c 文件　在 bkrc_bsp_usart1.c 文件中，主要编写了串口接收中断处理函数、用户设定 USART1 初始化函数和上位机下行指令响应函数。主要的函数内容如下所示。

1）用户设定的串口初始化函数。

1. void My_USART1_Init（void）
2. {
3. 　HAL_UART_Transmit_IT（&huart1,（uint8_t*）aTxStartMessage, sizeof（aTxStartMessage））;
4. 　HAL_UART_Receive_IT（&huart1,（uint8_t*）aRxBuffer, 3）;
5. }

3 行：调用 HAL_UART_Transmit_IT 函数将 aTxStartMessage 数组中保存的提示信息，发送给上位机。

uint8_t aTxStartMessage [] ="LED 串口控制协议：\n\
　　　　　　　　关闭所有 LED:0x55,0x00,0xAA\n\
　　　　　　　　翻转 LED1:0x55,0x01,0xAA\n\
　　　　　　　　翻转 LED2:0x55,0x02,0xAA\n\
　　　　　　　　翻转 LED3:0x55,0x03,0xAA\n\
　　　　　　　　翻转 LED4:0x55,0x04,0xAA\n\
　　　　　　　　LED 流水灯：0x55,0x05,0xAA\n\r\n"; // 设备上电连接成功后，
　　　　　　　　　　　　　　发送提示信息给上位机

4 行：调用 HAL_UART_Receive_IT 进行非阻塞式数据接收，aRxBuffer 用于接收数据缓冲地址，3 是接收数据的长度。

2）串口接收数据处理中断服务函数。基于 HAL 库的串口接收中断处理函数，与标准库或者寄存器开发方式有着很大的不同。当在前面使能了 USART1 中断时，CubeMX 会自动生成基于 HAL 库中断管理方式，完成相关函数的注册和代码生成。

打开 stm32f4xx_it.c 文件，会看见 USART1 中断服务函数已经调用了一个基于 HAL 库的串口中断请求处理函数，函数的入口参数为句柄 huart1。串口中断服务函数如图 4-36 所示。

```
void USART1_IRQHandler(void)
{
  /* USER CODE BEGIN USART1_IRQn 0 */

  /* USER CODE END USART1_IRQn 0 */
  HAL_UART_IRQHandler(&huart1);
  /* USER CODE BEGIN USART1_IRQn 1 */

  /* USER CODE END USART1_IRQn 1 */
}
```

图 4-36 串口中断服务函数

若使用标准库或者寄存器开发，开发者会以该函数为入口，直接编写中断请求判断和相关的处理函数。而 HAL 库中则是调用 HAL_UART_IRQHandler（ ）函数，对发生的中断进行处理分析。

按 <Ctrl> 键，单击该函数，此时会跳转到 stm32f4xx_hal_uart.c 文件当中。如图 4-37 所示，上面的代码注释部分讲解了函数的功能，以及输入参数的意义和使用方法。

```
/**
  * @brief  This function handles UART interrupt request.
  * @param  huart  Pointer to a UART_HandleTypeDef structure that contains
  *                the configuration information for the specified UART module.
  * @retval None
  */
void HAL_UART_IRQHandler(UART_HandleTypeDef *huart)
{
  uint32_t isrflags   = READ_REG(huart->Instance->SR);
  uint32_t cr1its    = READ_REG(huart->Instance->CR1);
  uint32_t cr3its    = READ_REG(huart->Instance->CR3);
  uint32_t errorflags = 0x00U;
  uint32_t dmarequest = 0x00U;

  /* If no error occurs */
  errorflags = (isrflags & (uint32_t)(USART_SR_PE | USART_SR_FE | USART_SR_ORE | USART_SR_NE));
  if (errorflags == RESET)
  {
    /* UART in mode Receiver -------------------------------------------------*/
    if (((isrflags & USART_SR_RXNE) != RESET) && ((cr1its & USART_CR1_RXNEIE) != RESET))
    {
      UART_Receive_IT(huart);
      return;
    }
  }
```

图 4-37 UART中断请求处理函数

一进入该函数，就立刻读取 SR（串口状态寄存器）、CR1（控制寄存器 1）和 CR3（控制寄存器 3）寄存器的值，通过对 isrflags 的值进行判断，首先是判断是否是因为 PE、FE、ORE 和 NE 等因硬件异常错误而触发中断。硬件没有错误时，再对 RXNE 和 RXNEIE 位的值进行判断，满足则进入 UART_Receive_IT 函数当中。图 4-38 所示为串口非阻塞接收数据处理函数。

```
/**
  * @brief  Receives an amount of data in non blocking mode
  * @param  huart  Pointer to a UART_HandleTypeDef structure that contains
  *                the configuration information for the specified UART module.
  * @retval HAL status
  */
static HAL_StatusTypeDef UART_Receive_IT(UART_HandleTypeDef *huart)
{
  uint8_t  *pdata8bits;
  uint16_t *pdata16bits;

  /* Check that a Rx process is ongoing */
  if (huart->RxState == HAL_UART_STATE_BUSY_RX)
  {
    if ((huart->Init.WordLength == UART_WORDLENGTH_9B) && (huart->Init.Parity == UART_PARITY_NONE))
    {
      pdata8bits  = NULL;
      pdata16bits = (uint16_t *) huart->pRxBuffPtr;
      *pdata16bits = (uint16_t)(huart->Instance->DR & (uint16_t)0x01FF);
      huart->pRxBuffPtr += 2U;
    }
    else
    {
      pdata8bits  = (uint8_t *) huart->pRxBuffPtr;
      pdata16bits = NULL;
```

图 4-38　串口非阻塞接收数据处理函数

图 4-38 所示函数是 UART_Receive_IT 函数的部分内容。首先检测 Rx 接收进程是否正在进行，标志着微控制器正在执行串口数据接收。若接收，则对接收数据的字节长度等信息进行检验，将接收的数据保存在 pRxBuffPtr 当中，最后进入串口接收的中断回调函数当中，如图 4-39、图 4-40 所示。

```
      /* Standard reception API called */
#if (USE_HAL_UART_REGISTER_CALLBACKS == 1)
      /*Call registered Rx complete callback*/
      huart->RxCpltCallback(huart);
#else
      /*Call legacy weak Rx complete callback*/
      HAL_UART_RxCpltCallback(huart);
#endif /* USE_HAL_UART_REGISTER_CALLBACKS */
```

图 4-39　串口接收回调函数

```
  /**
    * @brief  Rx Transfer completed callbacks.
    * @param  huart  Pointer to a UART_HandleTypeDef structure that contains
    *                the configuration information for the specified UART module.
    * @retval None
    */
  __weak void HAL_UART_RxCpltCallback(UART_HandleTypeDef *huart)
  {
    /* Prevent unused argument(s) compilation warning */
    UNUSED(huart);
    /* NOTE: This function should not be modified, when the callback is needed,
             the HAL_UART_RxCpltCallback could be implemented in the user file
     */
  }
```

图 4-40　串口接收回调函数详情

单击进入 HAL_UART_RxCpltCallback 函数，从图 4-40 中可以发现函数有两点独特之处：① __weak 修饰函数类型；②该函数内无任何函数。

__weak 修饰符表示函数为"弱函数"。加上了 __weak 修饰符的函数，用户可以在用户文件中重新定义一个同名函数，最终编译器编译的时候，会选择用户定义的函数，如果用户没有重新定义这个函数，那么编译器就会执行 __weak 声明的函数，并且编译器不会报错。UNUSED 是对 void 的宏定义。

在函数的注释中，也提醒着开发者需要在用户文件中去实现该函数的主要内容。下面的内容就是对 HAL_UART_RxCpltCallback 函数内容进行了补充：

1. void HAL_UART_RxCpltCallback（UART_HandleTypeDef *huart）{
2. if（ huart->Instance == USART1 ）// 如果是串口 1
3. {
4. if（aRxBuffer[0] == 0x55 && aRxBuffer[2] == 0xaa）{
5. switch（aRxBuffer[1]）{
6. case 0 : System_flag=LED_ALL_OFF ; break ;
7. case 1 : System_flag=LED1_Toggle ; break ;
8. case 2 : System_flag=LED2_Toggle ; break ;
9. case 3 : System_flag=LED3_Toggle ; break ;
10. case 4 : System_flag=LED4_Toggle ; break ;
11. case 5 : System_flag=Waterfall_light ; break ;
12. default : break ;
13. }
14. }
15. else{
16. memset（aRxBuffer, 0, sizeof（aRxBuffer））;
17. }
18. memset（aRxBuffer, 0, sizeof（aRxBuffer））;
19. HAL_UART_Receive_IT（&huart1,（uint8_t*）aRxBuffer, 3）;
20. }

2 行：对触发中断的串口号进行判断，项目中使用的是 USART1。

4 行：对接收的数据第 1 位和第 3 位进行检测，判断帧头和帧尾是否正确。如果是正确的再进行命令行分析，否则就清零数据接收缓存区。

5～12 行：对接收命令进行解析，不同的命令使得 System_flag 具备不同的值，从而控制微控制器当前的状态。

15~17行：接收的数据不符合协议要求，对接收数据进行清零。

18行：在重新开启串口非阻塞接收时，将之前接收缓存区的数据进行清零，不影响下次重新接收数据。

19行：继续调用HAL_UART_Receive_IT进行非阻塞式数据接收。因为采用非阻塞接收相较于用延时等待进行数据读取，而采用中断触发读取，所以需要在中断回调函数中一直使用该函数。

3）微控制器相应上位机控制指令函数。读者要养成一个良好的编程习惯，就是不要在中断服务函数中编写过多的业务代码。以本项目为例，对上位机下行指令的响应代码，可以紧跟在命令解析的代码中。而实际上本项目并没有这么做，而是定义了一个系统运行状态控制变量System_flag。在主循环里面不断检测System_flag的值，从而去控制系统执行不同响应功能代码。详细的代码内容如下：

```
1. void My_USART1_Test（void）
2. {
3.   switch（System_flag）{
4.    case LED_ALL_OFF：
5.     /* 调用HAL_GPIO_WritePin函数将所有端口拉低关闭LED */
6.     printf（"LED 灯全灭 \r\n"）;
7.     break ;
8.    case LED1_Toggle：
9.     HAL_GPIO_TogglePin（LED1_GPIO_Port, LED1_Pin）; // 翻转LED1
10.    printf（"翻转 LED1\r\n"）;
11.    break ;
12.   case LED2_Toggle：
13.    HAL_GPIO_TogglePin（LED2_GPIO_Port, LED2_Pin）; // 翻转LED2
14.    printf（"翻转 LED2\r\n"）;
15.    break ;
16.   case LED3_Toggle：
17.    HAL_GPIO_TogglePin（LED3_GPIO_Port, LED3_Pin）; // 翻转LED3
18.    printf（"翻转 LED3\r\n"）;
19.    break ;
20.   case LED4_Toggle：
21.    HAL_GPIO_TogglePin（LED4_GPIO_Port, LED4_Pin）; // 翻转LED4
22.    printf（"翻转 LED4\r\n"）;
```

23.   break；
24.   case Waterfall_light：
25.   /* 调用 HAL_GPIO_WritePin 函数编写流水灯程序 */
26.   printf（"流水灯 \r\n"）;
27.   break；
28.   default：
29.   break；
30. }
31. }

3~30 行：通过 switch 语句判断 System_flag 的值，对满足的状态执行相应的功能函数。最后通过 break 跳出 switch。其中的 printf 函数的功能就是给上位机发送所填写的参数信息。

4）串口重定向。在 C 语言中，printf 函数是将数据格式化输出到屏幕。在嵌入式系统中，一般采用串口进行数据的输入和输出，重定向是指用户改写 C 语言的库函数，当链接器检查到用户编写了与 C 语言库函数同名的函数时，将优先使用用户编写的函数，从而实现对库函数的修改。

printf 函数内部通过调用 fputc 或 __io_putchar 函数来实现数据输出，因此用户需要改写这个函数实现串口重定向。改写的函数内容如下：

1. #ifdef __GNUC__
2. /* With GCC, small printf(option LD Linker->Libraries->Small printf
3. set to 'Yes'）calls __io_putchar（ ）*/
4. #define PUTCHAR_PROTOTYPE int __io_putchar（int ch）
5. #else
6. #define PUTCHAR_PROTOTYPE int fputc（int ch, FILE *f）
7. #endif /* __GNUC__ */
8. PUTCHAR_PROTOTYPE
9. {
10. HAL_UART_Transmit（&huart1,（uint8_t*）&ch, 1, 0xFFFF）;
11. return ch；
12. }

1~7 行：若编译器是 GUN GCC，则执行后续语句，选择编译器，根据编译器类型对 PUTCHAR_PROTOTYPE 定义的函数，开发环境异于 MDK 或 IAR，所以宏定义的函数实体是 _io_putchar。

8～12 行：对 PUTCHAR_PROTOTYPE 函数的内容进行重新定向，__io_putchar 函数内部的输出使用 HAL_UART_Transmit 函数进行了补充。

（4）进行串口收发函数声明的 bkrc_bsp_usart1.h 文件　同样在 bkrc_bsp_usart1.h 文件，其主要内容是对函数和变量进行声明，方便其他文件调用不会报错。同时在该文件中也使用了枚举（enum）定义了系统运行的几个状态值，声明方式如下：

```
1. typedef enum        // 系统运行状态枚举
2. {
3.   LED_ALL_OFF = 0,  // 所有 LED 灯关闭
4.   LED1_Toggle,      //LED1 翻转
5.   LED2_Toggle,      //LED2 翻转
6.   LED3_Toggle,      //LED3 翻转
7.   LED4_Toggle,      //LED4 翻转
8.   Waterfall_light,  //LED 流水灯
9.   MCU_rest          // 无下行控制，微控制器闲置
10. }System_state;
```

因为所有状态和相应的命令是确定的，所以其状态运行的指示值是唯一的。在这里使用 enum 进行枚举，就不需要使用 #define 来为每个状态值进行定义，也增加了代码的阅读性。没有指定值的枚举元素，其值为前一元素加 1。也就是说 LED1_Toggle 的值为 1，LED2_Toggle 的值为 2，Waterfall_light 的值为 5。

STM32CubeIDE 编译有很强的联想功能，选中枚举的变量，按 <F2> 键就能推算出其数值，enum 枚举值查阅如图 4-41 所示。

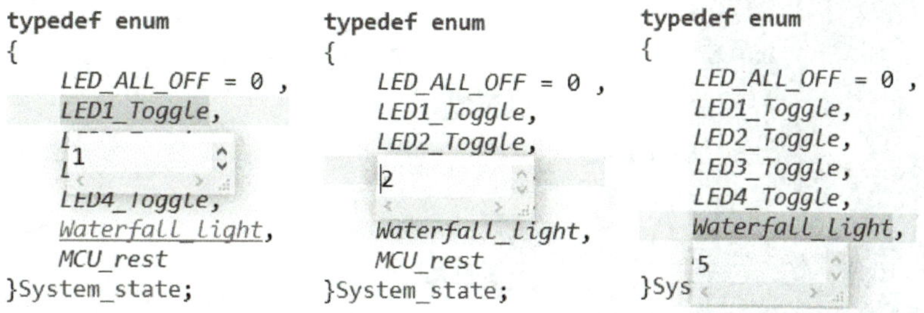

图 4-41　enum 枚举值查阅

4. 项目效果

硬件设备连接成功后，串口助手与端口连接成功。将设备通电后在串口助手上打印上位机下行协议提示信息，如图 4-42 所示。

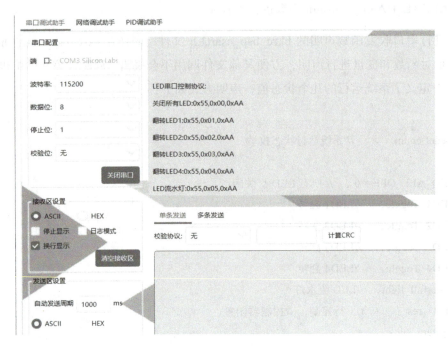

图 4-42 打印协议提示信息

按着协议要求，可以发送对应指令，如发送 "0x55，0x01，0xAA"，控制 LED1 进行翻转，如图 4-43 所示。

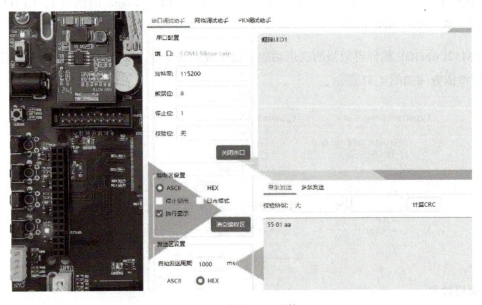

图 4-43 控制LED1翻转

发送"0x55，0x00，0xAA"，关闭所有 LED 灯，如图 4-44 所示。

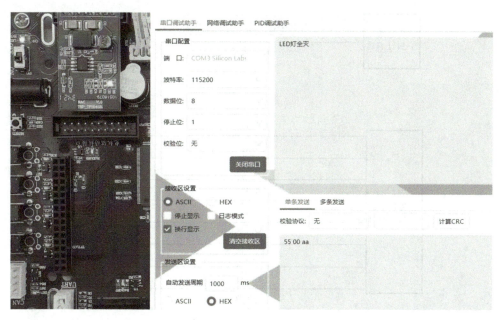

图 4-44　关闭所有LED灯

4.5　知识直通车

1. 通信的基本概念

在嵌入式中，通信将主控芯片与传感器、存储芯片和外围控制芯片等连接起来，使得功能不再受限于主控本身。主控既从其他设备获取信息，也将自己的信息传递给其他设备。这里讲解一些通信方面的基本概念。

（1）串行/并行通信　按数据传送的方式，通信可分为串行通信与并行通信，串行通信是指设备之间通过少量数据信号线（一般是 8 根以下）、地线以及控制信号线，按数据位形式一位一位地传输数据的通信方式。而并行通信一般是指使用 8、16、32 及 64 根或更多的数据线进行传输的通信方式，它们的通信传输对比说明如图 4-45 所示。

由此可见，串行传输占用的通信线更少，成本低，通信速度相对较慢；并行传输占用的通信线多，成本高，通信速度相对更快。但随着对传输速度要求越来越高，并行传输开始出现信号之间的干扰，串行通信受干扰影响较小，之后又发展出差分传输等技术，极大提高了串行传输速率，使得串行通信速度可能比并行通信速度更快。

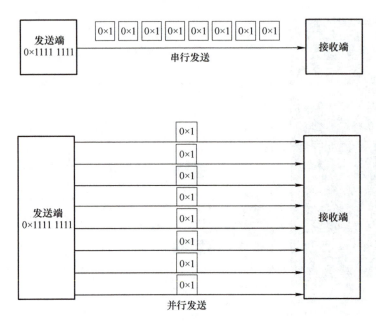

图 4-45 串行/并行传输示意图

串行通信就像单车道，行驶的车辆需要依次行驶。并行通信就像多车道，同时有多辆汽车并排行驶。但当车速很快的时候，多车道上并列行驶的汽车之间会形成"气流"相互干扰，单车道则受影响较小，速度能够进一步提升。串行通信与并行通信的特性对比见表 4-6。

表 4-6 串行通信与并行通信的特性对比

特性	串行通信	并行通信
通信距离	较远	较近
抗干扰能力	较强	较弱
传输速率	较慢	较高
成本	较低	较高

（2）全双工/半双工及单工通信　按照数据传输的方向，通信可以分为全双工、半双工和单工。全双工指双方都可以同时收发信息；半双工双方都可以收发信息，但同一时刻只能一方发送信息；单工指只能一方发信息，一方接收信息，通信是单向的。

全双工就像电话通信，双方任意时刻都可以同时收发信息；半双工就像对讲机通信，双向都可得到信息，但是同一时刻只能是一方发射另一方接收，发射和接收不能同时进行；单工就像收音机，只能由广播站发送给收音机，单向不可逆，如图 4-46 所示。

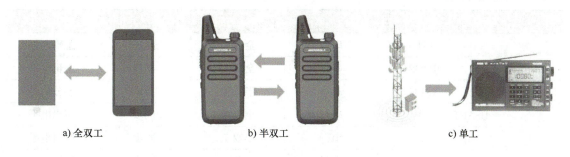

图 4-46　全双工/半双工/单工示意图

（3）同步/异步通信　按数据同步的方式，通信可以分为同步通信和异步通信。数据在双方之间传输时，需要制定规则保证数据传输的准确。同步通信的做法是加一个时钟信号，如图 4-47 所示，发送方和接收方在这个时钟的节拍下传输数据，比如常见的 SPI、I^2C。而异步通信的做法是对数据进行封装，在数据开头加上起始（START）信号，在数据结尾加上终止（STOP）信号，双方就按这个规则传输数据，比如 UART、1-Wire（单总线），如图 4-48 所示。因此，可以通过是否有时钟信号，初步判断是何种数据同步方式。

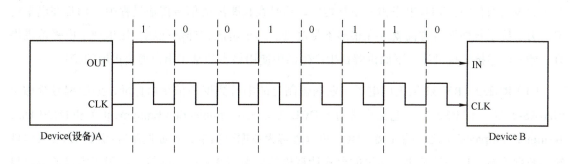

图 4-47　同步通信示意图

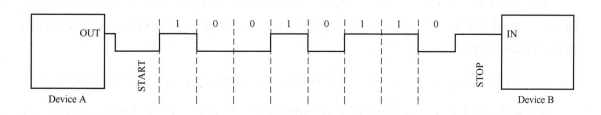

图 4-48　异步通信示意图

在嵌入式中，有众多通信协议，使用时往往从性能、成本、稳定性和易用性等角度选择合适的协议。常见的通信协议见表 4-7。

表 4-7　常见通信协议列举表

通信接口		并行/串行	传输方向	同步/异步	电平标准
UART	TTL	串行	全双工	异步	逻辑电平
	RS232	串行	全双工	异步	逻辑电平
	RS485	串行	半双工	异步	差分信号
USART		串行	全双工	同步	逻辑电平
I^2C		串行	半双工	同步	逻辑电平
SPI		串行	全双工	同步	逻辑电平
CAN		串行	半双工	异步	差分信号
1-Wire		串行	半双工	异步	逻辑电平
USB		串行	半双工	异步	差分信号

2. 串口的扩展应用

串口在人们生活中应用得非常多，常用的有 TTL、RS232、RS422 和 RS485。简单地说，就是为了适应不同的环境条件，使用了不同的电平标准，而电平的变换则采用专用的芯片完成。在短距离的通信中，TTL 电平占有主导地位，但是在长距离的信号传输过程中，TTL 在电平传输能力、抗干扰性能等方面就存在很多不足之处。为了解决这样的问题，便出现了电平范围提升、差分传递抗干扰设计。下面讲解在生产生活中使用最多的基于串口通信扩展的接口。

（1）RS232　RS232 是美国电子工业联盟制定的串行数据通信接口标准，原始编号全称是 EIA-RS-232（简称 RS232），它被广泛用于 DCE（Data Communication Equipment）和 DTE（Data Terminal Equipment）之间的连接。DCE 可以理解为数据通信端，比如调制解调器；DTE 可以理解为数据终端，比如计算机。最早的台式计算机都会保留 9 针的 232 接口，用于串口通信，目前基本被 USB 接口取代。现在 RS232 接口常用于仪器仪表设备，PLC（可编程控制器）以及嵌入式领域当作调试口来使用。

最简单的 RS232 通信由三条数据线组成，即 TXD、RXD 和 GND。RS232 采用负逻辑电平，即 -15～-3V 代表逻辑"1"，+3～+15V 代表逻辑"0"。这里的电平，是 TXD 线（或者 RXD 线）相对于 GND 的电压。

RS232 最长传输距离为 15m，通常采用 DB9 接口，有公母之分，该接口如图 4-49 所示。

在上面的通信方式中，两个通信设备的"DB9 接口"之间通过串口信号线建立起连接，串口信号线中使用"RS232 标准"传输数据信号。由于 RS232 电平标准的信号不能直接被控制器识别，所以这些信号会经过一个"电平转换芯片"转换成控制器能识别的"TTL 标准"的电平信号，才能实现通信。RS232 通信结构如图 4-50 所示。

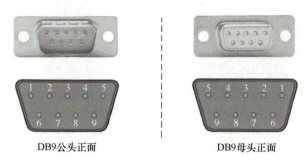

图 4-49　DB9公头和DB9母头

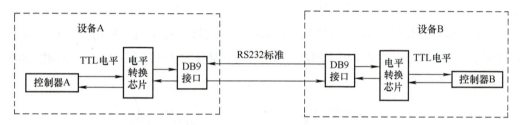

图 4-50　RS232 通信结构图

读者会发现，RS232 接口的缺点十分明显：①不能长距离传输；②抗干扰性能有限；③只能在两个设备间进行数据传输，无法组建网络。因此随着技术的发展便又有了新的接口，即 RS485。

（2）RS485　RS485 是美国电子工业协会（Electronic Industries Association，EIA）于 1983 年发布的串行通信接口标准，经通信工业协会（TIA）修订后命名为 TIA/EIA-485-A。

RS485 具有支持多节点（32 个节点）、传输距离远（最大 1219m）、接收灵敏度高（200mV 电压）、连接简单（仅需要一对双绞线作传输线）、采用差分传输能抑制共模干扰和成本低廉等特点，在多站、远距离通信等多种工控环境中获得了广泛应用。

RS485 比 RS232 晚出现 20 多年，很多 RS232 的缺点，在 RS485 上有了改进。RS232 的电平从 -15～+15V，较高的电平值易损坏接口电路的芯片，而 RS485 采用差分信号后，电平范围为 -6～+6V，相对不易损坏接口电路芯片，同时 RS485 接口信号电平与 TTL 信号电平兼容，便于连接 TTL 电路。

在 RS485 通信网络中，通常使用 485 收发器将 TTL 电平转换成 RS485 的差分信号，其连接如图 4-51 所示。MCU 的串口控制器 TXD 发送数据，经 485 收发器转换成差分信号，传输到总线上。接收数据时，485 收发器将总线上的差分信号转换成 TTL 信号，由 RXD 传输到串口控制器。整个通信网络中，通常只有一个主机，剩下的全部为从机。在 RS485 总线中，通常还需要在总线起止端分别加上约 120Ω 的终端匹配电阻，以保证 RS485 总线的稳定性。

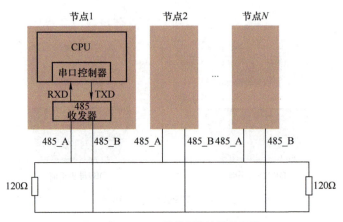

图 4-51　RS485 通信网络连接示意图

RS485 同样可以使用 DB9 接口将信号引脚引出，实际工程中通常使用接线端子引出，如图 4-52 所示。螺钉式接线端子适用于固定连接的场合，插拔式接线端子适用于需要调整的场合。

a）螺钉式　　　　　　　b）插拔式

图 4-52　接线端子

关于 RS485，读者也会接触到另一个与 RS485 息息相关的事物，即 Modbus 协议，该协议是一种广泛应用于当今工业控制领域的通用通信协议。Modbus 是应用层的协议，在 RS232、RS485 和 RS422 等物理接口中使用，同设计的上位机下行控制命令类似，读者可在后续项目中进行深入了解，在此就不做过多讲解。

3. STM32F4 微控制器串口简介

STM32 芯片具有多个 USART 外设用于串口通信，USART 是 Universal Synchronous Asynchronous Receiver and Transmitter 的缩写，即通用同步异步收发器，可以灵活地与外部设备进行全双工数据交换。有别于 USART，它还具有 UART 外设（Universal Asynchronous Receiver and Transmitter），UART 是在 USART 基础上裁剪掉了同步通信功能，只有异步通信。简单区分同步和异步就是看通信时需不需要对外提供时钟输出，平时用的串口通信基本都是 UART。

USART 在 STM32 应用最多的莫过于"打印"程序信息，一般在硬件设计时都会预留一个 USART 通信接口连接计算机，用于在调试程序时可以把一些调试信息"打印"在计算机端的串口调试助手工具上，从而了解程序运行是否正确、指出运行出错位置等。

STM32F4 的 USART 的功能框图包含了 USART 最核心的内容，掌握功能框图，对 USART 有一个整体的把握，在编程和 CubeMX 配置时思路就会非常清晰。USART 内部结构框图如

图 4-53 所示,将其划分为 4 个部分。

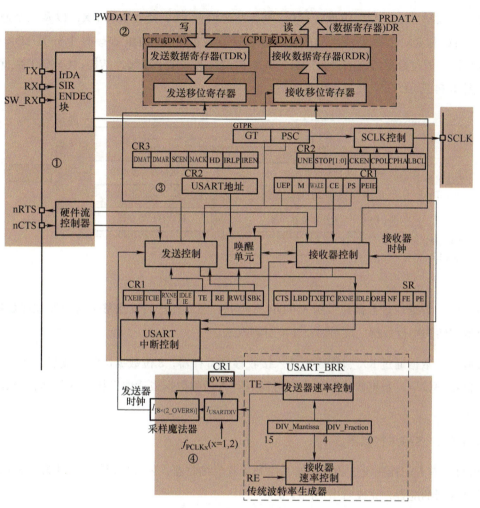

图 4-53　USART 内部结构框图

① 部分：USART 引脚相关。

表 4-8 为 USART 引脚功能列表。

表 4-8　USART 引脚功能列表

名称	功能
TX	数据发送
RX	数据接收
SW_RX	在单线和智能卡模式下接收数据,属于内部引脚,没有具体外部引脚
nRTS	在硬件控制流时,用于指示设备准备好可接收数据,低电平说明本设备可以接收数据
nCTS	在硬件控制流时,用于指示设备准备好可发送数据,低电平说明本设备可以发送数据
SCLK	在同步模式时,用于输出时钟信号

② 部分：数据收发寄存器单元。

串口收发单元主要利用数据寄存器 DR，发送引脚 TX，接收引脚 RX，以及三个通信状态位 TXE、TC 和 RXNE 来完成数据的接收和发送。数据寄存器 DR 在硬件上分为 TDR 和 RDR 两个寄存器，通过数据的流向进行区分，在结构设计上采用了双缓冲结构，USART 数据收发控制器如图 4-54 所示。

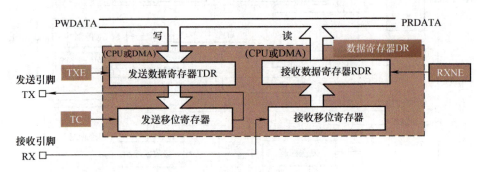

图 4-54　USART 数据收发控制器

发送时，数据通过数据总线送入 TDR 寄存器，然后传送到发送移位寄存器完成数据转换，从并行数据转为串行数据，最后通过 TX 引脚发送。

接收时，数据通过 RX 引脚逐位送入接收移位寄存器，8 位数据接收完成后，送入 RDR 寄存器，供用户读取。数据收发过程中，可同时写入新的数据或读取已接收的数据，提高数据的传输效率。

③ 部分：USART 控制器。

USART 有专门控制发送的发射器、控制接收的接收器，还有唤醒单元、中断控制等。通过对相关寄存器的配置，完成对串口的配置。

发送器：

当 USART_CR1 寄存器的发送使能位 TE 置 1 时，启动数据发送，发送移位寄存器的数据会在 TX 引脚输出，低位在前，高位在后。如果是同步模式，SCLK 也输出时钟信号。

发送一个字符帧需要三个部分：起始位 + 数据帧 + 停止位。起始位是一个位周期的低电平，位周期就是每一位占用的时间；数据帧就是要发送的 8 位或 9 位数据，数据是从最低位开始传输的；停止位是一定时间周期的高电平。当选择 8 位字长，使用 1 个停止位时，具体发送格式如图 4-55 所示。

在结构框图中也能清楚地了解到每个寄存器的控制对象，如 CR1 寄存器中对中断和发送控制器占了主导地位，前面讲到的起始位、数据帧长度、停止位长度和过采样时长等，里面都进行了配置。而具体的参数配置，是通过 CubeMX 进行图形化选择，相较于传统的运算查找，更能体现出基于 CubeIDE 开发模式的优势。

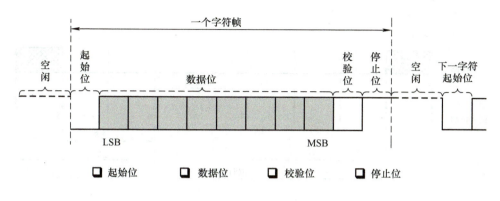

图 4-55　USART 数据发送格式

接收器：

如果将 USART_CR1 寄存器的 RE 位置 1，使能 USART 接收，使得接收器在 RX 线开始搜索起始位，准备数据接收。在确定到起始位后就根据 RX 线电平状态把数据存放在接收移位寄存器内。接收完成后就把接收移位寄存器数据移到 RDR 内，并把 USART_SR 寄存器的 RXNE 位置 1，同时如果 USART_CR2 寄存器的 RXNEIE 置 1 的话可以产生中断。另外一种方法就是不断去读取 RDR 数据，可以不产生中断，但这种阻塞式读取会影响系统的性能，因此采用前一种方法。

对读取到的数据如何进行解析此时就变得尤为重要，采用异步通信的方式没有单独的时钟信号，为此要实现对数据的解析就必须与前面配置发送时的参数保持一致，才能正确解析出对应的数据，这也是上位机设置串口助手参数时为什么要保持一致的原因。

协议确定之后，接下来是检测采集信号。香农采样定理中提到，只要采样频率大于或等于有效信号最高频率的两倍，采样值就可以包含原始信号的所有信息。而在实际的应用场景中远不止两倍。USART 中过采样时，其实就是设置高频率的时钟用于对输入信号进行采样。用户可以设置 16 倍过采样和 8 倍过采样，具体的数据采样如图 4-56 和图 4-57 所示。

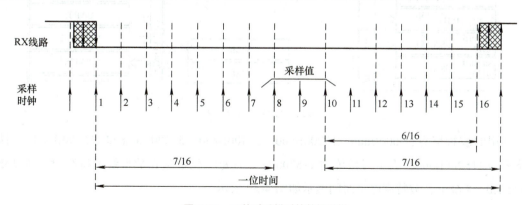

图 4-56　16 倍过采样时的数据采样

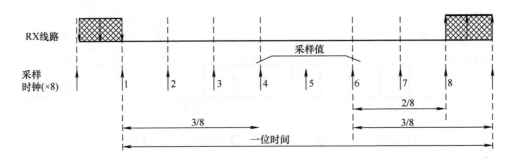

图 4-57　8 倍过采样时的数据采样

④ 部分：波特率生成。

波特率指数据信号对载波的调制速率，它用单位时间内载波调制状态改变次数来表示，单位为波特（Baud）。比特率指单位时间内传输的比特数，单位为 bit/s。对于 USART，波特率与比特率相等，以后不区分这两个概念。波特率越大，传输速率越快。

USART 的发送器和接收器使用相同的波特率。计算公式如下：

$$波特率 = \frac{f_{PCLK}}{8 \times (2 - OVER8) \times USARTDIV}$$

式中，f_{PCLK} 为 USART 时钟，图 4-58 所示为 USART 总线分布；OVER8 为 CR1 寄存器的 OVER8 位对应的值；USARTDIV 是一个存放在波特率寄存器的无符号定点数。

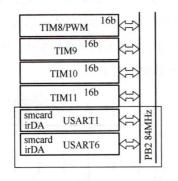
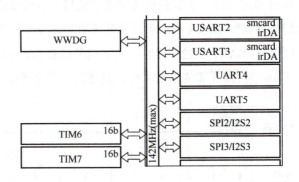

图 4-58　USART 总线分布

常用的波特率有：9600Baud、19200Baud、38400Baud、57600Baud 和 115200Baud。例如，波特率为 115200Baud，表示每秒传输 115200 位，且每一位数据在数据线上持续时间为 Tbit = 1s/115200 ≈ 8.68μs，波特率电平时间展示如图 4-59 所示。

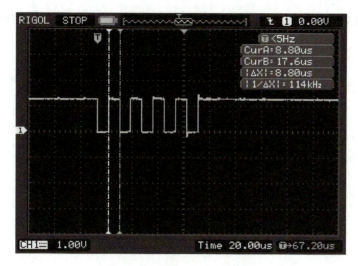

图 4-59 波特率电平时间展示

4.6　总结与思考

本项目引导学生通过 STM32F4 开发板，编写 USART、LED 控制和数据解析等程序，进一步掌握通过 STM32CubeMX 进行端口配置、系统时钟配置和 USART 配置方法，熟悉应用 HAL 库进行软件开发的流程。项目的内容模拟真实应用场景，在编程中注意培养学生积极思考、大胆创新的能力。

（一）信息收集

1）与 USART 连接的相关硬件原理图。

2）常见通信方式的相关资料。

3）微控制器协议设计数据解析方法。

4）查阅 STM32CubeIDE 调试方法相关文档。

（二）实施步骤

1）列出元器件材料清单。

序号	元器件名称	功能	序号	元器件名称	功能

2）绘制 STM32F407 与上位机连接示意图（其中 STM32F407 可用框图代替）。

3）描述 STM32CubeMX 配置 USART 的工作参数，与串口助手所需要设置的参数保持一致。

序号	参数名称	参数配置	备注

4）绘制串口接收回调函数对接收数据解析的程序流程图，printf 从定向函数代码编写并解析代码功能。

5）编译、调试程序，代码下载到开发板上，运行展示。

6）考核。

<table>
<tr><td colspan="6">项目考核评分表</td></tr>
<tr><td rowspan="2">基本信息</td><td>班级</td><td></td><td>学号</td><td></td><td>分组</td></tr>
<tr><td>姓名</td><td></td><td>时间</td><td></td><td>总分</td></tr>
<tr><td></td><td>序号</td><td>步骤</td><td>完成情况（好、较好、一般、未完成）</td><td>标准分</td><td>得分</td></tr>
<tr><td rowspan="6">任务考核（50%）</td><td>1</td><td>STM32CubeMX 配置系统时钟</td><td></td><td>10</td><td></td></tr>
<tr><td>2</td><td>STM32CubeMX 配置端口和 USART</td><td></td><td>10</td><td></td></tr>
<tr><td>3</td><td>理解基于 HAL 库的串口收发函数</td><td></td><td>10</td><td></td></tr>
<tr><td>4</td><td>会编写程序</td><td></td><td>30</td><td></td></tr>
<tr><td>5</td><td>编译、调试和下载程序，程序正常运行，功能展示正确</td><td></td><td>20</td><td></td></tr>
<tr><td>6</td><td>能设置断点，会通过窗口观察参数变化，理解程序运行过程</td><td></td><td>20</td><td></td></tr>
<tr><td rowspan="5">素质考核（50%）</td><td>1</td><td>安全规范操作</td><td></td><td>20</td><td></td></tr>
<tr><td>2</td><td>团队沟通、协作创新能力</td><td></td><td>20</td><td></td></tr>
<tr><td>3</td><td>资料查阅、文档编写能力</td><td></td><td>20</td><td></td></tr>
<tr><td>4</td><td>劳动纪律</td><td></td><td>20</td><td></td></tr>
<tr><td>5</td><td>严谨细致、追求卓越</td><td></td><td>20</td><td></td></tr>
<tr><td colspan="2">教师评价</td><td colspan="4"></td></tr>
<tr><td colspan="2">学生总结</td><td colspan="4"></td></tr>
</table>

（三）课后习题

1.串口通信是串行通信方式，串口按_____发送和接收字节的通信方式。

2.RS232C 串口通信中，表示逻辑 1 的电平是（　　）。逻辑"1"用负电平（−5～15V）表示，逻辑"0"用正电平（　　）表示。

A.0V　　　　　B.3.3V　　　　　C.+5～+15V　　　　　D.−15～−5V

3.嵌入式实验超级终端设置的波特率是多少？

4.RS232C 标准与 RS485 标准的主要异同有哪些？

5.现场总线 Profibus 与 RS485 总线的主要区别是什么？

项目 5

超声波倒车雷达设计与实现

5.1 学习目标

素养目标：

1. 培养查阅资料、编写文档能力。
2. 培养协作与创新能力。
3. 培养职场安全规范意识。
4. 培养领导能力。
5. 培养深度思考的能力。

知识目标：

1. 理解超声波测距原理。
2. 能理解微控制器中断工作过程。
3. 能理解通用定时器工作过程。

技能目标：

1. 能熟练使用 STM32CubeIDE 开发软件。
2. 会分析超声波倒车雷达主程序。
3. 能编写超声波倒车雷达代码。
4. 会使用通用定时器编程。

5.2 项目描述

系统使用 STM32F407 微控制器为主控单元，通过超声波传感器测距，蜂鸣器根据距离信息产生不同频率的提示音。超声波模块系统连接示意图如图 5-1 所示。

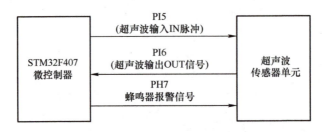

图 5-1 超声波模块系统连接示意图

本项目将 STM32F407 微控制器的 PI5 口设置为输出口、PI6 口设置为外部中断输入口。系统通过 PI5 口输出连续 4 个 40kHz 脉冲信号，启动超声波传感器发出超声波，同时启动定时器 TIM3，进行计数。当超声波传感器单元接收到回波信号后，输出一个低电平到 PI6 口，启动外部中断，定时器停止计数，根据定时时间计算距离，完成距离数据采集。再利用蜂鸣器作为反馈装置，超声波传感器所测距离越近，STM32 核心板的板载蜂鸣器产生的鸣叫频率越高，模拟车辆倒车时的超声波倒车雷达工作过程。

使用超声波检测距离，是利用障碍物反射超声波信号，当超声波模块接收到反射的信号后可以通过发送与接收信号的时间差计算发射源与障碍物之间的距离。最终得到公式：

$$s = \frac{340t}{2} + a$$

式中，s 是实验中最终计算获得的距离；t 是信号发送与接收的时间差；a 是实际结果的误差补偿，误差补偿可根据实际情况修改。

5.3 项目要求

项目任务：

利用 STM32CubeIDE 开发环境，通过 CubeMX 配置按键输入端口、LED 灯输出端口、蜂鸣器端口和时钟树等，生成项目代码。搭建硬件电路，理解模块功能。下载并运行程序，观察运行结果。

项目要求：

1）分析按键电路图，理解超声波模块电路。

2）应用 STM32CubeIDE 搭建项目工程，能使用 CubeMX 配置时钟树、RCC、GPIO 端口并生成项目代码，能理解代码各部分的作用。

3）能理解课程提供的函数代码。

4）能进行软件、硬件联合调试，完成考核任务。

5.4 项目实施

1.项目准备

计算机 1 台（Windows 10 及以上系统）、操作台 1 个、STM32F4 核心板 1 个、超声波模块 1 个、功能扩展板 1 个、方口数据线 1 条、16P 排线 1 条、6P 排线 1 条、4P 排线 1 条、电源转接线 1 条和操作台电源适配器（12V/2A）。超声波模块如图 5-2 所示。

STM32F407 微控制器核心板与超声波模块的连接关系见表 5-1，将设备进行硬件连接。

图 5-2 超声波模块

表 5-1 STM32F4 核心板与超声波模块连线

STM32F4 核心板	超声波模块
PI5	IN
PI6	OUT

操作台供电后，使用电源转接线连接到 STM32F4 核心板，将 6P 排线通过操作台的 SWD 下载口连接到 STM32F4 核心板下载口。使用 16P 排线连接 STM32F4 核心板扩展板接口与功能扩展板 P1 接口，通过功能扩展板的 P9 接口，使用 4P 排线连接超声波传感器的 P1 接口。搭建实物图如图 5-3 所示。

2. CubeMX配置

芯片选择与系统时钟配置前文已介绍过，此处不再赘述。下面介绍 GPIO 中断、定时器 TIM3 配置、USART1 配置和中断优先级设置。

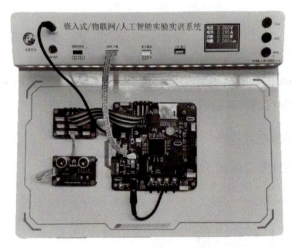

图 5-3 搭建实物图

（1）GPIO 中断配置　电路选择 PH7 作为蜂鸣器输入信号端口，PI5 作为超声波启动脉冲输出端口，选择 PI6 作为外部中断信号输入端口，接超声波模块的 ECHO 引脚。

打开"Pinout&Configuration"选项卡，单击 PI6 引脚，选中 GPIO_EXTI6，由于在超声波模块上已设置了上拉电阻，故在 GPIO Pull-up/Pull-down 处选择无上下拉"No pull-up and no pull-down"，如图 5-4 所示。根据此前端口配置讲解，选择 PI5 作为输出端口。

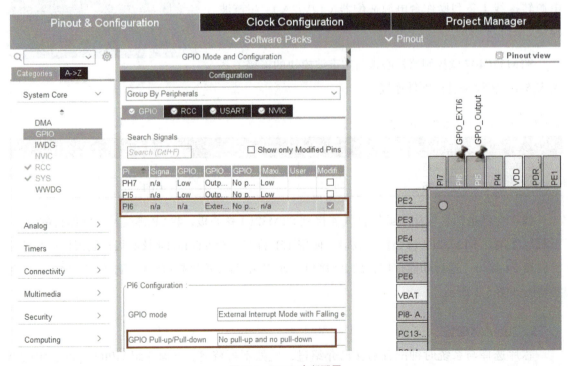

图 5-4　GPIO 中断配置

（2）定时器 TIM3 配置　首先查阅 STM32F4 工作手册，定时器 TIM3 时钟来源是 APB1 总线，内部结构连接如图 5-5 所示。图中 16b 表示 16 位，后同。

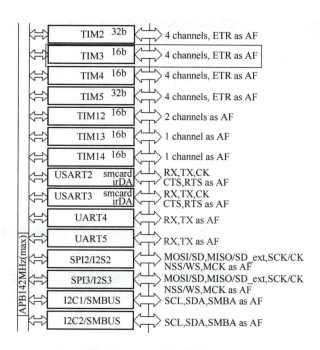

图 5-5　APB1 时钟总线

然后通过 STM32CubeMX 进行时钟配置，APB1 系统时钟频率设置如图 5-6 所示。开发板外部晶振为 25MHz，HCLK 设置为 168MHz，此时 APB1 总线时钟经过二分频，变为 84MHz。

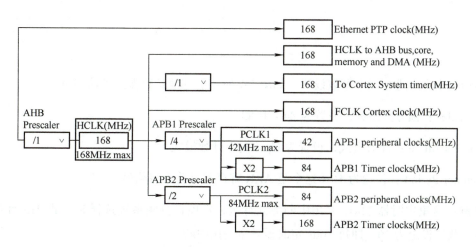

图 5-6　APB1 系统时钟频率设置

最后进行定时器 TIM3 配置。已知定时器 TIM3 挂载在 APB1 总线上。根据配置界面，按照图 5-7 所示 TIM3 定时周期数设置中标注的 4 个步骤依次选择对应内容，完成配置。

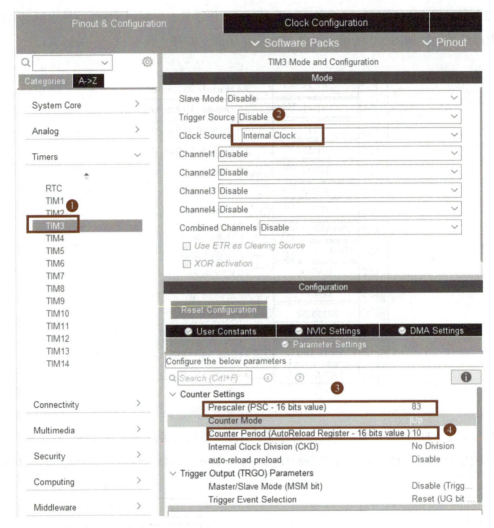

图 5-7　TIM3 定时周期数设置

本项目中主要进行三个参数设置，如图 5-7 所示。其他参数保持默认即可。

Prescaler：预分频系数，设置为 84 − 1=83。

Counter Mode：计数模式，设置为 Up（向上计数模式）。

Counter Period：设置为 10（这个是 ARR 寄存器自动重装载值）。

注意：这里定时器 TIM3 采用中断方式计数，本项目分频系数选择 83，即 1μs 计数一次，自动重装载值设定为 10，即每 10μs 定时器发生一次中断。

一旦发生定时器中断，程序首先跳入 stm32f4xx_it.c 的 TIM3_IRQHandler（）中断服务函数，判断 TIM3 发生溢出中断：

void HAL_TIM_PeriodElapsedCallback（TIM_HandleTypeDef *htim）

然后程序进入到中断回调函数，在中断回调函数中添加用户代码：

void HAL_TIM_PeriodElapsedCallback（TIM_HandleTypeDef *htim）

以上两个定时器中断函数功能代码见项目软件分析内容。

（3）USART1 配置　为方便观察超声波传感器测量的距离值，特使用串口将数据传递至计算机端进行显示。具体步骤如下所示。

1）串口选择。选择 Pinout & Configuration，在 Connectivity 中进行接口选择，结合硬件采用 USART1。进入 USART1 配置界面，如图 5-8 所示。

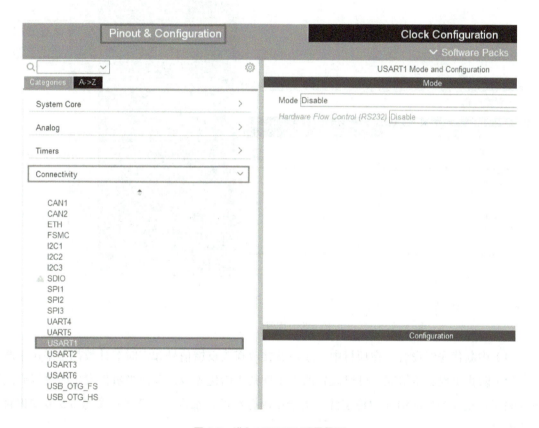

图 5-8　进入 USART1 配置界面

2）串口工作模式选择。Mode 当中的参数选择 Asynchronous（异步通信），Hardware Flow Control 保持默认即可。在芯片预览窗口会看见，PA10、PA9 已被选中，USART1 参数配置如图 5-9 所示。

图 5-9 中的 Basic Parameters 和 Advanced Parameters，主要进行串口的通信协议参数和数据配置，这里保持默认即可。

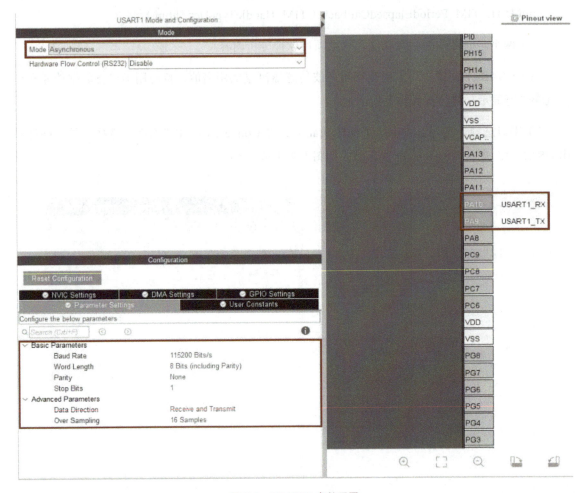

图 5-9　USART1 参数配置

（4）中断优先级设置　在项目中，超声波接收探头反馈信号和定时器计数都是采用中断方式。为了防止出现竞争情况，可以设置两个事件的中断优先级，以便当事件发生时可以确定处理的顺序，提高测量的精度和稳定性。关于中断分组的详细内容，读者可参考 5.5 节知识直通车的内容。

1）中断配置界面。选择 Pinout & Configuration 界面，选择 System Core 中的 NVIC 则可进入如图 5-10 所示界面。

2）中断分组设置。这里选择中断优先第 4 组分组模式，如图 5-11 所示。

3）中断优先级设置。为了保证对超声波返回信号进行及时响应，这里 GPIO 引脚的抢占优先级高于 TIM3，如图 5-12 所示。

图 5-10 中断配置界面

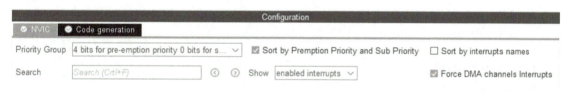

图 5-11 中断分组

NVIC Interrupt Table	Enabled	Preemption Priority	Sub Priority
Non maskable interrupt	✓	0	0
Hard fault interrupt	✓	0	0
Memory management fault	✓	0	0
Pre-fetch fault, memory access fault	✓	0	0
Undefined instruction or illegal state	✓	0	0
System service call via SWI instruction	✓	0	0
Debug monitor	✓	0	0
Pendable request for system service	✓	0	0
Time base: System tick timer	✓	0	0
EXTI line[9:5] interrupts	✓	0	0
TIM3 global interrupt	✓	1	0

图 5-12 优先级配置

到这里，已经将本项目所使用的片上外设配置完成，单击 完成代码构建，开始本项目软件程序设计。

3. 项目软件分析

（1）主程序 main.c 文件　main.c 文件当中的 int main（void）函数，是本项目主函数，其作用是完成硬件资源初始化、数据缓存变量声明、距离测量和距离判断。程序流程如图 5-13 所示。

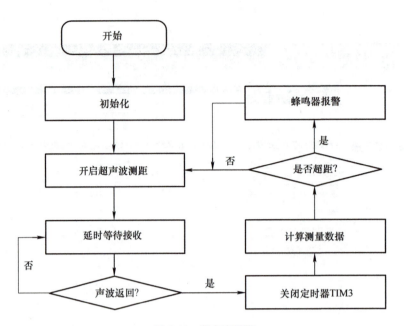

图 5-13 程序流程图

详细的代码内容如下。

1. #include "main.h"
2. #include "tim.h"
3. #include "usart.h"
4. #include "gpio.h"
5. #include "delay.h"
6. void SystemClock_Config（void）;
7. int main（void）
8. {
9. /* USER CODE BEGIN 1 */
10. char printf_buf[20]={0x00} ;
11. uint16_t show_time = 0 ;
12. float show_distance = 0 ;
13. uint8_t i ;
14. /* USER CODE END 1 */
15. HAL_Init（）;
16. SystemClock_Config（）;
17. Delay_Init（168）;
18. MX_GPIO_Init（）;
19. MX_TIM3_Init（）;
20. MX_USART1_UART_Init（）;

21. while(1)
22. {
23.   Tran();   // 进行一次测距
24.   Delay_ms(20); // 等待较长时间,保证获得距离值(单位 mm)
25.   show_time++;
26.   show_distance+=dis_temp;
27.   if(show_time==10)
28.   {
29.   sprintf(printf_buf, "%5.1f cm", show_distance/100);
30.   HAL_UART_Transmit(&huart1, printf_buf, 3, 0xFF);
31.   if(show_distance/100 < 10)
32.   {
33.   for(i = 0; i < 10; ++i)
34.   {
35.   HAL_GPIO_WritePin(GPIOH, GPIO_PIN_7, GPIO_PIN_SET);
36.   Delay_ms(100);
37.   HAL_GPIO_WritePin(GPIOH, GPIO_PIN_7, GPIO_PIN_RESET);
38.   Delay_ms(100);
39.   }
40.   }
41.   show_time = 0;
42.   show_distance = 0;
43.   }
44. }
45. }

1~6 行:进行文件包含和函数声明。

10~13 行:进行变量定义,主要进行触发测量次数记录、距离值叠加和串口打印缓存。

15~20 行:进行片上外设初始化。

23~25 行:开启测量,并且延时等待一段时间,记录开启测量的次数。

26 行:叠加测量的数据值,是防止测量距离过长或过短导致测量数据错误。

29、30 行:将测得的距离数据转换为字符型数据,通过串口进行数据传输。

31~40 行:测量距离判断,当小于 10cm 时开启蜂鸣器报警。

41、42 行:清除测量次数和距离值。

（2）控制超声波发送接收的 gpio.c 文件　在 gpio.c 文件中主要进行触发超声波测量和检测超声波接收中断信号。主要的函数内容如下所示。

1）触发超声波测距功能函数：

1. void Tran（void）
2. {
3. 　uint8_t i = 0；
4. 　HAL_TIM_Base_Start_IT（&htim3）；//TIM3 开启定时器计时
5. 　status = 0；　　　// 定时器计数清零
6. 　for（i=0；i<4；i++）　　// 发送 4 个 40kHz 的脉冲，触发超声波模块开始测距
7. 　{
8. 　　HAL_GPIO_WritePin（GPIOI，GPIO_PIN_2，GPIO_PIN_SET）；
9. 　　HAL_Delay（12）；
10. 　　HAL_GPIO_WritePin（GPIOI，GPIO_PIN_2，GPIO_PIN_RESET）；
11. 　　HAL_Delay（13）；
12. 　}
13. }

4、5 行：定时器 TIM3 开启计时，并将中断计数值清零。

6～11 行：发送 4 个 40kHz 的方波，其中高电平 12μs，低电平 13μs，一个周期 25μs，频率 40kHz，用于触发超声波发送探头开始工作。

2）超声波接收探头功能函数（外部中断回调函数）：

1. void HAL_GPIO_EXTI_Callback（uint16_t GPIO_Pin）
2. {
3. 　if（GPIO_Pin == GPIO_PIN_7）
4. 　{
5. 　　HAL_TIM_Base_Stop_IT（&htim3）；
6. 　　real_time = status；
7. 　　dis_temp=（float）real_time*1.7f-2；// 计算距离，单位为 mm
8. 　}
9. }

3 行：判断中断触发引脚，满足条件则说明超声波接收探头已检测到数据返回。

5~7 行：停止 TIM3 计时，记录定时器中断计数，并计算距离数据。

gpio.h 文件中主要对进行设计的功能函数进行声明，方便在其他文件中调用。

（3）进行定时器中断函数的 time.c 文件 一旦发生定时器中断，程序首先跳入 stm32f4xx_it.c 的 TIM3_IRQHandler（）中断服务函数，判断 TIM3 发生溢出中断。然后程序进入中断回调函数。其回调函数接口如下：

1. void HAL_TIM_PeriodElapsedCallback（TIM_HandleTypeDef *htim）；

定时器中断过程如下：

1）进入中断函数：

1. void TIM3_IRQHandler（void）
2. {
3.   HAL_TIM_IRQHandler（&htim3）；
4. }

HAL_TIM_IRQHandler（&htim3）；定时器中断处理函数，判断产生的是哪一类定时器中断（溢出中断/PWM 中断……），哪一个定时器通道。根据 CubeMX 配置，这里是定时器 TIM3 溢出中断。

2）进入对应中断回调函数，在中断回调函数中添加用户代码。

1. void HAL_TIM_PeriodElapsedCallback（TIM_HandleTypeDef *htim）
2. {
3.   if（htim->Instance==TIM3）
4.   {
5.   status++；
6.   }
7. }

发生中断一次，变量 status 的值加 1。这样 status 的值就是中断触发次数。因此，每次中断，超声波测得距离就是：

$$\frac{170 \times 1000 mm}{1000000} \times 10 = 1.7 mm$$

发生 status 次中断，超声波测得距离是：

$$dis\_temp = (\text{float}) \, real_{time} \times 1.7f - 2$$

式中，$real_{time}$=status。

4. 项目效果

将程序下载到 STM32F4 核心板之后，可使用 4P 排线通过操作台的串口调试接口连接到核心板的 UART1 接口，并将 PC（个人计算机）端的串口调试助手端口波特率调节到 115200Baud，数据编码格式选择 UTF-8，选择对应端口号，最后通过串口调试助手连接到 STM32F4 核心板。此时可使用遮挡物放置在超声波测距模块前端，可通过串口调试助手得到超声波的测量距离。

当距离小于 10cm 时，开启 STM32F4 核心板上的蜂鸣器报警，当距离大于 10cm 时关闭蜂鸣器报警，如图 5-14 所示。

图 5-14 串口打印测量距离及蜂鸣器

5.5 知识直通车

1. 超声波传感器测距原理

障碍物会反射超声波信号，当超声波模块接收到反射的信号后可以通过发送与接收信号的时间差计算发射源与障碍物之间的距离。最终得到公式：

$$S = \frac{1}{2} \times 340 \times t + a$$

式中，S 是实验中最终计算获得的距离；t 是信号发送与接收的时间差；a 是实际结果的误差补偿，误差补偿可根据实际情况修改。超声波测距原理如图 5-15 所示。

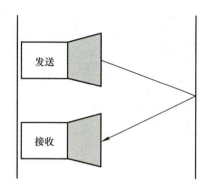

图 5-15　超声波测距原理示意图

（1）超声波信号发生器　超声波信号发生器通过陶瓷压电片两边电极上的交流音频信号的大小、频率产生振动发出相应的声音，通过输入 40kHz 的脉冲信号发出超声波。超声波模块发射探头电路如图 5-16 所示。

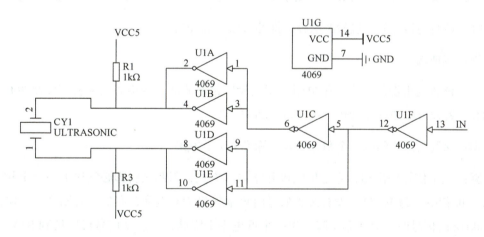

图 5-16　超声波模块发射探头电路

电路中 4069 芯片为六通道反相器，可将输入电压状态反向输出。更多的反相器可以起提高驱动电路能力的作用。图 5-16 中 CY1 的一端经过了三个反相器，另一端经过了两个反相器，所以 CY1 两端始终存在 5V 压差。

（2）超声波信号接收器　超声波信号接收器采用 CX20106 作为声波接收专用芯片，CX20106 的 IN 端（1 号脚）输入的是超声波探头接收到的信号，OUT 端（7 号脚）输出逻辑数字信号。超声波模块接收探头电路如图 5-17 所示。

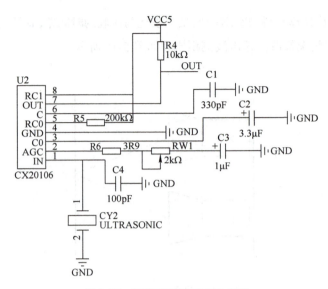

图 5-17 超声波模块接收探头电路

各引脚简介如下：

1 脚：超声信号输入端，该脚的输入阻抗约为 40kΩ。

2 脚：该脚与地之间连接 RC 串联网络，推荐选用参数为 R6=3.9Ω、C3=1μF。

3 脚：该脚与地之间连接检波电容，推荐参数为 3.3μF。

4 脚：接地端。

5 脚：该脚与电源间接入一个电阻，用以设置带通滤波器的中心频率 f_0，取 R=200kΩ 时，f_0≈42kHz，若取 R=220kΩ，则中心频率 f_0≈38kHz。

6 脚：该脚与地之间接一个积分电容，标准值为 330pF。

7 脚：数字信号输出端，它是集电极开路输出方式，因此该引脚必须接上一个上拉电阻到电源端，推荐阻值为 10kΩ，没有接收信号时该端输出为高电平，有信号时则产生下降沿。接收到 40kHz 的信号时，会在第 7 脚产生一个低电平下降脉冲，这个信号可以接到 STM32 的外部中断引脚作为中断信号输入。

当收到超声波时产生一个下降沿，接到外部中断 PI7 上。当超声波接收头接收到 40kHz 方波信号时，会将此信号通过 CX20106 内部驱动放大整形后，通过 OUT 端送入 STM32 的外部中断 PI7 口。STM32 在得到外部中断的中断请求后，会转入外部中断服务程序进行处理。

2. STM32F407微控制器中断系统

（1）STM32F407 中断源　中断是指当 CPU 执行程序时，由于发生了某种随机的事件（外部或内部），CPU 暂停正在运行的程序，转而去执行一段特殊的服务程序（中断服务子程序或中断处理程序），以处理该事件，该事件处理完后又返回被中断的程序继续执行。这一过程就称为中断。引起中断的原因，或者能够发出中断请求信号的来源统称为中断源。中断优先级、中断源和中断函数之间的关系如图 5-18 所示。

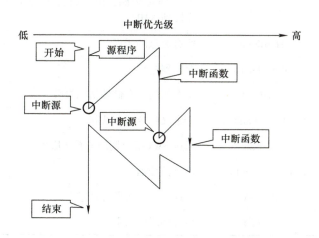

图 5-18　中断优先级、中断源和中断函数之间的关系

中断函数是执行中断源任务的函数，既可从源程序中断后执行中断函数，又可由一个未执行完的中断函数跳去执行另一个中断函数。执行顺序由高优先级到低优先级。

中断处理是 MCU 的一个基本功能，STM32F407 的中断处理功能非常强大。STM32F407 的嵌套向量中断控制器（Nested Vectored Interrupt Controller，NVIC），控制着整个芯片中断相关的功能，它跟内核紧密耦合，是内核里面的一个外设。它管理所有 92 个中断，分别是 82 个可屏蔽中断、10 个内核中断，具有 16 级可编程中断优先级。

如果要对某个中断进行响应和处理，就需要编写一个中断服务例程（Interrupt Service Routine，ISR），HAL 驱动库已经定义了各个中断的 ISR，在 MCU 的启动文件 startup_stm32f407xx.s 中有这些 ISR 名称的定义。

STM32F407 的内核中断见表 5-2。某些内核中断的优先级是固定的，如 Reset 中断。大部分内核中断的优先级是可设置的，如 SysTick 中断。优先级数字越小表示优先级越高。

在表 5-2 中，除了 Reset 中断，其他中断都有 ISR。中断响应程序的头文件 stm32f4xx_it.h 中定义了这些 ISR，但它们在文件 stm32f4xx_it.c 中的函数实现代码要么为空，要么就是 while 死循环。如果用户需要对某个系统中断进行处理，就需要在其 ISR 内编写功能实现代码。例如此前在项目 2 中已介绍过的 SysTick 中断，它是系统 SysTick 定时器的定时中断，默认定时周期是 1ms。它产生周期为 1ms 的系统嘀嗒信号。HAL 库中的延时函数 HAL_Delay（）就是使用 SysTick 中断实现毫秒级精确延时的。

表 5-2　STM32F407 的内核中断

优先级	优先级类型	中断名称	说明	ISR 名称
−3	固定	Reset	复位	—
−2	固定	NMI	不可屏蔽中断，RCC 时钟安全系统连接到 NMI	NMI_Handler
−1	固定	HardFault	所有类型的错误	HardFault_Handler
0	可设置	MemManage	存储器管理	MemManage_Handler
1	可设置	BusFault	预取指失败存储器访问失败	BusFault_Handler
2	可设置	UsageFault	未定义指令或非法状态	UsageFault_Handler
3	可设置	SVCall	通过 SWI 指令调用的系统服务	SVC_Handler
4	可设置	DebugMonitor	调试监控器	DebugMon_Handler
5	可设置	PendSV	可挂起的系统服务请求	PendSV_Handler
6	可设置	SysTick	系统嘀嗒定时器	SysTickHandler

（2）STM32F407 中断优先级　STM32F407 有 82 个可屏蔽中断，这些中断可能同时发生，也可能在执行一个中断的 ISR 时又发生了另外一个中断。按照什么样的顺序执行中断的 ISR 就是中断优先级管理的问题。STM32 支持 5 种优先级分组，NVIC 采用 4 位二进制数设置中断优先级，这 4 位二进制数可以分为两段，一段用于设置抢占优先级（preemption priority），另一段用于设置子优先级（sub priority）。系统上电复位后，默认使用的是优先级分组 0，即没有抢占优先级，只有子优先级。抢占优先级的级别高于子优先级，而同一种优先级的数值越小，对应的优先级就越高。分段的组合可以是以下 5 种。中断分组介绍见表 5-3。

表 5-3　中断分组介绍

中断分组输入参数	位（bit）分配情况	中断优先级分配结果
NVIC_PriorityGroup_0	0:4	0 位抢占优先级（0） 4 位子优先级（0~15）
NVIC_PriorityGroup_1	1:3	1 位抢占优先级（0~1） 3 位子优先级（0~7）
NVIC_PriorityGroup_2	2:2	2 位抢占优先级（0~3） 2 位子优先级（0~3）
NVIC_PriorityGroup_3	3:1	3 位抢占优先级（0~7） 1 位子优先级（0~1）
NVIC_PriorityGroup_4	4:0	4 位抢占优先级（0~15） 0 位响应优先级（0）

中断优先级决定了函数执行的优先级。STM32 使用下面的函数设置中断优先级分组：

1. HAL_NVIC_SetPriority（IRQn_Type IRQn，uint32_t PreemptPriority，uint32_t SubPriority）

1）第 1 个参数 IRQn 是中断号，由 IRQn_Type 定义的枚举类型。

2）第 2 个参数 PreemptPriority 用于设置抢占优先级，范围 0～15。

3）第 3 个参数 SubPriority 用于设置子优先级，范围 0～15。

假设使用 2 位设置抢占优先级，2 位设置子优先级，抢占优先级和子优先级的执行有如下规律：

如果两个中断的抢占优先级和子优先级都相同，哪个中断先发生，就执行哪个中断的 ISR。高抢占优先级的中断可以打断正在执行的低抢占优先级的 ISR 的执行，故名抢占。例如，中断 A 的抢占优先级为 0，中断 B 的抢占优先级为 1，那么在中断 B 的 ISR 正在执行时，如果发生了中断 A，就会立即去执行中断 A 的 ISR，等中断 A 的 ISR 执行完后，再返回到中断 B 的 ISR 继续执行。

抢占等级为 0、响应等级为 2 的中断可以打断抢占等级为 1、响应等级为 1 的中断函数。触发中断时判定抢占等级比正在执行函数的抢占等级高，则强制执行两者中最高抢占优先级的中断函数。抢占等级低的中断函数，会等待抢占优先级高的中断函数结束后再继续执行。

抢占优先级相同时，优先级高的中断不能打断正在执行的优先级低的 ISR 的执行。例如，中断 A 和中断 B 的抢占优先级相同，但是中断 A 的子优先级为 0，中断 B 的子优先级为 1。那么，在中断 B 的 ISR 正在执行时，如果发生了中断 A，那么中断 A 不能打断中断 B 的 ISR 的执行，只能等待中断 B 的 ISR 执行结束，才能执行中断 A 的 ISR。在抢占优先级相同的情况下，如果有低响应优先级中断正在执行，高响应优先级的中断要等待已被响应的低响应优先级中断执行结束后才能得到响应，即响应优先级不支持中断嵌套。

当抢占等级为 2、响应等级为 3 的中断函数结束后，如果已经触发了多个抢占等级低的中断，则挑选抢占等级最高的函数中响应优先级最高的中断函数去执行。

具有高抢占优先级的中断，可以在具有低抢占优先级的中断服务程序执行过程中被响应，即中断嵌套，或者说高抢占优先级的中断可以抢占低抢占优先级的中断的执行。在抢占优先级相同的情况下，有多个响应优先级不同的中断同时到来，那么高响应优先级的中断优先被响应。

充分理解中断优先级的这些概念非常重要。在设计一个实际系统时，可能用到多个中断，如果中断优先级的设置不正确，可能会导致系统工作不正常，甚至完全无法工作。

（3）中断管理函数　中断管理相关驱动程序的头文件是 stm32f4xx_hal_cortex.h，其常用函数见表 5-4。

表 5-4　中断管理常用函数

函数名	功能
HAL_NVIC_SetPriorityGrouping（）	设置 4 位二进制数的优先级分组策略
HAL_NVIC_SetPriority（）	设置某个中断的抢占优先级和子优先级
HAL_NVIC_EnableIRQ（）	启用某个中断
HAL_NVIC_DisableIRQ（）	禁用某个中断
HAL_NVIC_GetPriorityGrouping（）	返回当前的优先级分组策略
HAL_NVIC_GetPriority（）	返回某个中断的抢占优先级、子优先级数值
HAL_NVIC_GetPendingIRQ（）	检查某个中断是否被挂起
HAL_NVIC_SetPendingIRQ（）	设置某个中断的挂起标志表示发生了中断
HAL_NVIC_ClearPendingIRQ（）	清除某个中断的挂起标志

表 5-4 中前面的 3 个函数用于 STM32CubeMX 自动生成的代码，其他函数用于用户代码。几个常用的函数详细介绍如下，一些其他函数的详细定义和功能可查看源程序里的注释。

1）函数 HAL_NVIC_SetPriorityGrouping（）。函数 HAL_NVIC_SetPriorityGrouping（）用于设置优先级分组策略，其函数原型定义如下：

1. void HAL_NVIC_SetPriorityGrouping（uint32_t PriorityGroup）;

其中，参数 PriorityGroup 是优先级分组策略，可使用文件 stm32f4xx_hal_cortex.h 中定义的几个宏定义常量，如下所示，它们表示不同的分组策略。

1. #define NVIC_PRIORITYGROUP_0，0x00000007U　//0 位用于抢占优先级，4 位用于子优先级
2. #define NVIC_PRIORITYGROUP_1，0x00000006U　//1 位用于抢占优先级，3 位用于子优先级
3. #define NVIC_PRIORITYGROUP_2，0x00000005U　//2 位用于抢占优先级，2 位用于子优先级
4. #define NVIC_PRIORITYGROUP_3，0x00000004U　//3 位用于抢占优先级，1 位用于子优先级
5. #define NVIC_PRIORITYGROUP_4，0x00000003U　//4 位用于抢占优先级，0 位用于子优先级

2）函数 HAL_NVIC_SetPriority（）。函数 HAL_NVIC_SetPriority，设置某个中断的抢占优先级和子优先级，其函数原型定义如下：

1. void HAL NVIC_SetPriority（IRQn_Type IRon，uint32_t PreemptPriority，uint32_t SubPriority）;

其中，参数 IRQn 是中断的中断号，为枚举类型 IRQn_Type。枚举类型 IRQn_Type 的定义在 stm32f407xx.h 文件中，它定义了表 5-2 中所有中断的中断号枚举值。在中断操作的相关函数中，都用 IRQn_Type 类型的中断号表示中断，这个枚举类型的部分定义如下：

1. typedef enum
2. {
3. /****** Cortex-M4 Processor Exceptions Numbers ************/
4.   NonMaskableInt_IRQn   = –14,
5.   MemoryManagement_IRQn = –12,
6.   ...
7. /****** STM32 specific Interrupt Numbers **************/
8.   WWDG_IRQn   = 0,
9.   PVD_IRQn   = 1,
10.   ...
11.   RNG_IRQn   = 80,
12.   FPU_IRQn   = 81
13. } IRQn_Type ;

由这个枚举类型的定义代码可以看到可屏蔽中断，其中断号枚举值就是在中断名称后面加了"_IRQn"。例如，中断号为 0 的窗口看门狗中断 WWDG，其中断号枚举值就是 WWDG_IRQn。

函数中的另外两个参数，PreemptPriority 是抢占优先级数值，SubPriority 是子优先级数值。这两个优先级的数值范围需要在设置的优先级分组策略的可设置范围之内。例如，假设使用分组策略 2，对于中断号为 6 的外部中断 EXTI0，设置其抢占优先级为 1，子优先级为 0，则该行的代码如下：

1. HAL_NVIC_SetPriority（EXTI0_IRQn, 1, 0）;

3）函数 HAL_NVIC_EnableIRQ（）。函数 HAL_NVIC_EnableIRQ（）的功能是在 NVIC 中开启某个中断，只有在 NVIC 开启某个中断后，NVIC 才会对这个中断请求做出响应，执行相应的 ISR。其原型定义如下：

1. void HAL_NVIC_EnableIRQ（IRQn_Type IRQn）;

其中，枚举类型 IRQn_Type 的参数 IRQn 是中断号的枚举值。

3. 外部中断EXTI

（1）外部中断线及功能　　EXTI 全称是 External Interrupt/Event Controller，即外部中断/事件控制器，管理了 STM32F407 的 23 个中断/事件线。每个中断/事件线都对应有一个边沿检测器，可以实现输入信号的上升沿检测、下降沿检测。EXTI 可以实现对每个中断/事件线进行单独配置，可以单独配置为中断或者事件，以及触发事件的属性。

基本的外部中断是 MCU 上的 GPIO 引脚作为输入引脚时，由引脚上的电平变化引起中断，例如，连接按键的引脚就可以由按键产生外部中断信号。此外，还有一些内部作为 EXTI 中断线的输入，例如，RTC 唤醒事件信号连接在 EXTI 线 22 上。图 5-19 所示为外部中断控制器框图，每个 EXTI 线都有单独的边沿检测器。

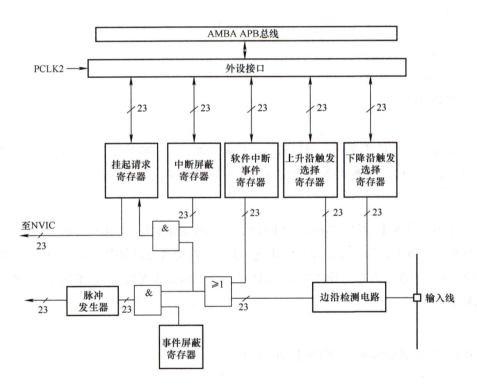

图 5-19　外部中断控制器框图

STM32F407 系列普通 I/O 口有 A~I 组端口，每组端口大都有 16 个 I/O 口。因此 EXTI0~EXTI15 这 16 个外部中断对应 0~15 个端口。这些中断是以 GPIO 引脚作为输入线，每个 GPIO 引脚都可以作为 EXTI 的输入线，其映射结构如图 5-20 所示。从图中可以看出，EXTI0 可以选择 PA0、PB0、…、PI0 中的某个引脚作为输入线。如果设置了 PA0 作为 EXTI0 的输入线，那么 PB0、PC0 等就不能再作为 EXTI0 的输入线。

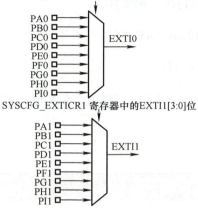

图 5-20 外部中断与GPIO引脚的映射结构

以 GPIO 引脚作为输入线的 EXTI 可以用于检测外部输入事件,例如,按键连接的 GPIO 引脚,通过外部中断方式检测按键输入比查询方式更有效。

EXTI0 ～ EXTI4 的每个中断有单独的 ISR,EXTI 线［9:5］中断共用一个中断号,也就共用 ISR,EXTI 线［15:10］中断也共用 ISR。若是共用的 ISR,需要在 ISR 里判断具体是哪个 EXTI 线产生的中断,然后做相应的处理。如本项目用到的 EXTI6 外部中断函数:

1. void EXTI9_5_IRQHandler（void）
2. {
3.   HAL_GPIO_EXTI_IRQHandler（GPIO_PIN_6）；
4. }

除了 16 个外部中断外,另外 7 个 EXTI 线连接的不是某个实际的 GPIO 引脚,而是其他外设产生的事件信号。这 7 个 EXTI 线的中断有单独的 ISR。分别列举如下:

EXTI 线 16,连接 PVD 输出。

EXTI 线 17,连接 RTC 闹钟事件。

EXTI 线 18,连接 USB OTG FS 唤醒事件。

EXTI 线 19，连接以太网唤醒事件。

EXTI 线 20，连接 USB OTG HS 唤醒事件。

EXTI 线 21，连接 RTC 入侵和时间戳事件。

EXTI 线 22，连接 RTC 唤醒事件。

（2）外部中断函数　外部中断相关函数的定义在文件 stm32f4xx_hal_gpio.h 中，函数列表见表 5-5。

表 5-5　外部中断相关函数

函数名	功能描述
HAL_GPIO_EXTI_GET_IT（）	检查某个外部中断线是否有挂起（Pending）的中断
HAL_GPIO_EXTI_CLEAR_IT（）	清除某个外部中断线的挂起标志位
HAL_GPIO_EXTI_GET_FLAG（）	与 HAL_GPIO_EXTI_GET_IT（）的代码和功能完全相同
HAL_GPIO_EXTI_CLEAR_FLAG（）	与 HAL_EXTI_CLEAR_IT（）的代码和功能完全相同
HAL_GPIO_EXTI_GENERATE_SWIT（）	在某个外部中断上产生软中断
HAL_GPIO_EXTI_IRQHandler（）	外部中断 ISR 中调用的通用处理函数
HAL_GPIO_EXTI_Callback（）	外部中断处理的回调函数

1）读取和清除中断标志。在 HAL 库中，以"_HAL"为前缀的都是宏函数，例如，函数 __HAL_GPIO_EXTI_GET_IT 的定义如下：

1. #define __HAL_GPIO_EXTI_GET_FLAG（__EXTI_LINE__）(EXTI->PR &（__EXTI_LINE__))

它的功能就是检查外部中断挂起寄存器（EXTI_PR）中某个中断线的挂起标志位是否置位。参数 __EXTI_LINE__ 是某个外部中断线，用 GPIO_PIN_0、GPIO_PIN_1 等宏定义常量表示。函数的返回值只要不等于 0（用宏 RESET 表示 0），就表示外部中断线挂起标志位被置位。

再如，函数 __HAL_GPIO_EXTI_CLEAR_IT（）用于清除某个中断线的中断挂起标志位，其定义如下：

1. #define __HAL_GPIO_EXTI_CLEAR_IT（__EXTI_LINE__）(EXTI->PR=（__EXTI_LINE__))

向外部中断挂起寄存器（EXTI_PR）的某个中断线位写入 1，就可以清除该中断线的挂起标志。在外部中断的 ISR 里处理完中断后，需要调用这个函数清除挂起标志位，以便再次响应下一次中断。

2）在某个外部中断线上产生软中断。函数 _HAL_GPIO_EXTI_GENERATE_SWIT（）的功能是在某个中断线上产生中断，其定义如下：

1. #define _HAL_GPIO_EXTI_GENERATE_SWIT（_EXTI_LINE_）(EXTI->SWIER |=（_EXTI_LINE_））

它实际上就是将外部中断的软件中断事件寄存器（EXTI_SWIER）中对应于中断线 _EXTI_LINE_ 的位置 1，通过软件的方式产生某个外部中断。

3）外部中断 ISR 以及中断处理回调函数。对于 0～15 线的外部中断，EXTI0～EXTI4 有独立的 ISR，EXTI［9：5］共用一个 ISR，EXTI［15：10］共用一个 ISR。在启用某个中断后，在 STM32CubeMX 自动生成的中断处理程序文件 stm32f4xx_it.c 中会生成 ISR 的代码框架。这些外部中断 ISR 的代码都是一样的，下面是几个外部中断的 ISR 代码框架，只保留了其中一个 ISR 的完整代码，其他删除了代码注释。

```
1. void EXTI0_IRQHandler（void）
2. {
3.   /* USER CODE BEGIN EXTI0_IRQn 0*/
4.   /* USER CODE END EXTI0_IRQn 0*/
5.   HAL_GPIO_EXTI_IRQHandler（GPIO_PIN_0）; //EXTI0 的 ISR
6.   /* USER CODE BEGIN EXTI0_IRQn 1*//
7.   /* USER CODE END EXTI0_IRQn 1*/
8. }
9. void EXTI9_5_IRQHandler（void）
10. {
11.   HAL_GPIO_EXTI_IRQHandler（GPIO_PIN_5）; //EXTI［9：5］的 ISR
12. }
13. void EXTI15_10_IRQHandler（void）
14. {
15.   HAL_GPIO_EXTI_IRQHandler（GPIO_PIN_11）; //EXTI［15：10］的 ISR
16. }
```

可以发现这些 ISR 都调用了函数 HAL_GPIO_EXTI_IRQHandler（），并以中断线作为函数参数。所以，函数 HAL_GPIO_EXTI_IRQHandler（）是外部中断处理通用函数，这个函数的代码如下：

1. void HAL_GPIO_EXTI_IRQHandler
2. {/*EXTI line interrupt detected*/
3. if（_HAL_GPIO_EXTI_GET_IT（GPIO_Pin）!= RESET）//检测中断挂起标志
4. {
5.   _HAL_GPIO_EXTI_CLEAR_IT（GPIO_Pin）; //清除中断挂起标志
6.   HAL_GPIO_EXTI_Callback（GPIO_Pin）; //执行回调函数
7. }
8. }

这个函数的代码含义是如果检测到中断线 GPIO_Pin 的中断挂起标志不为 0，就清除中断标志位，然后执行函数 HAL_GPIO_EXTI_Callback（GPIO_Pin）。其函数内容如下：

1. _weak void HAL_GPIO_EXTI_Callback（uint16_t GPIO_Pin）
2. {
3. /* Prevent unused argument（s）compilation warning */
4. UNUSED（GPIO_Pin）;
5. /* NOTE：This function Should not be modified, when the callback is needed,
6.   the HAL_GPIO_EXTI_Callback could be implemented in the user file*/
7. }

这个函数的前面有个修饰符 _weak，这是用来定义弱函数的。所谓弱函数，就是 HAL 预先定义的带有 _weak 修饰符的函数，如果用户没有重新实现这些函数，编译时就编译这些弱函数，如果在用户程序文件里重新实现了这些函数，就编译用户重新实现的函数，用户重新实现一个弱函数时，要舍弃修饰符 _weak。

弱函数一般用作中断处理的回调函数，例如这里的函数：HAL_GPIO_EXTI_Callback（），如果用户重新实现了这个函数，对某个外部中断做出具体的处理，用户代码就会被编译进去。

4）在 STM32CubeMX 配置外部中断流程。

① 在 STM32CubeMX 中指定引脚、设置对应模式、使能 NVIC 对应的中断通道。开启 GPIO 中断检测、中断触发模式设置、开启外部中断如图 5-21～图 5-23 所示。

项目5 超声波倒车雷达设计与实现

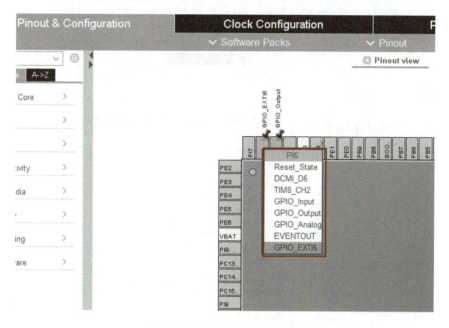

图 5-21　开启 GPIO 中断检测

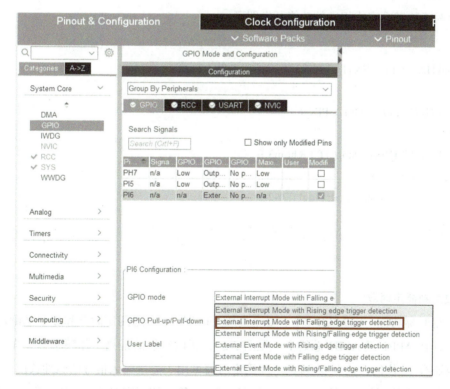

图 5-22　中断触发模式设置

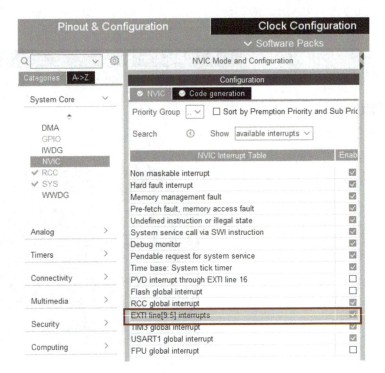

图 5-23 开启外部中断

② stm32f1xx_it.c 中配置的中断服务函数，在 gpio.c 中重写该 I/O 引脚对应的中断回调函数，在中断回调函数里面完成相应的功能开发即可。

1. void HAL_GPIO_EXTI_Callback（uint16_t GPIO_Pin）
2. {
3.   if（GPIO_Pin == GPIO_PIN_6）
4.   {
5.   HAL_TIM_Base_Stop_IT（&htim3）;
6.   real_time = status；
7.   dis_temp=（float）real_time*1.7f-2；
8.   }
9. }

4. 微控制器定时器

（1）定时器功能　STM32F407 有 2 个高级定时器、8 个通用定时器和 2 个基础定时器。这些定时器挂在 APB2 或 APB1 总线上（见图 5-5），所以它们的最高工作频率不一样，这些定时器的计数器有 16 位的，也有 32 位的。通用定时器可用于测量输入信号的脉冲长度（输入捕获）或者产生输出波形 [输出比较和 PWM（脉宽调制）] 等。使用定时器预分频器和 RCC 时钟控制器预分频器，脉冲长度和波形周期可以在几微秒到几毫秒间调整。STM32F407 所有定时器的特性见表 5-6。

表 5-6　STM32F407 定时器特性

定时器类型	定时器	计数器长度	计数类型	DMA 请求	捕获/比较通道数	所在总线
基础	TIM6、TIM7	16 位	递增	有	0	APB1
通用	TIM2、TIM5	32 位	递增、递减递增/递减	有	4	APB1
	TIM3、TIM4	16 位	递增、递减递增/递减	有	4	APB1
	TIM9	16 位	递增	无	2	APB2
	TIM12	16 位	递增	无	2	APB1
	TIM10、TIM11	16 位	递增	无	1	APB2
	TIM13、TIM14	16 位	递增	无	1	APB1
高级控制	TIM1、TIM8	16 位	递增、递减递增/递减	有	4	APB2

定时器的时钟信号来源于 APB1 总线或 APB2 总线信号，如图 5-24 所示，TIM1、TIM8～TIM11 定时器挂载在 APB2 总线上，其他定时器则挂载在 APB1 总线上。

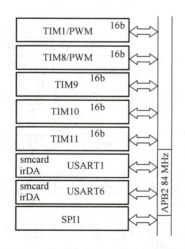

图 5-24　挂载在 APB2 总线上的定时器

从时钟树可知，STM32F407 的 HCLK 最高频率为 168MHz，挂在 APB1 总线上的定时器的输入时钟频率为 84MHz。挂在 APB2 总线上的定时器的输入时钟频率为 168MHz。STM32F407 时钟信号如图 5-25 所示。

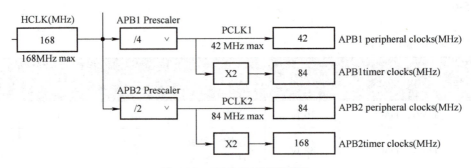

图 5-25　STM32F407时钟信号

（2）通用定时器结构　定时器的核心是时基单元，是由计数器寄存器（TIMx_CNT）、预分频器寄存器（TIMx_PSC）和自动重载寄存器（TIMx_ARR）三个器件组成的一个基础定时器。四通道通用定时器内部结构如图 5-26 所示。

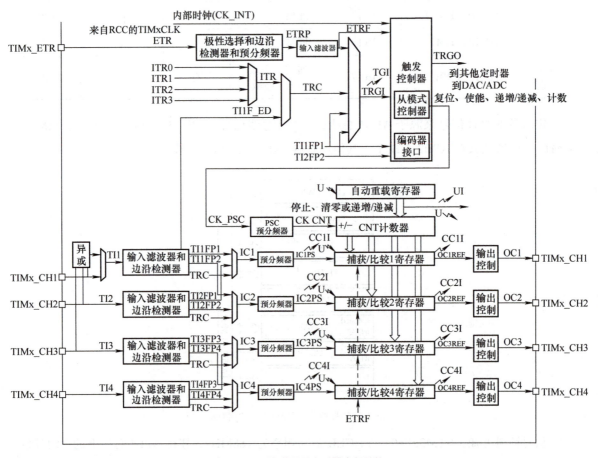

图 5-26　四通道通用定时器内部结构

1）时钟信号和触发控制器。定时器可以使用内部时钟（CK_INT）驱动，内部时钟来源于

APB1 或 APB2 总线的定时器时钟信号。如果定时器设置为从模式，还可以使用其他定时器输出的触发信号作为时钟信号，也就是图 5-26 中的 ITR0、ITR1 等。

触发控制器用于选择定时器的时钟信号，并且可以控制定时器的复位、使能和计数等。触发控制器输出时钟信号 CK_PSC，若选择使用内部时钟，则 CK_PSC 就等同于 CK_INT。

2）时基单元。定时器的主要模块是一个 16 位的预分频器、16 位的计数器（TIM2 和 TIM5 是 32 位计数器）、自动重载寄存器。

16 位的预分频器对输入时钟信号 CK_PSC 进行分频，分频后的时钟信号 CK_CNT 驱动计数器。计数器以递增方式计数（TIM2 和 TIM5 还能递减计数，或递增/递减计数）。计数器内部还有时钟分频功能，可以对 CK_CNT 时钟信号进一步地进行 1 分频（也就是不分频）、2 分频或 4 分频。

时基单元包括 3 个寄存器，其功能描述如下：

计数寄存器（CNT），这个寄存器存储计数器当前的计数值，可以在运行时被读取。

预分频寄存器（PSC），这个寄存器的数值范围为 0～65535，对应于分频系数 1～65536。在定时器运行时修改 PSC 寄存器的值，需要在下一个 UEV（Update Event，事件更新）发生时才会写入预分频器缓冲区并生效。PSC 寄存器初始值为 0。

自动重载寄存器（Auto-Reload Register，ARR），它是一个 16 位的寄存器，装载着计数器能计数的最大数值。当计数到这个值的时候，且中断使能，定时器就产生溢出中断。在硬件上这个寄存器对应 2 个寄存器，一个是用户可以写入或读出的寄存器，称为 Preload Register（预装载寄存器），另一个是用户看不见的，但在操作中真正起作用的寄存器，称为 Shadow Register（影子寄存器）。

查阅 STM32F407 数据手册可知，TIMx_CR1 寄存器中 APRE=0 时，设置 ARR 的值（TIM_Period）会直接操作影子寄存器，新的 ARR 值将立即生效。当 APRE=1 时，设置 ARR 的值要在下一个 UEV 时才生效。

（3）定时器计数模式　在递增计数模式下，计数器从 0 计数到自动重载值，然后重新从 0 开始计数并生成计数器上溢事件。

在递减计数模式下，计数器从自动重载值开始递减计数到 0，然后重新从自动重载值开始计数并生成计数器下溢事件。

在中心对齐模式下，计数器从 0 开始计数到自动重载值减一（比如自动重载值为 100，那么计数到 99），并生成计数器上溢事件；然后从自动重载值开始向下计数到 1，并生成计数器下溢事件；之后从 0 开始重新计数。

简单地理解三种计数模式,如图 5-27 所示。

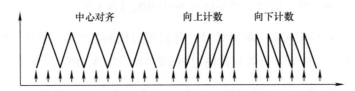

图 5-27　三种计数模式

以定时器 TIM3 向上计数模式作为例子。由图 5-25 可知定时器的时钟信号最大频率为 84MHz,而时钟信号需要先经过时基单元的 PSC 预分频器才能进入计数器。已知预分频器可以进一步地对时钟信号进行分频。为更方便理解,可先设一个分频系数 n,当预分频器分频为 "$\overline{n}$" 时,计数器计数一次的耗时为 "$\dfrac{n}{84\text{MHz}}$" s。每当计数器计数到自动重装载值 m 时,计数器置位更新中断位后清零重新计数。所以每次重装载之间的耗时为 $\dfrac{mn}{84\text{MHz}}$ s。所以可知:分频系数与计数值的乘积可以控制中断的触发间隔。设定时器 TIM3 每 temp 秒中断一次,可得公式:

$$mn = 84\text{temp} \times 10^6$$

若要求 1ms 产生一次中断,设分频系数 n 为 84,1μs 计数一次,计数 1000 次时长达到 1ms,产生一次定时器更新中断,自动重装载值 m = 1000。注意在配置定时器时,分频系数需要填入 $n-1$、自动重装载值需要填入 $m-1$。

(4)STM32CubeMX 配置定时器流程举例　用定时器 3 的中断方式实现一盏 LED 灯每秒闪烁一次。由于在项目 1 已为大家介绍了新建 Project、外部晶振选择和 RCC 初始化配置等内容,此处直接以 TIM3 为例,从 TIM3 配置开始讲解。

1)配置定时器时钟 Clock。根据 STM32CubeMX 时钟树,TIM3 定时器的时钟来源于 APB1,HCLK 选择 168MHz,TIM3 时钟频率为 84MHz。

2)配置 TIM3。

① 选择定时器。单击 Timers 下的 TIM3,在 Clock Source 选项中选择 Internal Clock。设置 TIM3 时钟源如图 5-28 所示。

② 配置预分频系数、计数模式、重装载值和分频系数。这里定时时间为 10ms,TIM3 参数配置如图 5-29 所示。

③ 配置 TIM3 的中断(NVIC)。在主界面选择 NVIC,配置 TIM3 为 global interrupt。使能 TIM3 中断如图 5-30 所示。

④ 生成新代码。按 <Ctrl+S> 键,重新生成代码,即可开始功能程序编写。

超声波倒车雷达设计与实现　项目5

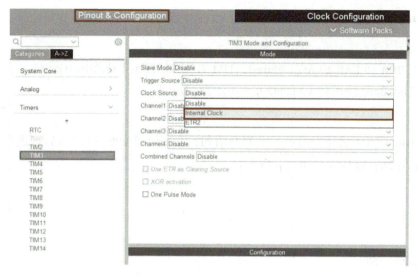

图 5-28　设置 TIM3 时钟源

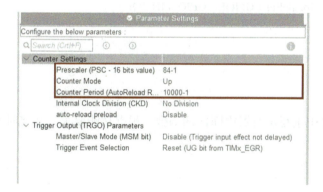

图 5-29　TIM3 参数配置

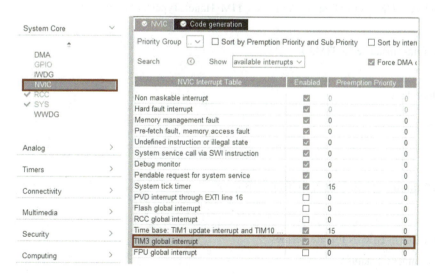

图 5-30　使能 TIM3 中断

首先在 main.c 函数内添加以下两条命令：

1. __HAL_TIM_CLEAR_FLAG（&htim3，TIM_IT_UPDATE）；// 清除中断标志位
2. HAL_TIM_Base_Start_IT（&htim3）；// 开启定时器中断

然后在 while（1）循环中添加一个判断语句，在定时器中断 50 次以后，进行 LED 灯电平的翻转，并将中断计数清零。加如下指令：

1. while（1）
2. {
3. 　if(status ==50）
4. 　{
5. 　　HAL_GPIO_TogglePin（GPIOF，GPIO_PIN_9）；
6. 　　status =0；
7. 　}
8. }

⑤ 在 tim.c 文件中重写定时器中断回调函数。根据功能要求，在定时器回调函数内编写功能代码。

1. uint32_t status=0；
2. void HAL_TIM_PeriodElapsedCallback（TIM_HandleTypeDef *htim）
3. {
4. 　if(htim->Instance == TIM3）
5. 　{
6. 　　status++；
7. 　}
8. }

同时在 tim.h 文件如下位置中添加如下指令：

/* USER CODE BEGIN Private defines */
1. extern uint32_t status；

5.6　总结与思考

本项目通过 STM32F4 开发板，引导学生利用超声波传感器模块构成倒车雷达，在距离障碍物越近时，能够以更高频率发出提醒。通过项目学习实践，学生应理解定时器中断应用，掌握 STM32CubeMX 端口配置、时钟配置、定时器配置和 HAL 库进行软件开发的流程。项目内容模拟倒车时超声波应用场景，在项目实践中注意培养积极思考、大胆创新和沟通合作的能力。学生可以思考如何利用 STM32 核心板的按键，模拟车辆前进和后退，若处于前进时，则不使用倒车雷达。

（一）信息收集

1）超声波硬件电路图。

2）STM32F407 定时器相关资料。

3）超声波测距方法。

（二）实施步骤

1）列出元器件材料清单。

序号	元器件名称及数量	功能	序号	元器件名称及数量	功能

2）绘制线路图（其中 STM32F407 可用框图代替）。

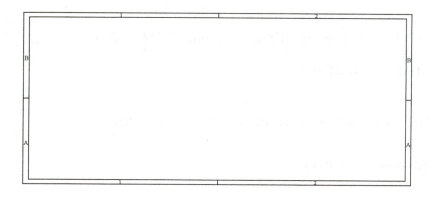

3）描述 STM32CubeMX 配置 GPIO 端口中断、定时器 TIM3 等初始化参数步骤（配置时钟可忽略）。

序号	步骤名称	功能描述	备注

4）绘制 main.c 主程序流程图，分析超声波发送代码、TIM3 回调函数代码、外部中断回调函数代码并填空。

超声波发送代码：

1. void Tran（void）
2. {
3. uint8_t i = 0 ;
4. HAL_TIM_Base_Start_IT（&htim3）; // 指令功能_____
5. status = 0 ;
6. for（i=0 ; i<4 ; i++）// 连续进行_____次循环
7. {
8.   HAL_GPIO_WritePin（GPIOI, GPIO_PIN_5, GPIO_PIN_SET）; //PI5=_____
9.   Delay_ms（12）; // 延时_____ms
10.   HAL_GPIO_WritePin（GPIOI, GPIO_PIN_5, GPIO_PIN_RESET）; //PI5=_____
11.   Delay_ms（13）; // 延时_____ms
12. }
13. }

分析以上程序，发送的超声波周期是_____ms，发送超声波频率是_____kHz。

定时器 TIM3 的回调函数代码：

1. void HAL_TIM_PeriodElapsedCallback（TIM_HandleTypeDef *htim）
2. {
3. if（htim->Instance==TIM3）

4. {
5.   status++；// 间隔_____us，变量 status 加 1。
6. }
7. }

分析以上 TIM3 回调函数，定时器发生一次中断，变量_____加 1，中断次数等于_____值。

外部中断回调函数代码：

1. void HAL_GPIO_EXTI_Callback（uint16_t GPIO_Pin）
2. {
3.   if（GPIO_Pin == GPIO_PIN_6）
4.   {
5.   HAL_TIM_Base_Stop_IT（&htim3）；// 指令功能_____
6.   real_time = status；
7.   dis_temp=（float）real_time*1.7f-2；// 指令功能_____（减 2 是误差补偿）单位：mm
8.   }
9. }

分析以上 EXTI 回调函数，当 PI6 接收到超声波回波信号，定时器_____（启动/停止）中断，根据定时器每中断一次，超声波测距_____mm，计算总测距公式是_____。

5）编译、调试程序，代码下载到开发板上，运行展示。

6）考核。

项目考核评分表					
基本信息	班级		学号		分组
	姓名		时间		总分
任务考核（60%）	序号	步骤	完成情况（好、较好、一般、未完成）	标准分	得分
	1	STM32CubeMX 配置端口、RCC 时钟		10	
	2	STM32CubeMX 配置定时器		10	
	3	能理解定时器中断工作过程		15	
	4	会编写测距程序		25	
	5	会编写蜂鸣器随着距离越近，频率越高的程序		20	

（续）

项目考核评分表					
任务考核（60%）	序号	步骤	完成情况（好、较好、一般、未完成）	标准分	得分
任务考核（60%）	6	编译、调试和下载程序，程序正常运行，功能展示正确		20	
素质考核（40%）	1	安全规范操作		20	
素质考核（40%）	2	团队沟通、协作创新能力		20	
素质考核（40%）	3	资料查阅、文档编写能力		20	
素质考核（40%）	4	劳动纪律		20	
素质考核（40%）	5	严谨细致、追求卓越		20	
教师评价					
学生总结					

（三）课后习题

一、填空题

1. GPIO 端口的位可以配置为多种模式，有输入模式、输出模式、_____ 和 _____。

2. STM32F407 内核支持 _____ 个中断，其中包含了 _____ 个内核中断、_____ 个可屏蔽中断和 _____ 个外部中断。

3. 定时器的时基单元包括 _____、_____ 和自动重载寄存器。

4. 当使用定时器 TIM4 输出频率为 5000Hz 的脉冲，且代码如下，对应的空白区值应为

TIM_TimeBaseInitTypeDef　TIM_TimeBaseStructure；

RCC_APB1PeriphClockCmd（RCC_APB1Periph_TIM4，ENABLE）；

TIM_TimeBaseStructure.TIM_Period = _____ ；

TIM_TimeBaseStructure.TIM_Prescaler = _____ ；

TIM_TimeBaseStructure.TIM_ClockDivision = TIM_CKD_DIV1；

TIM_TimeBaseStructure.TIM_CounterMode = TIM_CounterMode_Up；

TIM_TimeBaseInit（TIM14，&TIM_TimeBaseStructure）；

二、选择题

1. STM32F407 有（　　）个可屏蔽中断通道。

A. 43　　　　　　　　　　　　　B. 51

C. 74　　　　　　　　　　　　　D. 82

2. STM32F407采用（　　）位来编辑中断的优先级。

A. 4　　　　　　　　　　　　　B. 8

C. 16　　　　　　　　　　　　 D. 32

3. 关于中断嵌套说法正确的是（　　）。

A. 只要响应优先级不一样就有可能发生中断嵌套

B. 只要抢占优先级不一样就有可能发生中断嵌套

C. 只有抢占优先级和响应优先级都不一样才有可能发生中断嵌套

D. 以上说法都不对

4. 在STM32F407向量中断控制器管理下，可将中断分为（　　）组。

A. 4　　　　　　　　　　　　　B. 5

C. 6　　　　　　　　　　　　　D. 7

5. 中断屏蔽器不能屏蔽（　　）。

A. NMI中断　　　　　　　　　　B. 串口中断

C. 窗口看门狗中断　　　　　　　D. 外部中断

6. PC6通用I/O端口映射到外部中断事件线上是（　　）。

A. EXTI线4　　　　　　　　　　B. EXTI线5

C. EXTI线6　　　　　　　　　　D. EXTI线7

7. 默认使用中断优先级分组2，配置串口中断的抢占优先级为2，响应优先级为3；配置定时器1中断的抢占优先级为（　　），响应优先级为3，就能抢占串口中断。

A. 3　　　　　　　　　　　　　B. 2

C. 1　　　　　　　　　　　　　D. 以上都不是

8. 默认使用中断优先级分组2，配置串口中断的抢占优先级为2，响应优先级为2；配置定时器1中断的抢占优先级为2，响应优先级为（　　），则当两个中断同时发生，定时器1中断优先执行。

A. 3　　　　　　　　　　　　　B. 2

C. 1　　　　　　　　　　　　　D. 以上都不是

9. 当串口 1 中断的抢占优先级为 2，响应优先级为 1；定时器 1 中断的抢占优先级为 2，响应优先级为 1，以下描述正确的是（　　）。

A. 当串口 1 中断在运行，定时器 1 能够抢占其优先执行

B. 当定时器 1 中断在运行，串口 1 中断能够抢占其优先执行

C. 当两个中断同时发生，定时器 1 优先执行

D. 以上都不对

三、编程题

1. 定时器 TIM2 采用中断方式，实现 PF10 端口的 LED 灯周期 1s 闪烁。

2. 采用外部中断方式，检测 PE4 端口相连的按键 key_1 是否按下。若 key_1 按下，则 PF9 端口的 LED 灯点亮，反之，熄灭。

直流电机控制设计与实现

6.1 学习目标

素养目标:

1. 培养查阅资料、编写文档的能力。
2. 培养协作与创新能力。
3. 培养职场安全规范意识。
4. 整理实训设备,践行劳动教育。
5. 锻炼语言表达能力。

知识目标:

1. 掌握定时器 PWM 参数含义。
2. 理解直流电机驱动电路工作过程。
3. 能分析定时器按键调速程序。

技能目标:

1. 能熟练使用 STM32CubeMX 配置定时器 PWM 参数。
2. 能编写直流电机调速代码。

6.2 项目描述

本项目的目标是实现对直流电机的转速调节,相较于常见的调节串联电阻分压调速,这里采用基于 PWM 数字式转速调节方法。PWM 又名脉冲宽度调制技术,也就是对于周期脉冲高低电平时间进行调节的技术,不同占空比的 PWM 波形如图 6-1 所示,广泛应用在从测量、通信到功率控制与变换的许多领域中。

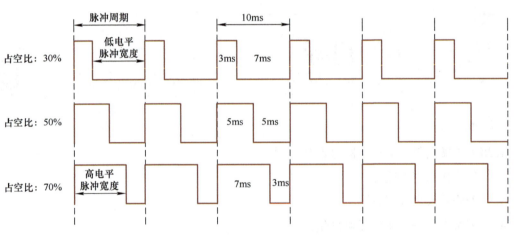

图 6-1 不同占空比的PWM波形

然而纯粹的 PWM 是无法实现直流电机调速的,需要搭配相应的驱动电路才能实现。如常见的 MOS 管或者专用的电机驱动芯片,本项目使用德州仪器的 DRV8837 电机驱动芯片,实现对直流电机的转速调节。芯片的逻辑如图 6-2 所示。

nSLEEP	IN1	IN2	OUT1	OUT2	FUNCTION(DC MOTOR)
0	×	×	Z	Z	Coast (不执行任何功能)
1	0	0	Z	Z	Coast
1	0	1	L	H	Reverse (后退)
1	1	0	H	L	Forward (前进)
1	1	1	L	L	Brake (制动)

图 6-2 DRV8837设备逻辑

实现该项目的硬件方案确立了,接下来通过对微控制器 PWM 外设进行配置,编写 PWM 占空比设定函数实现对直流电机转速的调节。根据任务要求编写相应的功能函数。

6.3 项目要求

项目任务：

本项目利用 STM32CubeMX 配置 TIM2 定时器脉冲宽度调制（PWM），输出两路 PWM 信号，利用 DRV8837 驱动器驱动直流电机。通过与 PE4 口连接的按键 KEY0，控制电机档位增加，直到最高档；通过与 PE3 口连接的按键 KEY1，控制电机档位减小，直到最低档；通过与 PE2 口连接的按键 KEY2，控制电机停止。

项目要求：

1）掌握 PWM（脉冲宽度调制）技术原理。

2）熟悉微控制器 PWM 产生原理和直流电机调速硬件电路搭建。

3）应用 STM32CubeIDE 搭建项目工程，能使用 CubeMX 配置时钟树、RCC、GPIO 端口和 PWM 并生成项目代码，能理解代码各部分作用。

4）能理解课程提供的函数代码。

5）能进行软件、硬件联合调试，完成考核任务。

6.4 项目实施

1. 项目准备

计算机 1 台（Windows 10 及以上系统）、操作台 1 个、STM32F4 核心板 1 个、编码直流电机模块 1 个（图 6-3）、功能扩展板 1 个、方口数据线 1 条、6P 排线 1 条、4P 排线 1 条、16P 排线 1 条、电源转接线 1 条和操作台电源适配器（12V/2A）。

图 6-3 编码直流电机模块

本项目不仅需要板载的按键，还需要外接编码直流电机模块才能完成。这里根据电路原理图和微控制器资源，列出 STM32F4 核心板与直流电机模块连线，见表 6-1，方便查询引脚关系。

表 6-1　STM32F4 核心板与直流电机模块连线

STM32F4 核心板	引脚编号	电机控制模块
PA1	TIM2_CH2	IN1
PA5	TIM2_CH1	IN2
PE4	KEY0	
PE3	KEY1	
PE2	KEY2	
PA0	KEY3	

使用 16P 排线，将核心板扩展板 JIP2 口与功能扩展板 P1 口连接。然后使用 4P 排线，将功能扩展板 P10 口与编码直流减速电机模块 P2 口连接。最终的实物搭建如图 6-4 所示。

2. CubeMX配置

芯片选择与系统时钟、按键 GPIO 配置前文已介绍过，此处不再赘述。下面介绍 TIM2 产生 PWM 的相关参数配置。

（1）开启引脚复用　在本项目中使用 TIM2 的 CH1 和 CH2 通道输出 PWM，若直接使能相应的通道，并不是本项目中使用的引脚，PWM 通道引脚设定如图 6-5 所示。

图 6-4　项目实物搭建图

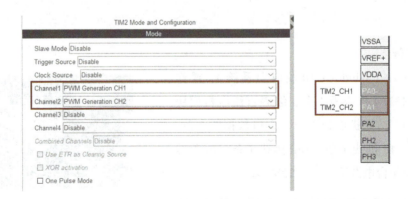

图 6-5　PWM通道引脚设定

表 6-1 中，本项目中使用的是 PA1 和 PA5，因此在配置界面中先选中相应引脚，并设定其对应的工作模式，如图 6-6 所示。

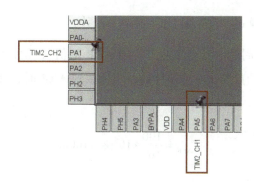

图 6-6 设定引脚工作模式

（2）定时器 TIM2 模式设置　定时器 TIM2 模式和参数设置界面如图 6-7 所示。在 TIM2 的 Mode 设置部分，TIM2 的 Channel（通道）有 4 个，此项目选择通道 PWM Generation CH1、PWM Generation CH2。

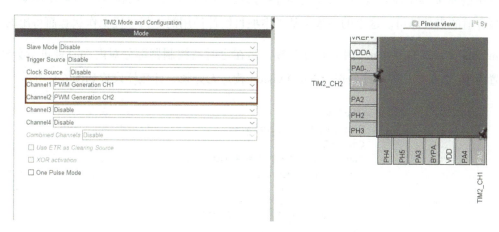

图 6-7 开启 TIM2 PWM 输出通道

（3）定时器 TIM2 工作参数设置　定时器 TIM2 挂载到 APB1 总线，该总线时钟频率为 42MHz，TIM2 时钟主频如图 6-8 所示。在 Parameter Settings 页配置参数设置如下。

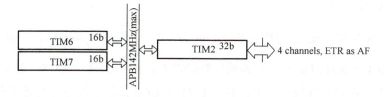

图 6-8 TIM2 时钟主频

将 Prescaler 预分频寄存器值设置为 41，所以预分频系数为 42。由于 TIM2 定时器使用内部时钟信号频率为 42MHz，经过预分频后进入计数器的时钟频率就为 1MHz。即

$$f_{CK\_CNT} = \frac{42 \times 10^6 \text{Hz}}{42} = 10^6 \text{Hz} = 1\text{MHz}$$

Counter Mode，计数模式，设置为 Up（递增）计数。

Counter Period，计数周期（自动重载寄存器 ARR 的值），设置为 100，ARR 是 STM32 中自动重装载寄存器的值，计数器从 0 开始计数，当计数到 ARR 时，又返回从 0 开始计数。所以一个计数周期为

$$T_{ARR} = \frac{100}{10^6} \times 10^6 \mu s = 100 \mu s$$

PWM 脉冲频率为

$$f_{ARR} = \frac{1}{T_{ARR}} = \frac{1}{100\mu s} = 10kHz$$

这里的脉冲频率没有统一的值，该数值与直流电机的参数、负载情况和工作环境等有关，选择最合适的参数即可。这里的参数是基于本项目硬件使用的电机最优工作状态而得出的。

Internal Clock Division，内部时钟分频，是在定时器控制器部分对内部时钟进行分频，可以设置为 1、2 或 4 分频，此处选项 No Division 就是无分频，计数器设置如图 6-9 所示。

```
∨ Counter Settings
    Prescaler (PSC - 16 bits value)                    42-1
    Counter Mode                                        Up
    Counter Period (AutoReload Register - 32 bits val...  100-1
    Internal Clock Division (CKD)                      No Division
    auto-reload preload                                Disable
```

图 6-9　计数器设置

auto-reload preload，自动重载预装载，如果设置为 Disable，就是不使用预装载，设置的新 ARR 的值立即生效；如果设置为 Enabled，设置的新 ARR 的值在下一个 UEV 时才生效。

PWM Generation Channel 1/2 分组里是生成 PWM 的一些参数，PWM 产生通道配置如图 6-10 所示。含义如下。

Mode（PWM 生成模式）：选项有 PWM mode 1/PWM mode 2 两种模式，说明如下。

PWM mode 1（PWM 模式 1），在递增计数模式下，只要 CNT < CCR，通道就是有效状态，否则为无效状态。在递减计数模式下，只要 CNT < CCR，通道就变为无效状态，否则为有效状态。此处选择模式 1。PWM mode 2（PWM 模式 2），其输出与 PWM 模式 1 正好相反。

Pulse（PWM 脉冲宽度）：用来设置 32 位的捕获／比较寄存器 CCR 的值，改变 Pulse 就是改变 PWM 的初始脉冲宽度。脉冲宽度的值应该小于计数周期的值，假设初始值设置为 50，因为计数器的时钟频率是 10kHz，所以脉冲宽度为 5ms。这里先设置为 0，在程序中作为变量 value 进行设置。

```
  ∨ PWM Generation Channel 1
        Mode                                    PWM mode 1
        Pulse (32 bits value)                   0
        Output compare preload                  Enable
        Fast Mode                               Disable
        CH Polarity                             High
  ∨ PWM Generation Channel 2
        Mode                                    PWM mode 1
        Pulse (32 bits value)                   0
        Output compare preload                  Enable
        Fast Mode                               Disable
        CH Polarity                             High
```

图 6-10　PWM 产生通道配置

Output compare preload（输出比较预装载）：捕获／比较寄存器 CCR 有预装载功能，可以使能或禁用其预装载功能。设置为 Enable 时，修改 CCR 的值需要到下一个 UEV 时才生效，否则立刻生效。

Fast Mode（输出比较快速模式）：设置快速模式，用于加快触发输入事件对输出的影响，一般设置为 Disable 即可。

CH Polarity（通道极性）：CCR 与 CNT 比较输出的有效状态，可以设置为高电平（High）或低电平（Low）。此处 PWM 极性设置为 High。

到这里，已经将本项目所使用的外设配置完成，单击工具栏 按钮或按 <Ctrl+S> 键，自动生成 PWM 配置代码函数：

1. void MX_TIM2_Init（void）
2. {
3. 　　TIM_MasterConfigTypeDef sMasterConfig = {0}；　// 定时器参数配置结构体
4. 　　TIM_OC_InitTypeDef sConfigOC = {0}；　//PWM 配置结构体
5. 　　htim2.Instance = TIM2；　/// 选择 TIM2
6. 　　htim2.Init.Prescaler = 42-1；　//42 分频
7. 　　htim2.Init.CounterMode = TIM_COUNTERMODE_UP；　// 向上计数模式
8. 　　htim2.Init.Period = 100-1；　// 计数周期 100
9. 　　htim2.Init.ClockDivision = TIM_CLOCKDIVISION_DIV1；// 不进行内部时钟分频
10. 　htim2.Init.AutoReloadPreload = TIM_AUTORELOAD_PRELOAD_DISABLE；// 关闭自动重装载
11. 　if（HAL_TIM_PWM_Init（&htim2）!= HAL_OK）//PWM 配置的 TIM 初始化
12. 　{ Error_Handler（）；}
13. 　sMasterConfig.MasterOutputTrigger = TIM_TRGO_RESET；
14. 　sMasterConfig.MasterSlaveMode = TIM_MASTERSLAVEMODE_DISABLE；
15. 　if（HAL_TIMEx_MasterConfigSynchronization（&htim2，&sMasterConfig）!= HAL_OK）// 主模式下配置 TIM

16. { Error_Handler（）; }

17. sConfigOC.OCMode = TIM_OCMODE_PWM1；   //PWM 工作模式

18. sConfigOC.Pulse = 0；   // 比较值

19. sConfigOC.OCPolarity = TIM_OCPOLARITY_HIGH；// 比较输出高电平

20. sConfigOC.OCFastMode = TIM_OCFAST_DISABLE；// 关闭快速模式

21. if（HAL_TIM_PWM_ConfigChannel（&htim2，&sConfigOC, TIM_CHANNEL_1）!= HAL_OK）//PWM 通道 1 配置

22. { Error_Handler（）; }

23. if（HAL_TIM_PWM_ConfigChannel（&htim2，&sConfigOC, TIM_CHANNEL_2）!= HAL_OK）//PWM 通道 2 配置

24. { Error_Handler（）; }

25. HAL_TIM_MspPostInit（&htim2）; //PWM 相关端口初始化

26. }

3. 软件分析

（1）主程序 main.c 文件   main.c 文件当中的 int main（void）函数是本项目主函数，主要完成了硬件资源初始化和电机转速设定功能函数。程序流程如图 6-11 所示。

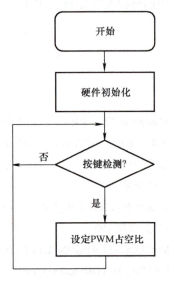

图 6-11　直流电机控制程序流程图

详细的代码内容如下所示。

1. #include "main.h"

2. #include "tim.h"

3. #include "gpio.h"

4. #include "bkrc_bsp_pwm.h"

5. void SystemClock_Config（void）;

6. int main（void）

7. {

8. HAL_Init（）;

9. SystemClock_Config（）;

10. MX_GPIO_Init（）;

11. MX_TIM2_Init（）;

12. while（1）

13. {

14. My_PWM_Test（）;

15. }

16. }

1~3 行：进行头文件包含。

4 行：用户自定义的基于 PWM 的直流电机控制文件，在此进行包含。

5 行：系统时钟配置初始化函数声明。

8~11 行：进行片上外设初始化，包含了按键端口、PWM 输出通道等。

14 行：用户进行直流电机控制功能函数。

（2）进行直流电机控制的 bkrc_bsp_pwm.c 文件　为了方便工程管理和代码阅读，在 User 文件下创建 PWM 文件夹，设置 PWM 和直流电机控制的功能函数均在该文件内进行编写，并将用户代码文件保存在该文件路径下。该文件主要由电机转速调节函数、电机停止运转函数和用户控制直流电机函数 3 个函数组成，在下面进行一一讲解。

1）电机转速调节函数。通过前面对项目的分析可知，驱动直流电机借助 DRV8837 芯片来实现。为此根据芯片的数据手册编写了该函数，既可以实现对电机转速的控制，也可以完成对方向的控制。

函数名称为 TIM2_PWM_OutPut，输入参数 value 就是对电机速度进行设置，类型为 int 型。正数表示正转，负数则表示反转，具体的函数内容如下：

1. void TIM2_PWM_OutPut（int value）

2. {

3. TIM_OC_InitTypeDef sConfigOC ;

4. sConfigOC.OCMode = TIM_OCMODE_PWM1 ;

5. sConfigOC.Pulse = value ;
6. sConfigOC.OCPolarity = TIM_OCPOLARITY_HIGH ;
7. sConfigOC.OCFastMode = TIM_OCFAST_DISABLE ;
8. if (value > 0)   // 电机正转
9. { if (value > 100) value = 100 ;   // 防止超过阈值
10. HAL_TIM_PWM_ConfigChannel（&htim2，&sConfigOC，TIM_CHANNEL_1）; // 通道 1 输出
11. sConfigOC.Pulse = 0 ;
12. HAL_TIM_PWM_ConfigChannel（&htim2，&sConfigOC，TIM_CHANNEL_2）; // 通道 2 为 0
13. }
14. else if (value < 0)   // 电机反转
15. {
16. if (value < -100) value = -100 ;   // 防止超过阈值
17. value = -value ;
18. sConfigOC.Pulse = 0 ;
19. HAL_TIM_PWM_ConfigChannel（&htim2，&sConfigOC，TIM_CHANNEL_1）; // 通道 1 为 0
20. sConfigOC.Pulse = value ;
21. HAL_TIM_PWM_ConfigChannel（&htim2，&sConfigOC，TIM_CHANNEL_2）; // 通道 2 输出
22. }
23. HAL_TIM_PWM_Start（&htim2，TIM_CHANNEL_1）; // 将设定值进行更新，启动 PWM 信号产生
24. HAL_TIM_PWM_Start（&htim2，TIM_CHANNEL_2）;
25. }

---

3 行：定义 TIM 输出比较器结构体变量，用于保存用户设置的 PWM 参数。

4～7 行：对 PWM 的工作模式、比较值、输出极性和 Fast 模式进行设置，这里主要对 Pulse（比较值）进行修改。

8～13 行：value 值大于零，表示电机进行正转。结合 DRV8837 数据手册中的描述，将设定值赋予通道 1 的比较值，通道 2 比较值设定为 0。调用 HAL_TIM_PWM_ConfigChannel 函数，将修订参数赋值给相应的寄存器。同时也对设定值进行判断，防止其大于计数值周期数。

14～22 行：value 值小于零，表示电机进行反转。结合数据手册，这里将设定值赋予通道 2 的比较值，通道 1 比较值设定为 0。同样采用 HAL_TIM_PWM_ConfigChannel 完成相关寄存器配置。

23、24 行：调用 HAL_TIM_PWM_Start 激活对 PWM 的参数，让端口输出最新参数设定的 PWM 波形。

2)电机停止运转函数。通过数据手册得知,当 PH/EN 引脚输入全为 1 或 0 时,直流电机保持滑行或者制动状态,将无法对直流电机转速进行控制。程序内容如下:

1. void TIM2_PWM_Stop(void)
2. {
3.   TIM_OC_InitTypeDef sConfigOC;
4.   sConfigOC.OCMode = TIM_OCMODE_PWM1;
5.   sConfigOC.Pulse = 0;   // 设置 PWM 占空比为 0
6.   sConfigOC.OCPolarity = TIM_OCPOLARITY_HIGH;
7.   sConfigOC.OCFastMode = TIM_OCFAST_DISABLE;
8.   HAL_TIM_PWM_ConfigChannel(&htim2, &sConfigOC, TIM_CHANNEL_2);
9.   HAL_TIM_PWM_ConfigChannel(&htim2, &sConfigOC, TIM_CHANNEL_1);
10. HAL_TIM_PWM_Start(&htim2, TIM_CHANNEL_1); // 将设定值进行更新,启动 PWM 信号产生
11. HAL_TIM_PWM_Start(&htim2, TIM_CHANNEL_2);
12. }

3~7 行:定义 TIM 输出比较器结构体,对 PWM 的参数进行配置。

8~11 行:将 PWM 设置的比较值设定为 0,赋值给相应的寄存器,并激活 PWM 设置参数。

3)用户控制直流电机函数。完成直流电机转速调节函数和电机停止运转函数后,便是基于项目要求编写通过按键进行转速设定的功能函数,程序的具体内容如下:

1. void My_PWM_Test(void)
2. {
3.   /********************** 电机控制 **********************/
4.   if(HAL_GPIO_ReadPin(GPIOE, GPIO_PIN_4)== 0) // 电机升速
5.   {
6.   HAL_Delay(20);
7.   if(HAL_GPIO_ReadPin(GPIOE, GPIO_PIN_4)== 0)
8.   {
9.   if(Value_num < 100)
10.   {
11.   Value_num += 20;
12.   }
13.   TIM2_PWM_OutPut(Value_num);

14. 　　while（!HAL_GPIO_ReadPin（GPIOE，GPIO_PIN_4））;
15. 　}
16. }
17. if（HAL_GPIO_ReadPin（GPIOE，GPIO_PIN_3）==0）　// 电机减速
18. {
19. 　HAL_Delay（20）;
20. 　if（HAL_GPIO_ReadPin（GPIOE，GPIO_PIN_3）==0）
21. 　{
22. 　　if（Value_num > -100）
23. 　　{
24. 　　　Value_num -= 20 ;
25. 　　}
26. 　　TIM2_PWM_OutPut（Value_num）;
27. 　　while（!HAL_GPIO_ReadPin（GPIOE，GPIO_PIN_3））;
28. 　}
29. }
30. if（HAL_GPIO_ReadPin（GPIOE，GPIO_PIN_2）==0）　// 电机停止
31. {
32. 　HAL_Delay（20）;
33. 　if（HAL_GPIO_ReadPin（GPIOE，GPIO_PIN_2）==0）
34. 　{
35. 　　Value_num = 0 ;
36. 　　TIM2_PWM_Stop（）;
37. 　　while（!HAL_GPIO_ReadPin（GPIOE，GPIO_PIN_2））;
38. 　}
39. }
40. }

4～16行：主要进行电机转速提升的功能。每触发一次升速按键 Value_num 会递加 20，从而提升了比较值，提升了 PWM 的占空比，最终实现对电机转速提升。

17～27行：主要进行电机转速下降的功能。每触发一次减速按键 Value_num 会递减 20，从而减小比较值，减小 PWM 的占空比，最终实现对电机转速降低。

30～37行：调用电机停止运转函数，最终让电机停止运转。

在 bkrc_bsp_pwm.h 文件中，主要进行函数和变量声明，方便在其他文件中调用这些函数。到这里已经将本项目相关的功能函数编写完成。

4. 项目效果

通过与 PE4 口连接的按键 KEY0，控制电机档位增加，直到最高档；通过与 PE3 口连接的按键 KEY1，控制电机档位减小，直到最低档；通过与 PE2 口连接的按键 KEY2，控制电机停止。效果如图 6-12 所示。

图 6-12　直流电机控制效果图

6.5　知识直通车

1. 了解直流电动机

直流电动机是将直流电能转换为机械能的电动机，是人类最早发明的电机。

直流电动机的主要用途和交流电动机一样，是实现电力拖动。在交流电动机问世之前，直流电力拖动是当时唯一的拖动方式，到了 19 世纪末期之后，随着交流电动机的研制成功和推广应用，交、直流两种拖动方式便开始存在于各个生产领域之中。

由于直流电动机结构复杂、制造麻烦、维护困难、价格较贵，制约了它的发展和应用，使得交流电力拖动逐渐成为电力拖动的主流。但是，直流电动机具有优良的起动、调速和制动等性能，在性能要求高的生产机械中，如电力机车、无轨电车、轧钢机、高炉卷扬设备和大型精密机床等仍然采用它拖动。

根据使用能量的性质，采用直流电能的电动机都可以统称为直流电动机。按励磁方式的不同，直流电动机分为他励直流电动机、并励直流电动机、串励直流电动机和复励直流电动机共 4 种，如图 6-13 所示。图中 F 为励磁线圈。关于励磁方式的内容，可以查阅电机拖动相关书籍进行更加深入的学习，在这里不做过多的讲解。

（1）直流电动机的工作原理　在图 6-14 中，线圈连着换向片，换向片固定于转轴上，随电动机轴一起旋转，换向片之间及换向片与转轴之间均互相绝缘，它们构成的整体称为换向器。电刷 A、B 在空间上固定不动。

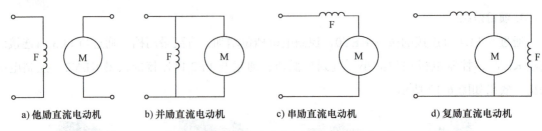

图 6-13 直流电动机按励磁方式的分类电路原理图

在电动机的两电刷端加上直流电压,由于电刷和换向器的作用将电能引入电枢转子线圈中,并保证了同一个极下线圈边中的电流始终是一个方向,继而保证了该极下线圈边所受的电磁力方向不变,保证了电动机能连续地旋转,以实现将电能转换成机械能以拖动生产机械,这就是直流电动机的工作原理。

注意: 每个线圈边中的电流方向是交变的。图 6-14 所示为直流电动机的结构原理图。

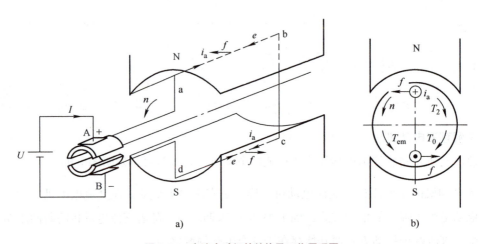

图 6-14 直流电动机的结构及工作原理图

(2) 直流电动机的结构 实际的直流电动机是在如图 6-15 所示微小型直流电动机的结构基础上加以完善和改进而成的,主要由定子和转子两大部分组成。定子的作用就是产生主磁场和在机械上支承电动机,而转子是用来完成机电能量转换的主要部件,所以常称其为直流电动机的电枢。

图 6-15 微小型直流电动机的结构

（3）直流电动机调速因素　直流电动机转速和其他参量之间的数学关系可表示为

$$n = \frac{U - I_d R}{K_e \Phi} = \frac{U}{K_e \Phi} - \frac{R}{K_e \Phi} I_a = n_0 - \Delta n$$

式中，n 是转速（r/min）；U 是电枢电压（V）；I_a 是电枢电流（A）；R 是电枢回路总电阻（Ω）；Φ 是励磁磁通（Wb）；K_e 是由电动机结构决定的电动势常数。

由此可见，调节直流电动机的转速有 3 种方法：改变电枢回路电阻调速、改变磁通调速和调节电枢电压调速。

改变电枢回路电阻和减弱磁通调速，对直流电动机的机械特性和调速范围都有较大的影响，本项目采用调节电枢电压调速的方法。

项目使用的 GA12-N20 减速电动机主要由 3 部分组成，如图 6-16 所示，直流电动机 + 减速器 + 编码器。调节直流电压大小能实现对转速的调节，若要切换旋转方向就要改变电动机电源极性。减速器通过降低转速来提高直流电动机的转矩。编码器主要用于电动机的转速测量和位置检测，实现对直流电动机的闭环控制。

通过产品手册得知，工作电压范围为 3～12V、额定电压为 6V、额定转速为 300r/min、减速比为 30。

图 6-16　GA12-N20 减速电动机

2. STM32 的 PWM

PWM 实质就是 GPIO 不断翻转输出高、低电平，可以通过写代码控制 GPIO 产生，但这样就会占用 CPU。也可以利用定时器，设置好翻转时间，让其自动控制 GPIO 翻转，无须 CPU 参与。

在 1 个周期内，高电平占整个信号周期的百分比，称为占空比（Duty Cycle），占空比分别为 30%、50% 和 70%。

PWM 是定时器输出比较的典型应用。STM32F407 除了基本定时器（TIM6、TIM7）外，其他定时器都支持 PWM 输出，通用定时器（TIM2～TIM5）可以同时产生 4 路 PWM，通用定时器（TIM9、TIM11、TIM13、TIM14）可以产生 1 路 PWM，通用定时器 TIM12 可以产生 2 路 PWM，每个高级定时器（TIM1、TIM8）可以同时产生多达 7 路 PWM。本项目使用的是 TIM2，其内部结构框图如图 6-17 所示。

① 部分：主要是给定时器提供一个稳定的时钟源，32 位递增、递减和递增/递减自动重载计数器。16 位可编程预分频器，用于对计数器时钟频率进行分频。

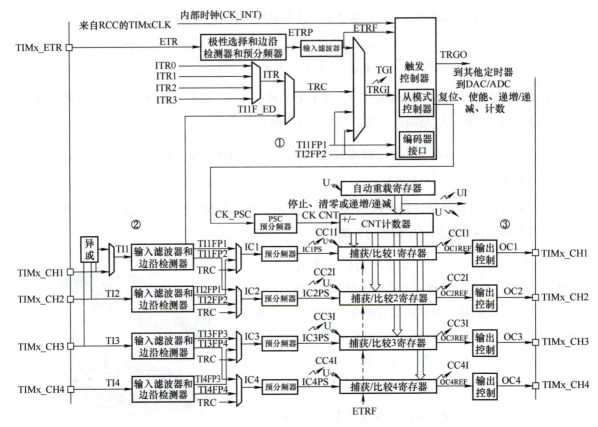

图 6-17 通用定时器内部结构框图

② 部分：4 个独立通道，均拥有输入滤波器和边沿检测器，可用于输入捕获，对输入的信号的上升沿、下降沿或者双边沿进行捕获，常用于增量（正交）编码器、红外解码和霍尔式传感器应用当中。

③ 部分：4 个独立通道，独立的输出比较器，目前 PWM 模式是输出比较中应用的特例，使用的也最多。可以通过输出比较通道模拟单总线通信。

在 TIM2 中有四路输出通道：TIMx_CH1、TIMx_CH2、TIMx_CH3 和 TIMx_CH4。每个通道都对应一个捕获/比较寄存器：TIMx_CCR1、TIMx_CCR2、TIMx_CCR3 和 TIMx_CCR4。将计数器 CNT 的值与捕获/比较寄存器相比较，由比较结果决定输出电平高低，从而实现 PWM 输出。

例如，若当前设置计数器为向上计数，定时器重载值为 TIMx_ARR，通道 1 的捕获/比较寄存器值为 TIMx_CCR1。PWM 生成如图 6-18 所示，首先定时器从 0 开始计数，在 $0 \sim t_1$ 时间段，TIMx_CNT<TMx_CCR1，输出低电平；在 $t_1 \sim t_2$ 时间段，TIMx_CNT>TMx_CCR1，输出高电平；t_2 时，TIMx_CNT=TIMx_ARR，计数器溢出，重新从 0 开始，如此循环。由此可以看出，TIMx_ARR 决定 PWM 的周期，TIMx_CCR1 决定 PWM 的占空比，此时占空比计算公式为

$$\text{PWM}占空比 = \frac{\text{TIMx\_CCR1}}{\text{TIMx\_ARR} + 1}$$

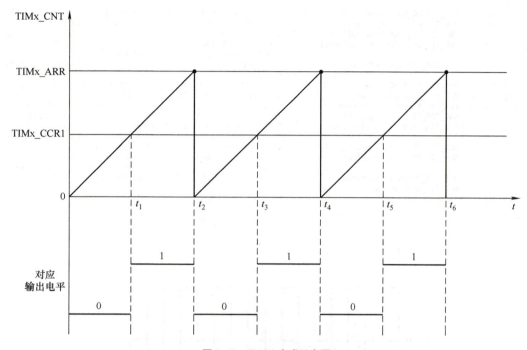

图 6-18　PWM 生成示意图

在 stm32f4xx_hal_tim.h 文件中，定时器可操作函数在里面都有声明，PWM 功能函数如图 6-19 所示，其中都是 PWM 相关的初始化和控制函数，通过名称就能了解该函数的主要功能。

```
/* Timer PWM functions *****************************************************/
HAL_StatusTypeDef HAL_TIM_PWM_Init(TIM_HandleTypeDef *htim);
HAL_StatusTypeDef HAL_TIM_PWM_DeInit(TIM_HandleTypeDef *htim);
void HAL_TIM_PWM_MspInit(TIM_HandleTypeDef *htim);
void HAL_TIM_PWM_MspDeInit(TIM_HandleTypeDef *htim);
/* Blocking mode: Polling */
HAL_StatusTypeDef HAL_TIM_PWM_Start(TIM_HandleTypeDef *htim, uint32_t Channel);
HAL_StatusTypeDef HAL_TIM_PWM_Stop(TIM_HandleTypeDef *htim, uint32_t Channel);
/* Non-Blocking mode: Interrupt */
HAL_StatusTypeDef HAL_TIM_PWM_Start_IT(TIM_HandleTypeDef *htim, uint32_t Channel);
HAL_StatusTypeDef HAL_TIM_PWM_Stop_IT(TIM_HandleTypeDef *htim, uint32_t Channel);
/* Non-Blocking mode: DMA */
HAL_StatusTypeDef HAL_TIM_PWM_Start_DMA(TIM_HandleTypeDef *htim, uint32_t Channel, uint32_t *pData, uint16_t Length);
HAL_StatusTypeDef HAL_TIM_PWM_Stop_DMA(TIM_HandleTypeDef *htim, uint32_t Channel);
```

图 6-19　PWM 功能函数

图 6-19 中的函数都是进行初始化或者使能相关的函数，本项目中需要进行参数设置的函数，其实在下面也进行了定义，图 6-20 所示为常用的外围控制功能函数，不仅有 PWM 参数设置，还有比较输出、输入捕获、单总线以及一些 DMA 相关的操作函数。

3. 直流电动机调速原理

PWM 是对脉冲宽度调制的一种技术，是无法直接进行电动机调速的，需要搭配相应的驱动电路。通过驱动电路提升信号驱动能力，周期性地控制通断时间，控制电动机转速。面积等效电路如图 6-21 所示。

```
/* Control functions *********************************************/
HAL_StatusTypeDef HAL_TIM_OC_ConfigChannel(TIM_HandleTypeDef *htim, TIM_OC_InitTypeDef *sConfig, uint32_t Channel);
HAL_StatusTypeDef HAL_TIM_PWM_ConfigChannel(TIM_HandleTypeDef *htim, TIM_OC_InitTypeDef *sConfig, uint32_t Channel);
HAL_StatusTypeDef HAL_TIM_IC_ConfigChannel(TIM_HandleTypeDef *htim, TIM_IC_InitTypeDef *sConfig, uint32_t Channel);
HAL_StatusTypeDef HAL_TIM_OnePulse_ConfigChannel(TIM_HandleTypeDef *htim, TIM_OnePulse_InitTypeDef *sConfig,
                                                 uint32_t OutputChannel,   uint32_t InputChannel);
HAL_StatusTypeDef HAL_TIM_ConfigOCrefClear(TIM_HandleTypeDef *htim, TIM_ClearInputConfigTypeDef *sClearInputConfig,
                                           uint32_t Channel);
HAL_StatusTypeDef HAL_TIM_ConfigClockSource(TIM_HandleTypeDef *htim, TIM_ClockConfigTypeDef *sClockSourceConfig);
HAL_StatusTypeDef HAL_TIM_ConfigTI1Input(TIM_HandleTypeDef *htim, uint32_t TI1_Selection);
HAL_StatusTypeDef HAL_TIM_SlaveConfigSynchro(TIM_HandleTypeDef *htim, TIM_SlaveConfigTypeDef *sSlaveConfig);
HAL_StatusTypeDef HAL_TIM_SlaveConfigSynchro_IT(TIM_HandleTypeDef *htim, TIM_SlaveConfigTypeDef *sSlaveConfig);
HAL_StatusTypeDef HAL_TIM_DMABurst_WriteStart(TIM_HandleTypeDef *htim, uint32_t BurstBaseAddress,
                              uint32_t BurstRequestSrc, uint32_t *BurstBuffer, uint32_t BurstLength);
HAL_StatusTypeDef HAL_TIM_DMABurst_WriteStop(TIM_HandleTypeDef *htim, uint32_t BurstRequestSrc);
HAL_StatusTypeDef HAL_TIM_DMABurst_ReadStart(TIM_HandleTypeDef *htim, uint32_t BurstBaseAddress,
                              uint32_t BurstRequestSrc, uint32_t *BurstBuffer, uint32_t BurstLength);
HAL_StatusTypeDef HAL_TIM_DMABurst_ReadStop(TIM_HandleTypeDef *htim, uint32_t BurstRequestSrc);
HAL_StatusTypeDef HAL_TIM_GenerateEvent(TIM_HandleTypeDef *htim, uint32_t EventSource);
uint32_t HAL_TIM_ReadCapturedValue(TIM_HandleTypeDef *htim, uint32_t Channel);
```

图 6-20　外围控制功能函数

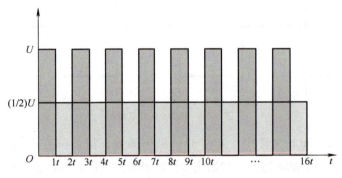

图 6-21　面积等效电路

其中浅灰色一直输出 $U/2$ 电压，而深灰色输出 U 电压，50%占空比，两者的面积都相等。因此在这两种输出情况下，电动机转速是基本相同的。PWM 输出只需要控制占空比，并且 PWM 还具有一定的抗噪性，所以电路设计中更多选择使用占空比控制直流电动机。

本模块的直流电动机转动时具有一定的惯量，电动机的转速 v 不会同电压 U 一样即转即停，而是会随着惯性再转一会儿。电动机转速与输出电压关系如图 6-22 所示。

而在电动机控制中，PWM 频率越高，电动机转速与电压比的失真率就越高，如图 6-23 所示。

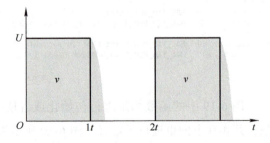

图 6-22　电动机转速与输出电压关系图

因此在非闭环下使用 PWM 控制直流电动机时无法达到百分百的调控。

在使用 PWM 控制直流电动机时选择合适的 PWM 频率也是一个控制电动机的重要条件。

频率低了，电动机转转停停不符合要求；频率高了，超过了直流电动机可以承载的频率时电动机就无法转动。挑选合适的输出频率应当翻阅对应的电动机技术手册，或根据不同频率下的电动机的工作状态来选择合适的PWM输出频率。

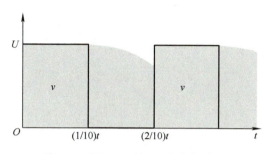

图6-23 高频PWM控制下的电动机转速

6.6 总结与思考

本项目通过STM32F4开发板，引导学生编写按键检测、PWM参数设置和转速调节等程序，进一步掌握通过STM32CubeMX进行端口、时钟配置，及定时器PWM输出配置方法，熟悉应用HAL库进行软件开发的流程，对直流电机有了更深一步的了解。项目的内容模拟真实应用场景，在编程中注意培养积极思考、大胆创新的能力。

（一）信息收集

1）查找直流电动机驱动电路原理图。

2）了解直流电动机的理论基础知识资料。

3）了解微控制器产生PWM的原理和设置方法。

4）微控制器直流电动机调速程序设计。

5）查阅STM32CubeIDE调试方法相关文档。

（二）实施步骤

1）列出元器件材料清单。

序号	元器件名称及数量	功能	序号	元器件名称及数量	功能

2）绘制 STM32F407 与编码减速直流电动机、上位机连接完整线路图（其中 STM32F407、USB 转 TTL 可用框图代替）。

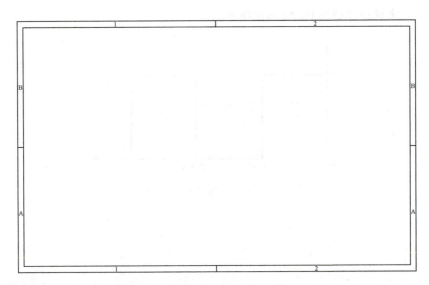

3）描述 STM32CubeMX 配置参数步骤。

序号	步骤名称	功能描述	备注

4）如果发现设置 10kHz 驱动电动机时，电动机转速调节范围很小并且转速过快，这里将脉冲的频率减小，若设定为 8kHz，下面空白处的参数该如何设置？

```
htim2.Instance = TIM2 ;            // 选择 TIM2
htim2.Init.Prescaler =         ;   // 分频系数
htim2.Init.CounterMode =         ;   // 计数模式
htim2.Init.Period =         ;    // 计数周期
htim2.Init.ClockDivision =         ;   // 内部时钟分频
htim2.Init.AutoReloadPreload =         ;  // 自动重装载
if ( HAL_TIM_PWM_Init（&htim2）!= HAL_OK )   //PWM 配置的 TIM 初始化
{ Error_Handler ( ); }
```

5）编译、调试程序，代码下载到开发板上，运行展示。

6）考核。

<table>
<tr><td colspan="6" align="center">项目考核评分表</td></tr>
<tr><td rowspan="2">基本信息</td><td>班级</td><td></td><td>学号</td><td>分组</td><td></td></tr>
<tr><td>姓名</td><td></td><td>时间</td><td>总分</td><td></td></tr>
<tr><td rowspan="7">任务考核（50%）</td><td>序号</td><td colspan="2">步骤</td><td>完成情况（好、较好、一般、未完成）</td><td>标准分</td><td>得分</td></tr>
<tr><td>1</td><td colspan="2">STM32CubeMX 配置系统时钟</td><td></td><td>10</td><td></td></tr>
<tr><td>2</td><td colspan="2">STM32CubeMX 配置端口和 PWM</td><td></td><td>10</td><td></td></tr>
<tr><td>3</td><td colspan="2">编写基于 HAL 库的 PWM 占空比设置函数</td><td></td><td>10</td><td></td></tr>
<tr><td>4</td><td colspan="2">编写按键转速调节功能函数</td><td></td><td>30</td><td></td></tr>
<tr><td>5</td><td colspan="2">编译、调试和下载程序，程序正常运行，功能展示正确</td><td></td><td>20</td><td></td></tr>
<tr><td>6</td><td colspan="2">能设置断点，会通过窗口观察参数变化，理解程序运行过程</td><td></td><td>20</td><td></td></tr>
<tr><td rowspan="5">素质考核（50%）</td><td>1</td><td colspan="2">安全规范操作</td><td></td><td>20</td><td></td></tr>
<tr><td>2</td><td colspan="2">团队沟通、协作创新能力</td><td></td><td>20</td><td></td></tr>
<tr><td>3</td><td colspan="2">资料查阅、文档编写能力</td><td></td><td>20</td><td></td></tr>
<tr><td>4</td><td colspan="2">劳动纪律</td><td></td><td>20</td><td></td></tr>
<tr><td>5</td><td colspan="2">严谨细致、追求卓越</td><td></td><td>20</td><td></td></tr>
<tr><td colspan="2">教师评价</td><td colspan="4"></td></tr>
<tr><td colspan="2">学生总结</td><td colspan="4"></td></tr>
</table>

（三）课后习题

一、填空题

1. 定时器 TIM2 挂载到_____总线，该总线时钟频率为_____MHz。

2. TIM2 中有 4 路输出通道，分别为_____、_____、_____和_____。

3. TIMx_ARR 决定 PWM 的周期，TIMx_CCR1 决定 PWM 的占空比，此时占空比计算公式为 PWM 占空比 = _____。

二、选择题

1. 使用定时器 14 输出频率为 1000Hz 的脉冲，代码如下，对应的空白区值应为（　　）。

TIM_TimeBaseInitTypeDef TIM_TimeBaseStructure ;

RCC_APB1PeriphClockCmd（RCC_APB1Periph_TIM14, ENABLE）;

TIM_TimeBaseStructure.TIM_Period = ＿＿＿＿＿＿＿＿ ;

TIM_TimeBaseStructure.TIM_Prescaler = 8400－1 ;

TIM_TimeBaseStructure.TIM_ClockDivision = TIM_CKD_DIV1 ;

TIM_TimeBaseStructure.TIM_CounterMode = TIM_CounterMode_Up ;

TIM_TimeBaseInit（TIM14, &TIM_TimeBaseStructure）。

A. 1000　　　　B. 10　　　　C. 999　　　　D. 9

2. 使用定时器 1 输出频率为 100Hz 的脉冲，代码如下，对应的空白区值应为（　　）。

TIM_TimeBaseInitTypeDef TIM_TimeBaseStructure ;

RCC_APB2PeriphClockCmd（RCC_APB2Periph_TIM1, ENABLE）;

TIM_TimeBaseStructure.TIM_Period = ＿＿＿＿＿＿＿＿ ;

TIM_TimeBaseStructure.TIM_Prescaler = 16800-1 ;

TIM_TimeBaseStructure.TIM_ClockDivision = TIM_CKD_DIV1 ;

TIM_TimeBaseStructure.TIM_CounterMode = TIM_CounterMode_Up ;

TIM_TimeBaseInit（TIM1, &TIM_TimeBaseStructure）。

A. 100　　　　B. 200　　　　C. 99　　　　D. 199

3. 使用定时器 8 的通道 1 输出频率为 50Hz，占空比为 20% 的脉冲，且 PWM 工作在模式 1，代码如下，对应的空白区值应为（　　）。

TIM_TimeBaseStructure.TIM_Period = ＿＿＿＿＿＿＿＿ ;

TIM_TimeBaseStructure.TIM_Prescaler = ＿＿＿＿＿＿＿＿ 。

TIM_TimeBaseStructure.TIM_ClockDivision = TIM_CKD_DIV1 ;

TIM_TimeBaseStructure.TIM_CounterMode = TIM_CounterMode_Up ;

TIM_TimeBaseInit（TIM8, &TIM_TimeBaseStructure）;

TIM_SetCompare1（TIM8,_____）。

A.500，8400，20   B.50，16800，20

C.199，16799，20   D.199，16799，40

三、编程题

使用定时器 TIM2 两路输出 PWM 信号，通过 DRV8837 驱动器驱动直流电动机，实现直流电动机旋转。用按键 KEY0 控制电动机脉宽 pulse 增加，每按一次，pulse 增加 20，电动机转速升高。超过 200 时，pulse 回零；按键 KEY1 控制电动机脉宽 pulse 减少，每按一次，pulse 减少 20，电动机转速降低，直到 pulse 为零；PWM 周期设置为 20ms。

项目 7

烟雾浓度测量设计与实现

7.1 学习目标

素养目标：

1. 培养查阅资料、编写文档的能力。
2. 培养协作与创新能力。
3. 培养职场安全规范意识。
4. 培养总结归纳能力。
5. 培养思维能力。

知识目标：

1. 了解烟雾传感器应用原理。
2. 了解微控制器 ADC 功能。
3. 熟悉微控制器 ADC 数据采集方法。
4. 掌握烟雾传感器数据转换的方法。

技能目标：

1. 能熟练使用 STM32CubeIDE 开发软件。
2. 掌握通过 CubeMX 进行 ADC 相关参数配置。
3. 编写烟雾传感器数据采集与分析功能函数。
4. 能通过 Excel 表格对曲线进行函数拟合。

7.2 项目描述

系统采用 STM32F407 微控制器 ADC 外设实现对烟雾传感器输出的模拟信号进行采集，通过对采集的数据进行处理，转换为环境烟雾浓度数据。并通过串口将数据发送至上位机，实现数据的可视化，方便用户进行分析处理。烟雾传感器电路原理框图如图 7-1 所示。

图 7-1　烟雾传感器电路原理框图

模数转换器（Analog Digital Converter，ADC）是将连续变化的模拟信号转换为离散的数字信号的电子器件，被誉为模拟电路皇冠上的明珠。真实世界中模拟信号无处不在，例如温度、压力、声音或者图像等，需要转换成便于储存、处理和发射的数字信号。模数转换器可以实现这个功能，在很多产品中都可以找到它的身影。

本项目中用到的烟雾传感器（MQ 2）就是一种模拟信号输出式传感器。而 STM32F407 微控制器内部自带了 12 位高分辨率的 ADC 用于完成本项目的应用开发。

7.3 项目要求

项目任务：

利用 STM32CubeIDE 开发环境，通过 CubeMX 配置时钟树、USART1 和 ADC，生成项目代码。搭建硬件电路，理解模块功能。下载并运行程序，观察运行结果。

项目要求：

1）分析烟雾浓度测量传感器电路图。

2）应用 STM32CubeIDE 搭建项目工程，能使用 CubeMX 配置时钟树、USART1 和 ADC 并生成项目代码，能理解代码各部分作用。

3）能理解课程提供的函数代码。

4）能进行软件、硬件联合调试，完成考核任务。

7.4 项目实施

1. 项目准备

计算机 1 台（Windows 10 及以上系统）、操作台 1 个、STM32F4 核心板 1 个、烟雾浓度传感器（图 7-2）、百科荣创串口调试助手 V1.2、功能扩展板 1 个、方口数据线 1 条、6P 排线 1 条、4P 排线 1 条、3P 排线 1 条、电源转接线 1 条和操作台电源适配器（12V/2A）。

STM32F407 微控制器核心板与烟雾浓度传感器模块连线见表 7-1，STM32F4 核心板与操作台串口调试接口连线见表 7-2。

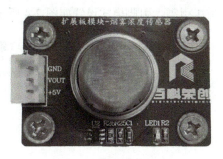

图 7-2 烟雾浓度传感器

表 7-1　STM32F4 核心板与烟雾浓度传感器模块连线

STM32F4 核心板	烟雾浓度传感器
PA1	OUT

表 7-2　STM32F4 核心板与操作台串口调试接口连线

STM32F4 核心板（P1 接口）	串口调试接口
PA9	TXD
PA10	RXD

操作台供电后，使用电源转接线连接到 STM32F4 核心板，将 6P 排线通过操作台的 SWD 下载口连接到 STM32F4 核心板下载口。使用 16P 排线连接 STM32F4 核心板扩展板接口与功能扩展板 P1 接口，通过功能扩展板的 P8 接口，使用 3P 排线连接烟雾浓度传感器的 P1 接口。搭建实物图如图 7-3 所示。

硬件设备连接完成后，在计算机端打开串口调试助手，并完成相应的配置。具体的方法见微控制器与上位机通信项目，在此就不做过多赘述。

图 7-3 搭建实物图

2. CubeMX配置

芯片选择与系统时钟和 USART 配置在前文已介绍过，此处不再赘述。下面介绍 ADC 的相关参数配置。

（1）选择信号采集引脚　由表 7-1 可知本次用于模拟信号采集的端口是 PA1。因此这里在 CubeMX 配置界面中，找到该引脚，并把引脚的功能设定为：ADC1_IN1，即 ADC1 转换器通道 1 引脚。引脚模式设置如图 7-4 所示。

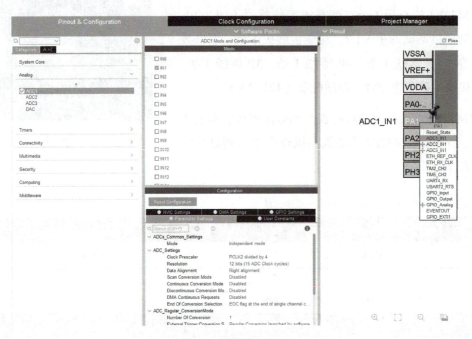

图 7-4　引脚模式设置

（2）ADC 转换器参数配置　选中模拟信号采集引脚以后，就可以开始 ADC 的参数配置了。在图 7-5 中可以看到，关于转换器的配置一共有 5 项：ADCs_Common_Settings、ADC_Settings、ADC_Regular_ConversionMode、ADC_Injected_ConversionMode 和 WatchDog，下面介绍每个参数的配置方法。

图 7-5　ADC参数配置界面

1）ADCs_Common_Settings（ADC 常见设置）。ADCs 当中的 s 表示该设置 ADC1 ~ 3 都能进行配置，这里只有一个单独选项：Independent mode（独立模式）。因为每一个 ADCs 都是一个独立的转换器，它们之间不存在制约限制。如图 7-6 所示，保持默认即可。

ADCs_Common_Settings
Mode
Independent mode

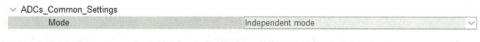

图 7-6　ADCs_Common_Settings设置

2）ADC_Settings（ADC 参数设置）。图 7-7 所示为 ADC 具体的配置参数，包含 8 个参数。

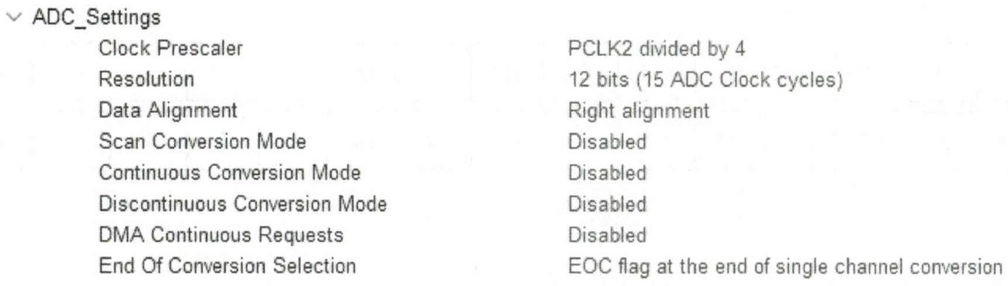

ADC_Settings
Clock Prescaler
PCLK2 divided by 4
Resolution
12 bits (15 ADC Clock cycles)
Data Alignment
Right alignment
Scan Conversion Mode
Disabled
Continuous Conversion Mode
Disabled
Discontinuous Conversion Mode
Disabled
DMA Continuous Requests
Disabled
End Of Conversion Selection
EOC flag at the end of single channel conversion

图 7-7　ADC_Settings设置参数

Clock Prescaler（时钟分频）：用于设定 ADC 的时钟频率，从图 7-8 所示 ADC 系统时钟中了解到 ADC1 挂载在 APB2 总线上，总线时钟主频为 84MHz。该参数能影响 ADC 转换的效率，如果将主频设置为最大值，只需要将分频系数设为最小即可，即 PCLK2 divided by 4，如图 7-9 所示。

8 analog inputs common to the 3 ADCs
8 analog inputs common to the ADC1 & 2
8 analog inputs to ADC3
ADC1
ADC2
ADC3
IF
APB2 84 MHz

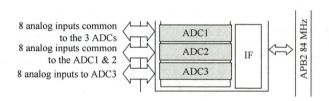

图 7-8　ADC系统时钟

ADC_Settings
Clock Prescaler
Resolution
Data Alignment
Scan Conversion Mode
Continuous Conversion Mode
PCLK2 divided by 4
PCLK2 divided by 2
PCLK2 divided by 4
PCLK2 divided by 6
PCLK2 divided by 8

图 7-9　Clock Prescaler设置

Resolution（分辨率）：ADC 的可以配置 12 位、10 位、8 位或 6 位分辨率，分辨率越大，测量精度越高，测量转换所消耗的时间就越长，为了保证测量精度采用最高精度，将分辨率设置为 12bits（图 7-10），完成一次测量转换需要 15 个 ADC 时钟周期。

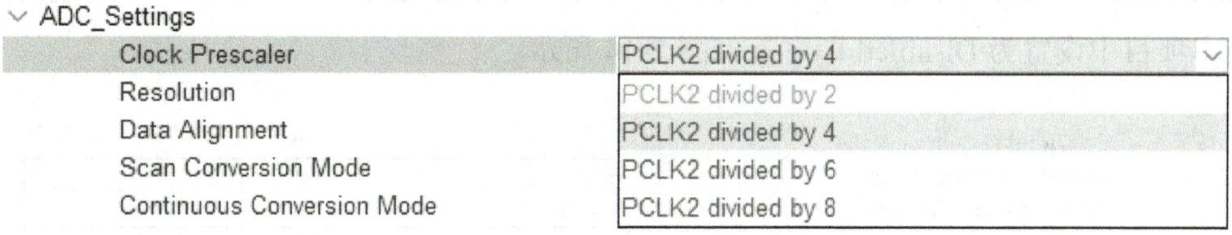

Resolution	12 bits (15 ADC Clock cycles)
Data Alignment	12 bits (15 ADC Clock cycles)
Scan Conversion Mode	10 bits (13 ADC Clock cycles)
Continuous Conversion Mode	8 bits (11 ADC Clock cycles)
Discontinuous Conversion Mode	6 bits (9 ADC Clock cycles)

图 7-10 分辨率设置

Data Alignment（数据对齐）：ADC_CR2 寄存器中的 ALIGN 位用于选择转换后存储的数据的对齐方式。图 7-11 中，以 12 位数据规则组存储的数据为例，让读者更加直观地明白该设置的意义。为了方便对采集的数据进行处理，选择 Right alignment（右对齐），如图 7-12 所示。

0	0	0	0	D11	D10	D9	D8	D7	D6	D5	D4	D3	D2	D1	D0	右对齐
D11	D10	D9	D8	D7	D6	D5	D4	D3	D2	D1	D0	0	0	0	0	左对齐

图 7-11 12 位数据规则组对齐方式

Data Alignment	Right alignment
Scan Conversion Mode	Right alignment
Continuous Conversion Mode	Left alignment

图 7-12 数据右对齐

Scan Conversion Mode（扫描转换模式）：由于本项目只使用了 1 个通道，不需要开启扫描模式，选择 Disabled 即可，如图 7-13 所示。在进行多通道采集时需要使用该功能，使能后各通道按照配置顺序依次转换，配合 DMA 实现多通道的数据处理。

Scan Conversion Mode	Disabled
Continuous Conversion Mode	Disabled
Discontinuous Conversion Mode	Enabled

图 7-13 扫描转换模式设置

Continuous Conversion Mode（连续转换模式）：连续转换也适合多通道采集时使用，设置为 Enabled 后，当完成一个通道的转换时就会自动按照规则组的顺序开始下一个通道的数据转换。在本项目中设置为 Disabled 即可，如图 7-14 所示。

Continuous Conversion Mode	Disabled
Discontinuous Conversion Mode	Disabled
DMA Continuous Requests	Enabled

图 7-14 连续转换模式设置

Discontinuous Conversion Mode（间断转换模式）：连续转换模式和间断转换模式不能同时使用，设置为不连续时则无法自动连续地对多通道的数据进行采集。因为本项目就是使用 1 个通道，保持默认的 Disabled 即可，如图 7-15 所示。

图 7-15　间断转换模式设置

DMA Continuous Requests（DMA 连续请求）：开启 DMA 连续请求，需要在 DMA Settings 中开启通道才能使能。本项目中只使用了 1 个通道，暂未开启此功能，如图 7-16 所示。

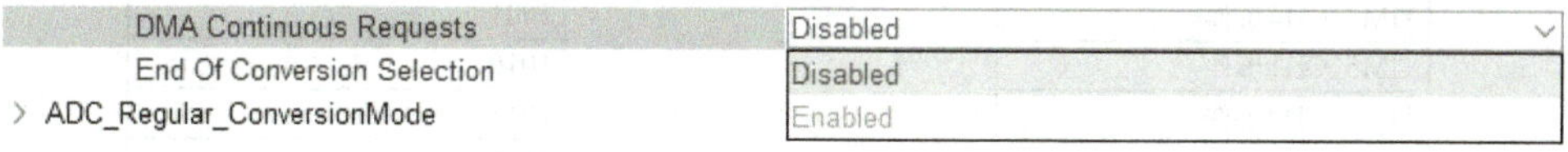

图 7-16　DMA 连续请求设置

End Of Conversion Selection（转换结束选择）：当通道转换结束后会产生响应，标志该通道转换完成。有两种设置模式，一种是每个通道转换完成后产生结束标志，另外一种是所有通道连续扫描转换完成后产生结束标志。这里选择默认的单个通道转换完成后产生结束标志，如图 7-17 所示。

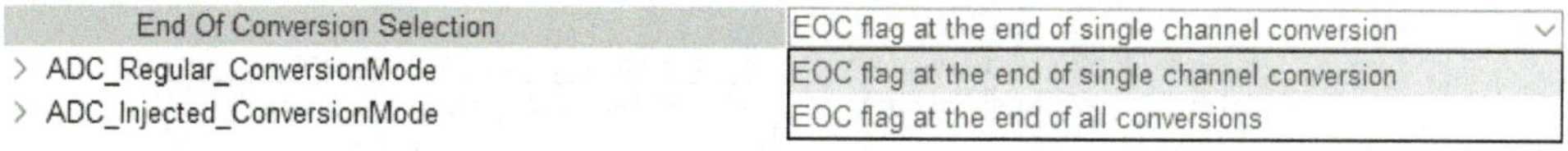

图 7-17　转换结束选择设置

到这里初步完成了 ADC 的工作状态、通道转换规则等的设置，后面就可以开始设置单个通道相关的参数了。

3）ADC_Regular_ConversionMode（ADC 定期转换模式）。设定 ADC 进行定期转换读取的相关参数设置，配置界面如图 7-18 所示。

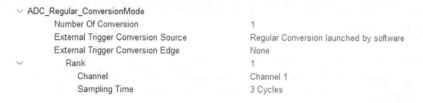

图 7-18　ADC_Regular_ConversionMode 配置界面

Number Of Conversion（转换的数量）：该数量与选择的采集通道有关，项目中只有一个输入通道，设置为 1。

External Trigger Conversion Source（外部触发转换的源头）：图 7-19 所示为能实现外部触发的条件，15 种可以由定时器触发，1 种由外部引脚中断触发。

源	类型	EXTSEL[3:0]
TIM1_CH1事件	片上定时器的内部信号	0000
TIM1_CH2事件		0001
TIM1_CH3事件		0010
TIM2_CH2事件		0011
TIM2_CH3事件		0100
TIM2_CH4事件		0101
TIM2_TRGO事件		0110
TIM3_CH1事件		0111
TIM3_TRGO事件		1000
TIM4_CH4事件		1001
TIM5_CH1事件		1010
TIM5_CH2事件		1011
TIM5_CH3事件		1100
TIM8_CH1事件		1101
TIM8_TRGO事件		1110
EXTI线11	外部引脚	1111

图 7-19 规则通道的外部触发

为理解整个 ADC 采集的过程，选择软件启动控制（Regular Conversion launched by software），即调用专用的开启转换的函数，如图 7-20 所示。

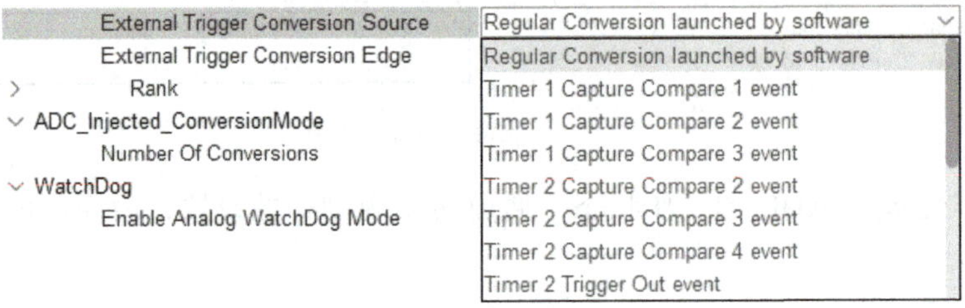

图 7-20 External Trigger Conversion Source 设置

External Trigger Conversion Edge（外部触发转换的极性）：只有设置了外部触发源头时，才能配置该参数，选择默认禁止触发检测即可，若读者要配置就要根据自己外部触发源头的产生条件进行选择，如图 7-21 所示。

源	EXTEN[1:0]/JEXTEN[1:0]
禁止触发检测	00
在上升沿时检测	01
在下降沿时检测	10
在上升沿和下降沿均检测	11

图 7-21 触发极性配置

Rank（排名）：当只有 1 个通道时，没有效果。当有多通道时，Number Of Conversion 设定完成，通过设置 Channel（通道）对应的 Rank 就能实现对通道转换的顺序设置，如图 7-22 所示。

```
        Rank                              1
        Channel                           Channel 1
        Sampling Time                     3 Cycles
```

图 7-22　Rank配置

Channel（通道）：该通道与引脚配置时的选择有关，这里是 Channel1。通道选择十分重要，读者要注意自己选择的引脚和对应的通道保持一致，才能实现对数据的准确采集。

Sampling Time（采样时间）：一共有 8 种模式。值越大，采样时间就越大，采样的频率就越低。结合项目需求，在此选择 3Cycles（3 个 ADC 时钟周期），如图 7-23 所示。

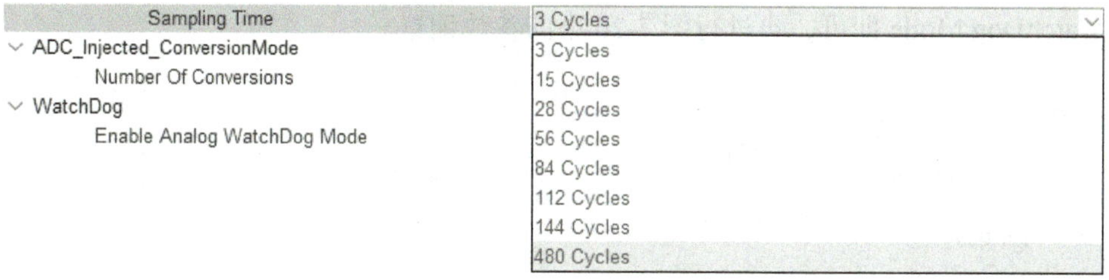

```
    Sampling Time                    3 Cycles
  ADC_Injected_ConversionMode        3 Cycles
        Number Of Conversions        15 Cycles
  WatchDog                           28 Cycles
        Enable Analog WatchDog Mode  56 Cycles
                                     84 Cycles
                                     112 Cycles
                                     144 Cycles
                                     480 Cycles
```

图 7-23　Sampling Time设置

4）ADC_Injected_ConversionMode（ADC 注入通道转换模式）。相较于前面讲到的定期通道转换模式，该模式的配置方式类似。前者讲的是采用规则通道的外部触发，这里是用于注入通道的外部触发，触发事件如图 7-24 所示。

源	连接类型	JEXTSEL[3:0]
TIM1_CH4事件	片上定时器的内部信号	0000
TIM1_TRGO事件		0001
TIM2_CH1事件		0010
TIM2_TRGO事件		0011
TIM3_CH2事件		0100
TIM3_CH4事件		0101
TIM4_CH1事件		0110
TIM4_CH2事件		0111
TIM4_CH3事件		1000
TIM4_TRGO事件		1001
TIM5_CH4事件		1010
TIM5_TRGO事件		1011
TIM8_CH2事件		1100
TIM8_CH3事件		1101
TIM8_CH4事件		1110
EXTI线15	外部引脚	1111

图 7-24　注入通道的外部触发

因为本项目暂未使用到此模式，将 Number Of Conversion 设置为 0。

5）WatchDog。模拟看门狗，如果 ADC 转换的模拟电压低于阈值下限或高于阈值上限，会产生 AWDIE 位使能中断，从而产生提示信息。其保护区域如图 7-25 所示。

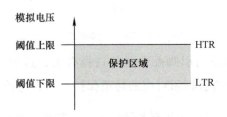

图 7-25 模拟看门狗的保护区域

本项目对该功能没有需要，所以并未勾选。如读者需要使用该功能，这里选中 Enable Analog WatchDog Mode 即可，再进行图 7-26 中的参数配置。

```
∨ WatchDog
       Enable Analog WatchDog Mode          ☑
  *    Watchdog Mode                        Single regular channel
  *    Analog WatchDog Channel              Channel 1
  *    High Threshold                       0
  *    Low Threshold                        0
  *    Interrupt Mode                       Disabled
```

图7-26 模拟看门狗配置

以上是将 ADC 所有的配置参数进行配置，最终配置的参数如图 7-27 所示。

```
∨ ADCs_Common_Settings
       Mode                                 Independent mode
∨ ADC_Settings
       Clock Prescaler                      PCLK2 divided by 4
       Resolution                           12 bits (15 ADC Clock cycles)
       Data Alignment                       Right alignment
       Scan Conversion Mode                 Disabled
       Continuous Conversion Mode           Disabled
       Discontinuous Conversion Mode        Disabled
       DMA Continuous Requests              Disabled
       End Of Conversion Selection          EOC flag at the end of single channel conversion
∨ ADC_Regular_ConversionMode
       Number Of Conversion                 1
       External Trigger Conversion Source   Regular Conversion launched by software
  *    External Trigger Conversion Edge     None
  ∨    Rank                                 1
           Channel                          Channel 1
           Sampling Time                    3 Cycles
∨ ADC_Injected_ConversionMode
       Number Of Conversions                0
∨ WatchDog
       Enable Analog WatchDog Mode          ☐
```

图 7-27 ADC1_IN1参数配置

到这里，已经将本项目所使用的片上外设配置完成，单击工具栏 按钮或按 <Ctrl+S> 键，自动生成 ADC 配置代码函数：

1. ADC_HandleTypeDef hadc1 ；   // 定义 ADC1 参数配置结构体
2. ADC_ChannelConfTypeDef sConfig = {0} ；   // 定义 ADC 通道参数配置结构体
3. /** Configure the global features of the ADC */
4. hadc1.Instance = ADC1 ；   // 选中 ADC1
5. hadc1.Init.ClockPrescaler = ADC_CLOCK_SYNC_PCLK_DIV4 ； //ADC 系统时钟设置
6. hadc1.Init.Resolution = ADC_RESOLUTION_12B ；   //ADC 采样分辨率设置，12bits
7. hadc1.Init.ScanConvMode = DISABLE ；   // 关闭扫描转换模式
8. hadc1.Init.ContinuousConvMode = DISABLE ； // 关闭连续转换模式
9. hadc1.Init.DiscontinuousConvMode = DISABLE ； // 关闭不连续转换模式
10. hadc1.Init.ExternalTrigConvEdge = ADC_EXTERNALTRIGCONVEDGE_NONE ；// 禁止规则通道注入触发转换
11. hadc1.Init.ExternalTrigConv = ADC_SOFTWARE_START ； // 通过软件设定开启转换
12. hadc1.Init.DataAlign = ADC_DATAALIGN_RIGHT ； // 存储数据右对齐格式
13. hadc1.Init.NbrOfConversion = 1 ；   //1 个采集通道转换数量为 1
14. hadc1.Init.DMAContinuousRequests = DISABLE ； // 关闭 DMA 请求
15. hadc1.Init.EOCSelection = ADC_EOC_SINGLE_CONV ； // 每个通道转换完成后，都产生结束事件
16. if (HAL_ADC_Init (&hadc1) != HAL_OK) //ADC 配置初始化
17. { Error_Handler ( ); }
18. /** Configure for the selected ADC regular channel its corresponding rank in the sequencer and its sample time.
19. */
20. sConfig.Channel = ADC_CHANNEL_1 ；   //ADC1 通道选择
21. sConfig.Rank = 1 ；   //ADC1 ADC_CHANNEL_1 转换顺序
22. sConfig.SamplingTime = ADC_SAMPLETIME_3CYCLES ； //ADC1 ADC_CHANNEL_1 采样时间
23. if (HAL_ADC_ConfigChannel (&hadc1 , &sConfig) != HAL_OK)//ADC1 ADC_CHANNEL_1 配置初始化
24. { Error_Handler ( ); }

3. 软件实施

（1）主程序 main.c 文件　　main.c 文件当中的 int main（void）函数是本项目主函数，主要用于完成硬件资源初始化和环境烟雾浓度测量。主程序流程如图 7-28 所示。

主程序内容主要由两大部分组成，硬件初始化包含了 HAL 库资源初始化、系统时钟初始化、端口初始化、串口初始化和 ADC 配置初始化。环境烟雾测量就是根据数据手册以及项目要求写的功能函数。详细的代码内容如下所示。

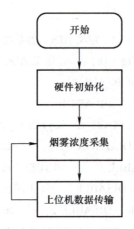

图 7-28 环境烟雾浓度测量主程序流程图

1. #include "main.h"
2. #include "adc.h"
3. #include "usart.h"
4. #include "gpio.h"
5. #include "bkrc_bsp_adc1.h"
6. #include "bkrc_bsp_usart1.h"
7. void SystemClock_Config（void）；
8. int main（void）
9. {
10. HAL_Init（）；
11. SystemClock_Config（）；
12. MX_GPIO_Init（）；
13. MX_ADC1_Init（）；
14. MX_USART1_UART_Init（）；
15. while（1）
16. {
17. My_ADC1_Test（）；
18. }
19. }

1~4 行：系统外设配置相关文件包含。

5、6 行：用户自定义的 ADC 采集数据处理和串口数据处理等相关函数声明文件包含。

7 行：CubeMX 配置生成的系统时钟初始化函数声明。

10~14 行：系统资源、时钟和外设初始化。

17 行：用户开发的烟雾浓度测量功能函数。

（2）烟雾浓度测量的 bkrc_bsp_adc1.c 文件　在 bkrc_bsp_adc1.c 文件中编写了对环境烟雾浓度的测量功能函数。该文件中目前只有 My_ADC1_Test 函数，具体函数内容如下：

```
1.  void My_ADC1_Test（void）
2.  {
3.    uint16_t ADC1_Value；
4.    float vol，temp；
5.    double Rs；
6.    HAL_ADC_Start（&hadc1）；        // 软件启动 ADC 转换
7.    HAL_ADC_PollForConversion（&hadc1，500）；// 等待转换完成
8.
9.    if（HAL_IS_BIT_SET（HAL_ADC_GetState（&hadc1），HAL_ADC_STATE_REG_EOC））
10.   {
11.     ADC1_Value = HAL_ADC_GetValue（&hadc1）；// 读取转换数值
12.     vol = ADC1_Value * 5.0f / 4096；   // 计算电压
13.     Rs = 50000/vol-20000；          // 电压计算电阻值
14.     temp = Rs / R0；          // 计算 Rs/R0 比值
15.     temp = 610.45f * pow（temp，-2.102）；// 比值与浓度转换
16.     if（temp>9999）          // 阈值判断
17.     {
18.       temp = 9999；
19.     }
20.     printf（"ADC1 Reading：%d \r\n"，ADC1_Value）；  // 传输 ADC 读取的数值
21.     printf（"Concentration：%5d ppm\r\n"，（int）temp）；  // 传输检测到的烟雾浓度值，单位 ppm
22.   }
23.   HAL_Delay（1000）；
24. }
```

3 行：定义一个 16 位的 ADC1_Value 变量，用来保存 ADC1 的 IN1 通道采集的 12 位 ADC 值。

4 行：定义两个浮点型数据 vol 和 temp，vol 用于保存烟雾传感器输出的电压，temp 用于保存 R_s 与 R_0 的比值，通过数据手册中的数据曲线将 temp 转换为对应的烟雾浓度值。

5 行：定义双精度浮点型数据 R_s，即通过欧姆定律计算出的当前烟雾浓度传感器的电阻值。

6、7 行：开启 ADC1 的通道转换，并且采用非阻塞式等待其转换完成。

9 行：判断通道转换是否完成，转换完成后会产生结束标志。

11～14 行：获取转换通道的数值，将采集的 ADC 值转换成烟雾浓度传感器输出电压值、传感器电阻值和 R_s/R_0 比值。

15 行：根据传感器曲线图拟合出来的函数，实现对烟雾浓度数据的转换。对于如何实现对曲线的函数拟合，在知识直通车烟雾数据转换中会进行详细讲解。函数中使用了 pow 函数（次幂计算），要在该文件中添加：#include "math.h"。

16～19 行：阈值判断，因为该传感器属于燃烧性传感器，需要给传感器充足的预热时间，如果设备刚上电就测量，其数据将是错误的并且超出阈值。

20、21 行：将采集得到的 ADC 值和烟雾浓度数据传输至上位机进行观察。

23 行：间隔 1s 进行一次烟雾浓度测量。

（3）进行烟雾传感器相关设置和函数声明的 bkrc_bsp_adc1.h 文件　在 bkrc_bsp_adc1.h 文件，对编写的环境烟雾浓度测量功能函数进行了声明，已将相关变量进行定义，具体内容如下：

1. #ifndef __BKRC_BSP_ADC1_H
2. #define __BKRC_BSP_ADC1_H
3. #include "main.h"
4. #include "adc.h"
5. /********************* 宏定义 **********************/
6. #define R0 58769 // 这是在纯净空气下放置至少 1h 后计算获得的 MQ-2 电阻值
7. /********************* 函数声明 **********************/
8. void My_ADC1_Test（void）;
9. #endif

第 6 行中的电阻值会直接影响传感器的测量精度，要提前将传感器通电预热 1h 以上，测得传感器的电阻值，再记录保存，在这里用于计算 R_s/R_0 比值。

以上是环境烟雾浓度测量的功能函数编写。关于 ADC 采集相关函数的使用，读者初次使用可能会不知道方向和为什么使用，打开 HAL 库关于 ADC 驱动设计的 stm32f4xx_hal_adc.c 文件，如图 7-29 所示。

该文件中的注释区详细讲解了 ADC 各种模式下，进行数据采集的流程和需要使用的函数，如图 7-30 所示，读者要使用其他功能时根据注释内容即可完成。

```
                    > 🗋 Binaries
                    > 🗋 Includes
                    > 📁 Core
                    ∨ 📁 Drivers
                        > 📁 CMSIS
                        ∨ 📁 STM32F4xx_HAL_Driver
                            > 📁 Inc
                            ∨ 📁 Src
                                > ⓒ stm32f4xx_hal_adc_ex.c
                                  ⓒ stm32f4xx_hal_adc.c
                                > ⓒ stm32f4xx_hal_cortex.c
                                > ⓒ stm32f4xx_hal_dma_ex.c
```

图 7-29 stm32f4xx_hal_adc.c 文件

```
 81                *** Execution of ADC conversions ***
 82    ==============================================================================
 83    [..]
 84    (#) ADC driver can be used among three modes: polling, interruption,
 85        transfer by DMA.
 86
 87    *** Polling mode IO operation ***
 88    =================================
 89    [..]
 90      (+) Start the ADC peripheral using HAL_ADC_Start()
 91      (+) Wait for end of conversion using HAL_ADC_PollForConversion(), at this stage
 92          user can specify the value of timeout according to his end application
 93      (+) To read the ADC converted values, use the HAL_ADC_GetValue() function.
 94      (+) Stop the ADC peripheral using HAL_ADC_Stop()
 95
 96    *** Interrupt mode IO operation ***
 97    ===================================
 98    [..]
 99      (+) Start the ADC peripheral using HAL_ADC_Start_IT()
100      (+) Use HAL_ADC_IRQHandler() called under ADC_IRQHandler() Interrupt subroutine
101      (+) At ADC end of conversion HAL_ADC_ConvCpltCallback() function is executed and user can
102          add his own code by customization of function pointer HAL_ADC_ConvCpltCallback
103      (+) In case of ADC Error, HAL_ADC_ErrorCallback() function is executed and user can
104          add his own code by customization of function pointer HAL_ADC_ErrorCallback
105      (+) Stop the ADC peripheral using HAL_ADC_Stop_IT()
106
107    *** DMA mode IO operation ***
108    =============================
109    [..]
```

图 7-30 stm32f4xx_hal_adc.c 文件内部注释

4. 项目效果

经过程序的调试、编译并下载到 STM32F4 核心板，将烟雾传感器节点水平放置在桌面上，调节环境烟雾浓度，PC 上的串口助手会显示烟雾传感器测量的结果。正常、异常环境烟雾监测分别如图 7-31 和图 7-32 所示。

微控制器技术应用

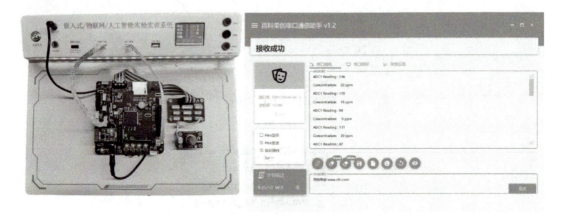

图 7-31　正常环境烟雾监测

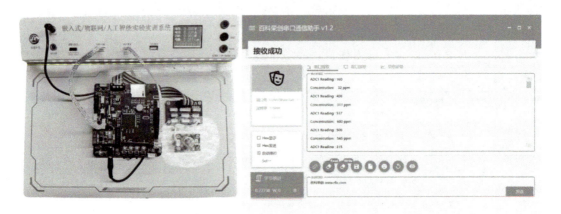

图 7-32　异常环境烟雾监测

7.5　知识直通车

1. 烟雾传感器应用原理

（1）烟雾传感器简介（以下简称 MQ-2）　MQ-2 型烟雾传感器（图 7-33）采用二氧化锡半导体气敏材料制造，二氧化锡属于表面离子式 N 型半导体。处于 200～300℃时，二氧化锡吸附空气中的氧，形成氧的负离子吸附，使半导体中的电子密度减少，从而使其电阻值增加。当与烟雾接触时，如果晶粒间界处的势垒受到烟雾的调制而变化，就会引起表面电导率的变化。利用这一点就可以获得这种烟雾存在的信息，烟雾的浓度越大，电导率越大，电阻越小，则输出的模拟信号就越大。

（2）烟雾传感器特性　MQ-2 型传感器对天然气、液化石油气等烟雾有很高的灵敏度，尤其对烷类烟雾更为敏感,具有良好的抗干扰性,可准确排除有刺激性非可燃性烟雾的干扰信息,可用于家庭和工厂的气体泄漏监测装置,适宜于液化气、苯、烷、酒精、氢气和烟雾等的探测,响应速度快、稳定性好、寿命长且驱动电路简单。

该传感器对测试条件有较高要求,其标准测试条件如图7-34所示。其中最醒目的就是预热时间,长达48h,该条件导致很多基于该传感器设计的便携式测量设备在进行3C认证(中国强制性产品认证)时,通过率非常低。

图 7-33 MQ-2型烟雾传感器实物图

标准测试条件	温度、湿度	(20 ± 2)℃;$55\%\pm5\%$RH
	标准测试电路	V_C: (5.0 ± 0.1)V V_H: (5.0 ± 0.1)V
	预热时间	不少于48h

图 7-34 MQ-2标准测试条件

(3)烟雾传感器应用电路 图 7-35 所示为本项目中使用的烟雾传感器电路原理图,其中U1则是传感器的框图,4引脚输出随烟雾浓度变化的直流信号,输入到LMV321设计的电压跟随电路,保证输入信号稳定,最后由运放的第4引脚输出信号,通过微控制器的ADC采集通道进行测量。

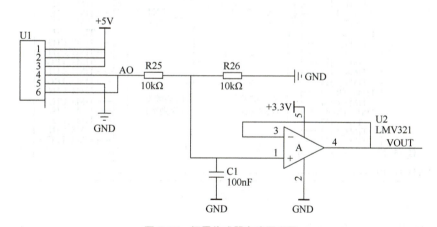

图 7-35 烟雾传感器电路原理图

2. 微控制器ADC功能

STM32F407IGT6 有 3 个 ADC,每个 ADC 有 12 位、10 位、8 位和 6 位可选,每个 ADC 有 16 个外部通道。另外还有 2 个内部 ADC 源和 VBAT 通道挂在 ADC1 上。ADC 具有独立模式、双重模式和三重模式,对于不同 A/D 转换要求几乎都有合适的模式可选。ADC 功能非常强大,具体体现在功能框图中,分析每个部分的功能,如图 7-36 所示。

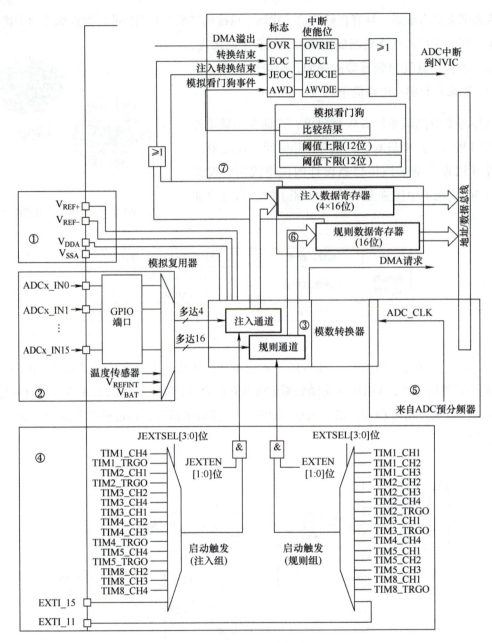

图 7-36 ADC功能框图

图 7-36 中①~⑦的解释如下：

① 电压输入范围。ADC 输入范围为：$V_{REF-} \leq V_{IN} \leq V_{REF+}$。由 V_{REF-}、V_{REF+}、V_{DDA}、V_{SSA} 这 4 个外部引脚决定。

在设计原理图的时候一般把 V_{SSA} 和 V_{REF-} 接地，把 V_{REF+} 和 V_{DDA} 接 3.3V，得到 ADC 的输入电压范围为：0~3.3V。

如果想让输入的电压范围变宽，取到可以测试负电压或者更高的正电压，可以在外部加一个电压调理电路，把需要转换的电压抬升或者降压到 0～3.3V，这样 ADC 就可以测量了。图 7-37 列出了 ADC 相关的引脚配置。

名称	信号类型	备注
V_{REF+}	正模拟参考电压输入	ADC 高/正参考电压，$1.8V \leq V_{REF+} \leq V_{DDA}$
V_{DDA}	模拟电源输入	模拟电源电压等于 V_{DD} 全速运行时，$2.4V \leq V_{DDA} \leq V_{DD}(3.6V)$ 低速运行时，$1.8V \leq V_{DDA} \leq V_{DD}(3.6V)$
V_{REF-}	负模拟参考电压输入	ADC 低/负参考电压，$V_{REF-} = V_{SSA}$
V_{SSA}	模拟电源接地输入	模拟电源接地电压等于 V_{SS}
ADCx_IN[15:0]	模拟输入信号	16 个模拟输入通道

图 7-37　ADC 引脚配置

② 输入通道。在此引入通道的概念，STM32F407ZE 的 ADC 具有多达 19 个通道，其中外部的 16 个通道为 ADCx_IN0、ADCx_IN1、…、ADCx_IN15。这 16 个通道对应着不同的 I/O 口，具体是哪一个 I/O 口可以从手册中查询。其中 ADC1/2/3 还有内部通道，ADC1 的内部通道引脚最多，ADC1 的通道 ADC1_IN16 连接到内部的温度传感器，ADC1_IN17 连接到内部参考电压 V_{REFINT}，ADC1_IN18 连接到芯片内部的备用电源 V_{BAT}。ADC2 和 ADC3 的通道 16、17 全部连接到外部的触发输入源。

外部的 16 个通道在转换的时候又分为规则通道和注入通道，其中规则通道最多有 16 路，注入通道最多有 4 路。

规则通道：普通通道。注入通道：注入，可以理解为插入、插队的意思，是一种在规则通道转换的时候强行插入转换的一种。如果在规则通道转换过程中，有注入通道插队，那么就要先转换完注入通道，等注入通道转换完成后，再回到规则通道的转换流程。这点跟中断程序很像，所以，注入通道只有在规则通道存在时才会出现。

③ 转换顺序。规则序列：规则序列寄存器有 3 个，分别为 SQR3、SQR2 和 SQR1。SQR3 控制着规则序列中的第 1 个到第 6 个转换，对应的位为 SQ1[4:0]～SQ6[4:0]，第 1 次转换的是位 4:0 SQ1[4:0]，如果通道 16 想第 1 次转换，那么在 SQ1[4:0] 写 16 即可。SQR2 控制着规则序列中的第 7 到第 12 个转换，对应的位为 SQ7[4:0]～SQ12[4:0]，如果希望通道 1 第 8 个转换，则 SQ8[4:0] 写 1 即可。SQR1 控制着规则序列中的第 13 到第 16 个转换，对应位为 SQ13[4:0]～SQ16[4:0]，如果通道 6 想第 10 个转换，则 SQ10[4:0] 写 6 即可。具体使用多少个通道，由 SQR1 的位 SQL[3:0] 决定，最多 16 个通道。规则序列寄存器见表 7-3。

表 7-3 规则序列寄存器

规则序列寄存器 SQRx, x (1, 2, 3,)			
寄存器	寄存器位	功能	取值
SQR3	SQ1[4:0]	设置第 1 个转换的通道	通道 1~16
	SQ2[4:0]	设置第 2 个转换的通道	通道 1~16
	SQ3[4:0]	设置第 3 个转换的通道	通道 1~16
	SQ4[4:0]	设置第 4 个转换的通道	通道 1~16
	SQ5[4:0]	设置第 5 个转换的通道	通道 1~16
	SQ6[4:0]	设置第 6 个转换的通道	通道 1~16
SQR2	SQ7[4:0]	设置第 7 个转换的通道	通道 1~16
	SQ8[4:0]	设置第 8 个转换的通道	通道 1~16
	SQ9[4:0]	设置第 9 个转换的通道	通道 1~16
	SQ10[4:0]	设置第 10 个转换的通道	通道 1~16
	SQ11[4:0]	设置第 11 个转换的通道	通道 1~16
	SQ12[4:0]	设置第 12 个转换的通道	通道 1~16
SQR1	SQ13[4:0]	设置第 13 个转换的通道	通道 1~16
	SQ14[4:0]	设置第 14 个转换的通道	通道 1~16
	SQ15[4:0]	设置第 15 个转换的通道	通道 1~16
	SQ16[4:0]	设置第 16 个转换的通道	通道 1~16
	SQL[3:0]	需要转换多少个通道	1~16

注入序列：注入序列寄存器 JSQR 只有 1 个，最多支持 4 个通道，具体多少个由 JSQR 的 JL[1:0] 决定。如果 JL 的值小于 4，则 JSQR 跟 SQR 决定转换顺序的设置不一样，第 1 次转换的不是 JSQR1[4:0]，而是 JSQRx[4:0]，x=（4-JL），跟 SQR 刚好相反。如果 JL=00（1 个转换），那么转换的顺序是从 JSQR4[4:0] 开始，而不是从 JSQR1[4:0] 开始，这个要注意，编程的时候不要搞错。当 JL 等于 4 时，跟 SQR 一样。注入序列寄存器见表 7-4。

表 7-4 注入序列寄存器

注入序列寄存器 JSQR			
寄存器	寄存器位	功能	取值
JSQR	JSQ1[4:0]	设置第 1 个转换的通道	通道 1~4
	JSQ2[4:0]	设置第 2 个转换的通道	通道 1~4
	JSQ3[4:0]	设置第 3 个转换的通道	通道 1~4
	JSQ4[4:0]	设置第 4 个转换的通道	通道 1~4
	JL[1:0]	需要转换多少个通道	1~4

④ ADC 转换。触发源通道选好了，转换的顺序也设置好了，那接下来就该开始转换了。ADC 转换可以由 ADC 控制寄存器 2：ADC_CR2 的 ADON 位来控制，设为 1 的时候开始转换，设为 0 的时候停止转换，这个是最简单也是最好理解的开启 ADC 转换的控制方式。

除了这种简单的控制方法，ADC 还支持外部事件触发转换，这个触发包括内部定时器触发和外部 I/O 触发。触发源有很多，具体选择哪一种触发源，由 ADC 控制寄存器 2：ADC_CR2 的 EXTSEL[2：0] 和 JEXTSEL[2：0] 位来控制。EXTSEL[2：0] 用于选择规则通道的触发源，JEXTSEL[2：0] 用于选择注入通道的触发源。选定好触发源之后，触发源是否要激活，则由 ADC 控制寄存器 2：ADC_CR2 的 EXTTRIG 和 JEXTTRIG 来激活。

如果使能了外部触发事件，还可以通过设置 ADC 控制寄存器 2：ADC_CR2 的 EXTEN[1：0] 和 JEXTEN[1：0] 来控制触发极性，可以有 4 种状态，分别是禁止触发检测、上升沿检测、下降沿检测以及上升沿和下降沿均检测。

⑤ 转换时间。ADC 时钟：ADC 输入时钟 ADC_CLK 由 PCLK2 经过分频产生，最大值是 36MHz，典型值为 30MHz，分频因子由 ADC 通用控制寄存器 ADC_CCR 的 ADCPRE[1：0] 设置，可设置的分频系数有 2、4、6 和 8，注意这里没有 1 分频。对于 STM32F407ZET6 一般设置 PCLK2=HCLK/2=84MHz。所以程序一般使用 4 分频或者 6 分频。

采样时间：ADC 需要若干个 ADC_CLK 周期完成对输入的电压进行采样，采样的周期数可通过 ADC 采样时间寄存器 ADC_SMPR1 和 ADC_SMPR2 中的 SMP[2：0] 位设置，ADC_SMPR2 控制的是通道 0～9，ADC_SMPR1 控制的是通道 10～17。每个通道可以分别用不同的时间采样。其中采样周期最小是 3 个，即如果要达到最快的采样，那么应该设置采样周期为 3 个周期，这里说的周期就是 1/ADC_CLK。

ADC 的总转换时间跟 ADC 的输入时钟和采样时间有关，公式为

$$Tconv = 采样时间 +12 个周期$$

当 ADC_CLK=30MHz，即 PCLK2 为 60MHz，ADC 时钟为 2 分频，采样时间设置为 3 个周期，那么总的转换时间为：Tconv=3+12=15 个周期 =0.5μs。

一般设置 PCLK2=84MHz，经过 ADC 预分频器能分频到最大的时钟只能是 21MHz，采样周期设置为 3 个周期，算出最短的转换时间为 0.7142μs，这个才是最常用的。

⑥ 数据寄存器。一切准备就绪后，ADC 转换后的数据根据转换组的不同，规则组的数据放在 ADC_DR 寄存器，注入组的数据放在 JDRx。而在使用双重或者三重模式时，规则组的数据是存放在通用规则寄存器 ADC_CDR 内的。

规则数据寄存器 ADC_DR：ADC 规则数据寄存器 ADC_DR 只有 1 个，是一个 32 位的寄

存器，只有低 16 位有效并且只是用于独立模式存放转换完成的数据。因为 ADC 的最大精度是 12 位，ADC_DR 是 16 位有效，这样允许 ADC 存放数据的时候选择左对齐或者右对齐，具体是以哪一种方式存放，由 ADC_CR2 的 11 位 ALIGN 设置。假如设置 ADC 精度为 12 位，如果设置数据为左对齐，那 A/D 转换完成，数据存放在 ADC_DR 寄存器的 [4：15] 位内；如果为右对齐，则存放在 ADC_DR 寄存器的 [0：11] 位内。

规则通道可以有 16 个，可规则数据寄存器只有 1 个，如果使用多通道转换，那转换的数据就全部都挤在了 DR 里面，前一个时间点转换的通道数据，就会被下一个时间点的另外一个通道转换的数据覆盖掉，所以当通道转换完成后就应该把数据取走，或者开启 DMA 模式，把数据传输到内存里面，不然就会造成数据的覆盖。最常用的做法就是开启 DMA 传输。如果没有使用 DMA 传输，一般都需要使用 ADC 状态寄存器 ADC_SR 获取当前 ADC 转换的进度状态，进而进行程序控制。

注入数据寄存器 ADC_JDRx：ADC 注入组最多有 4 个通道，刚好注入数据寄存器也有 4 个，每个通道对应着自己的寄存器，不会跟规则寄存器那样产生数据覆盖的问题。ADC_JDRx 是 32 位的，低 16 位有效，高 16 位保留，数据同样分为左对齐和右对齐，具体是以哪一种方式存放，由 ADC_CR2 的 11 位 ALIGN 设置。

通用规则数据寄存器 ADC_CDR：规则数据寄存器 ADC_DR 是仅适用于独立模式的，而通用规则数据寄存器 ADC_CDR 是适用于双重和三重模式的。独立模式就是仅使用 3 个 ADC 的其中一个，双重模式就是同时使用 ADC1 和 ADC2，而三重模式就是 3 个 ADC 同时使用。在双重或者三重模式下一般需要配合 DMA 数据传输使用。ADC 规则通道如图 7-38 所示。

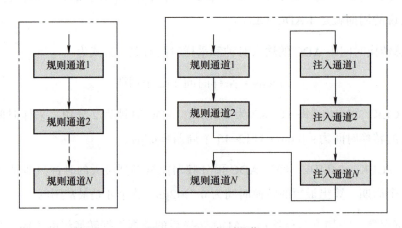

图 7-38　ADC规则通道

⑦ 中断。转换结束中断：数据转换结束后，可以产生中断，中断分为四种，包括规则通道转换结束中断、注入通道转换结束中断、模拟看门狗中断和溢出中断。其中转换结束中断很好理解，跟平时接触的中断一样，有相应的中断标志位和中断使能位，还可以根据中断类型写相应配套的中断服务程序。

模拟看门狗中断：当被 ADC 转换的模拟电压低于低阈值或者高于高阈值时，就会产生中断，前提是开启了模拟看门狗中断，其中低阈值和高阈值由 ADC_LTR 和 ADC_HTR 设置的。例如设置高阈值是 2.5V，那么模拟电压超过 2.5V 的时候，就会产生模拟看门狗中断，反之低阈值也一样。

溢出中断：如果发生 DMA 传输数据丢失，会置位 ADC 状态寄存器 ADC_SR 的 OVR 位，如果同时使能了溢出中断，那在转换结束后会产生一个溢出中断。

DMA 请求：规则和注入通道转换结束后，除了产生中断外，还可以产生 DMA 请求，把转换好的数据直接存储在内存里面。对于独立模式的多通道 A/D 转换，使用 DMA 传输非常有必要，程序编程简化了很多。对于双重或三重模式，使用 DMA 传输几乎可以说是必要的。一般在使用 ADC 的时候都会开启 DMA 传输。

电压转换：模拟电压经过 ADC 转换后，是一个相对精度的数字值，如果通过串口以 16 进制打印出来的话，可读性比较差，那么有时候就需要把数字电压转换成模拟电压，也可以跟实际的模拟电压（用万用表测）对比，看看转换是否准确。

在设计原理图时会把 ADC 的输入电压范围设定在 0～3.3V，ADC 分辨率为 12 位，那么 12 位满量程对应的就是 3.3V，12 位满量程对应的数字值是 2^{12}。数值 0 对应的就是 0V。转换后的数值为 X，X 对应的模拟电压为 Y，那么会有如下等式成立：

$$\frac{2^{12}}{3.3} = \frac{X}{Y} => Y = \frac{3.3X}{2^{12}}$$

3. 烟雾浓度数据换算

传感器数据手册的提供了传感器的特性描述图，如图 7-39 所示。

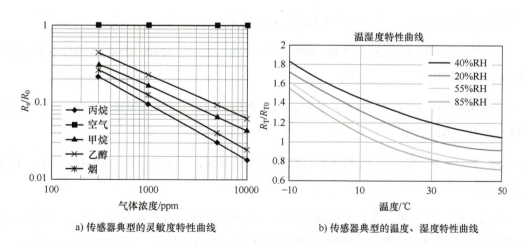

a) 传感器典型的灵敏度特性曲线　　　　b) 传感器典型的温度、湿度特性曲线

图 7-39　MQ-2 传感器特性描述图

图 7-39a 中 R_s/R_0 与气体浓度的关系曲线，其中不同的线型代表不同的气体，本项目中使用 MQ-2 传感器来测量烟雾浓度，主要研究"烟"线型对应的曲线。从图中也能发现，浓度越高，R_s/R_0 的比值越小，气体浓度就越大。

图 7-39b 中则是不同的温度、湿度对传感器测量值的影响，对于测量精度要求高的场景，也需要结合传感器的使用环境，结合该曲线，对 R_s/R_0 的比值进行补偿。

回到正题，已知 R_s/R_0 的比值与烟雾浓度的关系，并且其曲线的范围和函数内容是确定的，如何去获得该函数？正如在程序中所使用的数学函数，下面进行详细的讲解。

（1）烟雾浓度曲线取点　根据灵敏度特性曲线，找出烟雾浓度与 R_s/R_0 关系曲线上横坐标与纵坐标的一一对应关系，确定的点越多、越精准，就越接近标准曲线。曲线数据采集如图 7-40 所示。

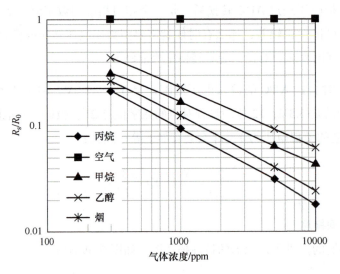

图 7-40　曲线数据采集

为保证函数的精度，采集了 17 组数据，数据如下：

ppm=[300，400，500，600，700，800，900，1000，2000，3000，4000，5000，6000，7000，8000，9000，10000]；

R_s/R_0=[0.27，0.23，0.195，0.175，0.16，0.15，0.14，0.13，0.078，0.058，0.049，0.042，0.037，0.032，0.029，0.027，0.025]；

（2）数据转换　实现 R_s/R_0 的比值与烟雾浓度的转换，常用查表法和函数拟合法。下面分别进行详细讲解。

1）查表法。查表法，顾名思义就是将采集的比值数据与自己保存的数据进行比较，通过对数据的区间进行判断，再进行区间内的数据计算获得对应的数字。程序实现的方法如下：

```
1. void Data_conversion_RSRO_to_PPm（float *RSRO_data）
2. {
3.   int i ;
4.   float x, s ;
5.   float real[]={ 300，400, 500, 600，700, 800, 900, 1000, 2000, 3000, 4000, 5000, 6000, 7000, 8000, 9000, 10000} ;
6.   float test[]={0.27, 0.23, 0.195, 0.175, 0.16, 0.15, 0.14, 0.13, 0.078, 0.058, 0.049, 0.042, 0.037, 0.032, 0.029, 0.027, 0.025} ;
7.   /* 输入数据的区间判断 */
8.   for（i=0 ; i<sizeof（real）/sizeof（float）; i++）
9.   {
10.      if（*RSRO_data>=test[i]）break ;    // 判断数据位于哪一个区间段
11.  }
12.  /* 对数据进行区间划分，计算原理为：Y = y0+k*x0 */
13.  // 例如：500 <- RSRO_data -> 600
14.  if（test[i-1]-*RSRO_data > *RSRO_data-test[i-1]）// 对输入的数据进行区间比较，离谁最近则与它做运算
15.  {
16.     s= test[i-1]-*RSRO_data ;
17.     x= real[i-1]+s/（test[i-1]-test[i]）*（real[i]-real[i-1]）;
18.  }
19.  else if（test[i-1]-*RSRO_data < *RSRO_data-test[i-1]）
20.  {
21.     s= *RSRO_data-test[i-1] ;
22.     x= real[i-1]+s/（test[i-1]-test[i]）*（real[i]-real[i-1]）;
23.  }
24.  /* 阈值判断 */
25.  if（*RSRO_data>test[sizeof（real）]）x=real[sizeof（real）] ;
26.  if（*RSRO_data<test[0]）    x=real[0] ;
27.  *RSRO_data=x ;
28. }
```

3、4行：声明算法当中需要使用的一些变量。

5、6行：其中的数据是在烟雾浓度曲线中记录的。

8～27行：实现对输入的数据的区间判断，计算出在区间内最合适的数值，通过指针进行

返回。代码的内容读者可以借助注释进行理解,这里不做过多的讲解,重点讲解函数拟合的方法。

2)函数拟合法。该方法的实质就是,拟合出该曲线的函数,根据函数的输入输出关系,得到烟雾浓度数据。如何得到这个曲线的函数方程?推荐两款工具:MATLAB 和 Excel。考虑到 MATLAB 工具安装和使用的复杂性,这里讲解用 Excel 进行曲线函数拟合的方法。关于用 MATLAB 进行曲线函数拟合的方法可以自行查找相关教程。

下面介绍如何使用 Excel 对曲线进行函数拟合:

① 在 Excel 表中列出曲线数据。创建一个 Excel 文档,将采集的数据输入表格,如图 7-41 所示。将烟雾浓度数据放在左侧,作为绘制曲线的 X 轴。R_s/R_0 的比值放在右侧,作为曲线的 Y 轴。

② 使用散点图进行曲线绘制。通过鼠标左键选中要使用的数据,选中后的效果如图 7-42 所示。

ppm	Rs/R0
300	0.27
400	0.23
500	0.195
600	0.175
700	0.16
800	0.15
900	0.14
1000	0.13
2000	0.078
3000	0.058
4000	0.049
5000	0.042
6000	0.037
7000	0.032
8000	0.029
9000	0.027
10000	0.025

图 7-41 列出曲线的数据

ppm	Rs/R0
300	0.27
400	0.23
500	0.195
600	0.175
700	0.16
800	0.15
900	0.14
1000	0.13
2000	0.078
3000	0.058
4000	0.049
5000	0.042
6000	0.037
7000	0.032
8000	0.029
9000	0.027
10000	0.025

图 7-42 选中数据

选中数据后,在 Excel 工具栏中选择"插入"栏目,在图标 (散点图)中选择带平滑连线的散点图,便可得到图 7-43 中的效果。

③ 对散点图添加趋势线。选中绘制出的曲线,右击,弹出设置框,在这里选择添加趋势线,如图 7-44 所示。

选中后会弹出如图 7-45 所示的设置趋势线格式界面,用于趋势线参数设置。关于趋势线选型,根据处理器的性能,结合图表中绘制的趋势线与数据曲线的拟合情况,拟合程度越高越好。为了看到拟合出的公式,要选中显示公式。

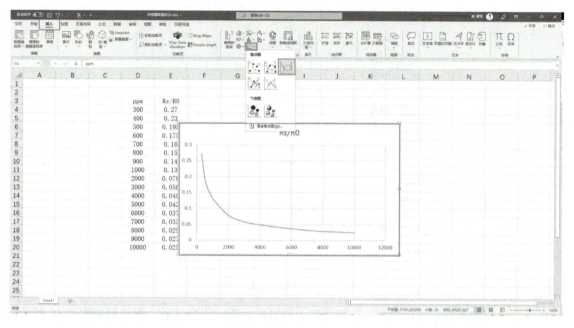

图 7-43 散点图绘制

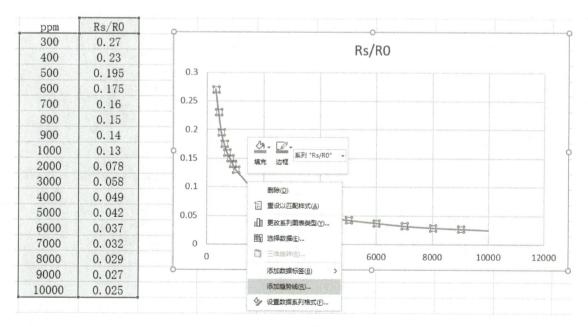

图 7-44 添加趋势线

图 7-45 设置趋势线格式界面

基于项目的参数,将趋势线的选项设置为乘幂式,显示出公式后,便得到如图 7-46 所示的效果,函数拟合成功。

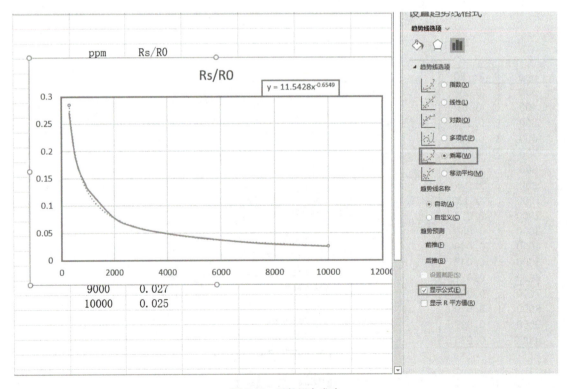

图 7-46 函数拟合成功

在这里得到烟雾传感器的曲线公式为

$$\frac{R_s}{R_0} = 11.5428 \times \text{ppm}^{(-0.6549)}$$

从曲线公式可知，想得到 ppm，就得知道 R_s 与 R_0 的比值，查看技术文档，有电路图和 R_0 的说明。其中 R_0 表示传感器在洁净空气中的值。图 7-47 所示为传感器的基本电路，下面将在此电路的基础上进行分析。

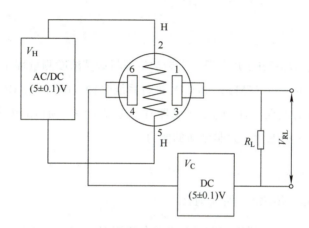

图 7-47　传感器的基本电路图

根据电路图可以得到：

$$R_s = \left(\frac{V_C}{V_{RL}} - 1\right) R_L$$

式中，V_{RL} 是传感器串联的负载电阻（R_L）上的电压；V_C 是测试电压（5V）；R_L 是结合项目硬件进行分析，这里使用 R25 电阻，阻值为 10kΩ。

根据技术文档我们知道 R_0 就是在洁净空气下 R_s 的值。洁净空气下 V_{RL} 为 0.634767V（多次测得电压取平均值），所以得到 R_0 的值为 68.769kΩ。

注：为保证准确性，洁净空气下 V_{RL} 的值需要在传感器充分预热下测得。

然后根据烟雾传感器的曲线公式为

$$\frac{R_s}{R_0} = 11.5428 \text{ppm}^{(-0.6549)}$$

推导，可得到 ppm 的计算公式为

$$\text{ppm} = 41.914 \left(\frac{R_0}{R_s}\right)^{1.5272}$$

已知 R_0 的值，再结合 $R_s = \left(\dfrac{V_C}{V_{RL}} - 1\right) R_L$ 公式，可得到 R_s 的值，再使用 C 语言中 pow（x，y）计算求得 ppm 值。

7.6 总结与思考

本项目通过 STM32F4 开发板，引导学生编写烟雾浓度测量程序，通过 Excel 进行曲线函数拟合，进一步掌握通过 STM32CubeMX 进行系统时钟、串口和 ADC 配置方法，熟悉应用 HAL 库进行软件开发的流程，对 MQ-2 传感器有了更多了解。项目的内容模拟真实应用场景，在编程中应注意培养积极思考、大胆创新的能力。

（一）信息收集

1）查找 MQ-2 传感器电路原理图。

2）了解 MQ-2 传感器工作曲线和电路分析资料。

3）了解通过 Excel 或 MATLAB 进行曲线函数拟合的方法。

4）微控制器烟雾浓度测量程序设计。

5）查阅 STM32CubeIDE 调试方法相关文档。

（二）实施步骤

1）列出元器件材料清单。

序号	元器件名称及数量	功能	序号	元器件名称及数量	功能

2）绘制 STM32F407 与烟雾传感器连接完整线路图（其中 STM32F407 可用框图代替）。

3）描述 STM32CubeMX 配置 ADC 参数和步骤。

序号	步骤名称	功能描述	备注

4）基于 HAL 库的 ADC 单通道进行数据采集的整个程序内容。

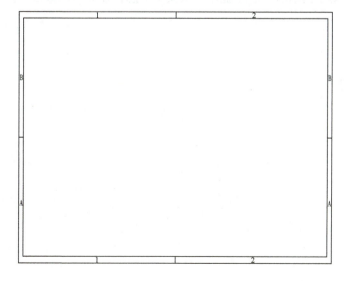

5）考核。

项目考核评分表

基本信息	班级		学号		分组	
	姓名		时间		总分	
	序号	步骤	完成情况（好、较好、一般、未完成）		标准分	得分
任务考核（50%）	1	STM32CubeMX 配置端口			10	
	2	STM32CubeMX 配置系统时钟			10	
	3	理解环境烟雾浓度测量代码			10	
	4	熟练 CubeMX 关于 ADC 的配置			30	
	5	代码下载到开发板上，程序正常运行，功能展示正确			20	
	6	能设置断点，会通过窗口观察参数变化，理解程序运行过程			20	
素质考核（50%）	1	安全规范操作			20	
	2	团队沟通、协作创新能力			20	
	3	资料查阅、文档编写能力			20	
	4	劳动纪律			20	
	5	严谨细致、追求卓越			20	
教师评价						
学生总结						

（三）课后习题

1. 简述 MQ-2 传感器的工作原理。

2. 读者可尝试模拟家居烟雾安全监测，当烟雾浓度达到设定阈值时，系统在 PC 上每秒显示一次危险信息，未超过阈值时每 3s 显示一次安全信息，并显示烟雾浓度。

项目 8

OLED 显示设计与实现

8.1 学习目标

素养目标：

1. 培养查阅资料、编写文档的能力。
2. 培养协作与创新能力。
3. 培养职场安全规范意识。
4. 培养总结、归纳能力。
5. 培养项目管理能力。

知识目标：

1. 了解 OLED（有机发光二极管）显示屏的驱动原理。
2. 了解 SPI 总线通信协议。
3. 熟悉微控制器 SPI 使用方法。
4. 掌握 OLED 屏幕进行字符显示的方法。

技能目标：

1. 能熟练使用 STM32CubeIDE 开发软件。
2. 能通过 CubeMX 进行 SPI 相关参数配置。
3. 编写 OLED 屏幕字符显示功能函数。

8.2 项目描述

OLED 显示广泛应用于智能终端、智能车载等领域，具有对比度高、厚度薄、视角广、反应速度快、可用于挠曲性面板、使用温度范围广、不需背光源、构造及制程较简单等优异特性。

在本项目中，将系统分为两个部分：一个是 RTC 的时钟信号采集，另一个是 OLED 显示驱动。系统采用微控制器为主控，利用微控制器 SPI 总线接口驱动 OLED 显示屏，同时通过对 RTC 的读写将 RTC 实时日期与时间显示在 OLED 屏上。SPI 总线接口驱动 OLED 显示屏结构原理框图如图 8-1 所示。

图8-1　SPI总线接口驱动OLED显示屏结构原理框图

8.3 项目要求

项目任务：

利用 STM32CubeIDE 开发环境，通过 CubeMX 配置 SPI 和 RTC 等，生成项目代码。掌握 SPI 通信协议，搭建硬件电路，理解模块功能。下载并运行程序，观察运行结果。

项目要求：

1）阅读数据手册，熟悉 OLED 屏幕电路图。

2）应用 STM32CubeIDE 搭建项目工程，能使用 CubeMX 配置时钟树、RTC 和 SPI 并生成项目代码，能理解代码各部分作用。

3）掌握 SPI 通信协议，完成 OLED 屏幕驱动开发。

4）能理解课程提供的函数代码。

5）能进行软件、硬件联合调试，完成考核任务。

8.4 项目实施

1. 项目准备

计算机 1 台（Windows 10 及以上系统）、操作台 1 个、STM32F4 核心板 1 个、通信显示板（图 8-2）、方口数据线 1 条、6P 排线 1 条、14P 排线 1 条、电源转接线 1 条和操作台电源适配器（12V/2A）。

STM32F407 微控制器核心板与通信显示板的引脚连接关系见表 8-1。其中除了 SPI 总线接口，还有三个扩展引脚，用于设定 OLED 屏幕驱动芯片的工作模式，具体的应用可结合数据手册和程序进行分析。

图 8-2 通信显示板

表 8-1 STM32F4 核心板与通信显示板连线

STM32F4 核心板	通信显示板
PA8	LCD_CS
PA11	LCD_RES
PA12	LCD_DC
PB10	LCD_D0
PB15	LCD_D1

操作台供电后，使用电源转接线连接到 STM32F4 核心板，将 6P 排线通过操作台的 SWD 下载口连接到 STM32F4 核心板下载口。使用 14P 排线将 STM32F4 核心板 P9 通信显示板接口与通信显示板 P1 口进行连接，项目实物搭建图如图 8-3 所示。

2. CubeMX 配置

本项目采用微控制器自带的 SPI 外设完成项目开发，在前文中已介绍过芯片选择与系统时钟、端口和 RTC 配置，此处不再赘述。下面介绍 SPI 的相关参数配置。

图 8-3 项目实物搭建图

（1）配置引脚复用　SPI 总线引脚在下一节中进行了列举，如果直接开启 SPI2 外设，并非项目中使用的引脚，SPI2 默认功能引脚如图 8-4 所示。因为项目中要使用 PB10 和 PB15，所以开启这两个引脚的复用功能。

图 8-4　SPI2 默认功能引脚

图 8-5 为开启引脚复用功能，选中 PB10 和 PB15 引脚，分别开启 SPI2_SCK 和 SPI2_MOSI 模式。这里没有开启 NSS 片选引脚，是因为没有采用 SPI 自带的 NSS 引脚，而是采用软件的方式使用自定义端口的功能。MISO 则是 OLED 屏幕向主机发送数据，应用场景为主机读取 OLED 屏幕的相关参数，因为该功能使用得较少，并且项目硬件设计没有这个功能引脚，所以不用设置该引脚。

在项目中也使用了 PA8、PA11 和 PA12 引脚，这里将它们均设置为输出模式，OLED 屏幕控制引脚如图 8-6 所示。

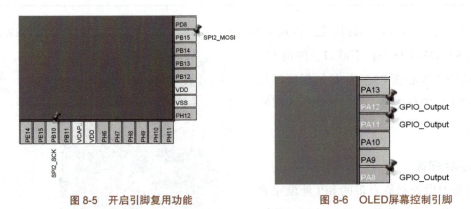

图 8-5　开启引脚复用功能　　　　图 8-6　OLED 屏幕控制引脚

（2）SPI2 工作模式设置　在 Pinout & Configuration 界面中，选择 Connectivity 栏目，在里面选中 SPI2，即可进入 SPI2 模式设置界面。如图 8-7 所示，有 Mode 和 Hardware NSS Signal 选项用于设置。

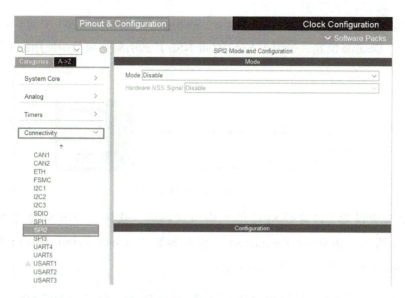

图 8-7 SPI2模式设置

1）Mode 设置。在 SPI2 模式配置界面中，单击 Mode 栏目中的 Disable，会弹出如图 8-8 所示界面，进行工作模式的选择。

图 8-8 模式选择

每种工作模式代表不同的应用场景，表 8-2 中进行了简单的描述，这里选择主机仅发送模式（Transmit Only Master）。

表 8-2 SPI 工作模式

模式	描述
Full-Duplex Master	主机全双工模式
Full-Duplex Slave	从机全双工模式
Half-Duplex Master	主机半双工模式
Half-Duplex Slave	从机半双工模式
Receive Only Master	主机仅接收模式
Receive Only Slave	从机仅接收模式
Transmit Only Master	主机仅发送模式
Transmit Only Slave	从机仅发送模式

2）Hardware NSS Signal 设置。Hardware NSS Signal 引脚就是表 8-1 中的 CS 引脚。本项目中该参数设置为 Disable 模式，是因为 SPI2 自带 NSS 片选引脚与项目中使用的引脚不一致，如图 8-9 所示。

图 8-9　SPI2自带NSS片选引脚

（3）SPI2 参数设置　设定好 SPI2 的工作模式以后，软件会弹出 SPI2 工作参数配置界面，如图 8-10 所示，由 Basic Parameters（基本参数）、Clock Parameters（时钟参数）和 Advanced Parameters（高级参数）三部分组成。

图 8-10　SPI2工作参数配置界面

1）Basic Parameters（基本参数）。Frame Format（帧格式）：有 Motorola 和 TI 两种选择，软件默认设置为 Motorola 格式。

Data Size（数据长度）：有"8Bits"和"16Bits"两种数据长度，根据通信设备的数据量进行确定，因为 OLED 屏幕的数据长度只需要"8Bits"即可满足。"16Bits"长度可用于 RGB565 显示屏或者其他控制数据较长的设备。

First Bit（首字节）：MSB First 选项，字节的数据高位先发。LSB First 选中，则为低字节先发。根据数据手册得知先发送高位数据，SSD1309 数据时序图如图 8-11 所示。设置为 MSB First 即可。

Basic Parameters 最终所配置的参数如图 8-12 所示。

2）Clock Parameters（时钟参数）。Prescaler（预分频系数）：该参数用于设置 SPI 总线时钟主频，设定值越大主频越低。为保证屏幕刷新效果，并且不超过通信的最高速率，设置为 2 即可。

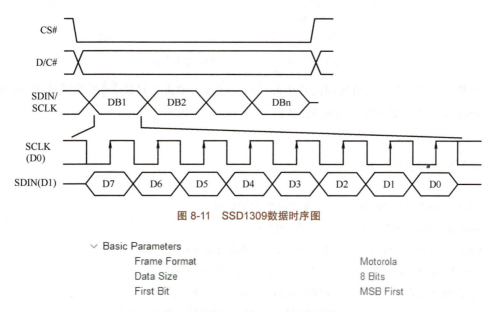

图 8-11　SSD1309 数据时序图

图 8-12　Basic Parameters 参数配置

Baud Rate（波特率）：该参数不需要用户进行设置，它会根据 Prescaler 设定值自动计算得出。前面将 Prescaler 设置为 2，Baud Rate 的值则为 21.0MBits/s。

Clock Polarity（时钟极性）、Clock Phase（时钟相位）：根据图 8-11，将 Clock Polarity 设置为 High，Clock Phase 则为 2 Edge（第二个边沿）。若将 Clock Polarity 设置为 Low，则需要将 Clock Phase 设置为 1 Edge。

Clock Parameters 参数配置如图 8-13 所示。

图 8-13　Clock Parameters 参数配置

3）Advanced Parameters（高级参数）。CRC Calculation（CRC 校验）：该功能需要根据数据传输质量要求而进行设置，本项目和设备对传输数据的要求没有这么高，将该功能设置为 Disabled 即可。

NSS Signal Type（NSS 信号类型）：这里设置为 Software（软件）。SPI2 自带的片选引脚与项目使用端口不一致，需要自己在软件中进行设置。

Advanced Parameters 参数配置如图 8-14 所示。

```
∨ Advanced Parameters
    CRC Calculation                          Disabled
    NSS Signal Type                          Software
```

图 8-14　Advanced Parameters 参数配置

到这里，已经将本项目所使用的片上外设配置完成，单击工具栏 ![] 按钮或按 <Ctrl+S> 键，自动在 spi.c 文件中生成 SPI 配置相关代码，如下所示。

```
1. void MX_SPI2_Init（void）
2. {
3.   SPI_HandleTypeDef hspi2；//SPI 参数配置结构体声明
4.   hspi2.Instance=SPI2；//SPI 设备选择 SPI2
5.   hspi2.Init.Mode=SPI_MODE_MASTER；// 设备设置为主机
6.   hspi2.Init.Direction=SPI_DIRECTION_2LINES；//SPI 双工模式
7.   hspi2.Init.DataSize=SPI_DATASIZE_8BIT；// 数据长度为 8 位
8.   hspi2.Init.CLKPolarity=SPI_POLARITY_HIGH；// 时钟默认电平为高电平
9.   hspi2.Init.CLKPhase=SPI_PHASE_2EDGE；// 时钟相位为第二边沿触发
10.  hspi2.Init.NSS=SPI_NSS_SOFT；//NSS 由软件进行设置
11.  hspi2.Init.BaudRatePrescaler=SPI_BAUDRATEPRESCALER_2；//SCK 主频设定
12.  hspi2.Init.FirstBit=SPI_FIRSTBIT_MSB；// 高位先发
13.  hspi2.Init.TIMode=SPI_TIMODE_DISABLE；// 关闭 TI 数据帧格式
14.  hspi2.Init.CRCCalculation=SPI_CRCCALCULATION_DISABLE；// 关闭 CRC 校验
15.  hspi2.Init.CRCPolynomial=10；// 多项式长度设置，前面已经关闭，设置也无效
16.  if（HAL_SPI_Init（&hspi2）!=HAL_OK）// 初始化 SPI2 相关配置参数
17.  {Error_Handler（）; }
18. }
```

3. 软件实施

（1）主程序 main.c 文件　main.c 文件当中的 int main（void）函数是本项目主函数，主要用于完成硬件资源初始化、RTC 配置和 OLED 屏幕初始化。为了提升 OLED 屏幕的使用寿命，并没有将显示系统时间的程序放置在 while（1）当中，而是在 RTC 周期唤醒中断服务函数进行时间数据更新并显示。OLED 屏幕显示程序流程如图 8-15 所示。

主程序的内容如下所示。读者通过阅读代码就会发现，这里只有硬件初始化和 OLED 屏幕初始化。而 while（1）循环为空，是因为将 OLED 显示时间信息部分放置在了 RTC 周期唤醒中断回调函数中，关于这部分内容读者可以跳转到下面关于 rtc.c 文件的讲解中。

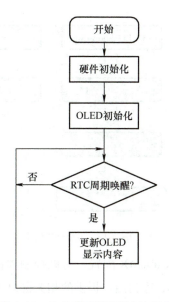

图 8-15　OLED屏幕显示程序流程图

1.#include "main.h"

2.#include "rtc.h"

3.#include "spi.h"

4.#include "gpio.h"

5.#include "bkrc_bsp_oled_drv.h"

6.void SystemClock_Config（void）;

7.int main（void）

8.{

9. HAL_Init（）;

10. SystemClock_Config（）;

11. MX_GPIO_Init（）;

12. MX_SPI2_Init（）;

13. MX_RTC_Init（）;

14. OLED_Init（）;

15. while（1）

16. {}

17.}

（2）用于OLED应用程序开发的bkrc_bsp_oled.c文件　bkrc_bsp_oled.c文件的功能函数非常多，相较于之前学习的项目更加复杂。在这里大致将其划分为4个层，其函数层次如图8-16所示，功能函数分层设计，既可以提升代码阅读性，也有了很强的可移植性和扩展性。下面将以常用的函数为例进行讲解。

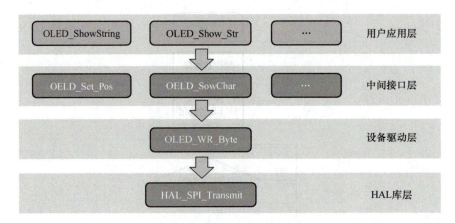

图 8-16 bkrc_bsp_oled.c中的函数层次

1）HAL 库层。在前面通过 CubeMX 配置，对微控制器的外设 SPI2 进行了配置。如果想实现对数据的收发，需要调用 HAL 库为用户提供的相关接口函数。打开 stm32f4xx_hal_spi.h 文件，能看到如图 8-17 所示中相关的 SPI 处理功能函数。

```
/* I/O operation functions ******************************************/
HAL_StatusTypeDef HAL_SPI_Transmit(SPI_HandleTypeDef *hspi, uint8_t *pData, uint16_t Size, uint32_t Timeout);
HAL_StatusTypeDef HAL_SPI_Receive(SPI_HandleTypeDef *hspi, uint8_t *pData, uint16_t Size, uint32_t Timeout);
HAL_StatusTypeDef HAL_SPI_TransmitReceive(SPI_HandleTypeDef *hspi, uint8_t *pTxData, uint8_t *pRxData, uint16_t Size,
                                            uint32_t Timeout);
HAL_StatusTypeDef HAL_SPI_Transmit_IT(SPI_HandleTypeDef *hspi, uint8_t *pData, uint16_t Size);
HAL_StatusTypeDef HAL_SPI_Receive_IT(SPI_HandleTypeDef *hspi, uint8_t *pData, uint16_t Size);
HAL_StatusTypeDef HAL_SPI_TransmitReceive_IT(SPI_HandleTypeDef *hspi, uint8_t *pTxData, uint8_t *pRxData,
                                               uint16_t Size);
HAL_StatusTypeDef HAL_SPI_Transmit_DMA(SPI_HandleTypeDef *hspi, uint8_t *pData, uint16_t Size);
HAL_StatusTypeDef HAL_SPI_Receive_DMA(SPI_HandleTypeDef *hspi, uint8_t *pData, uint16_t Size);
HAL_StatusTypeDef HAL_SPI_TransmitReceive_DMA(SPI_HandleTypeDef *hspi, uint8_t *pTxData, uint8_t *pRxData,
                                                uint16_t Size);
```

图 8-17 SPI处理功能函数

项目中主要是使用 HAL_SPI_Transmit（）函数，其功能使硬件 SPI 通过总线进行数据发送。其他函数读者可以根据自己的应用场景去学习使用。

1. HAL_StatusTypeDef HAL_SPI_Transmit（SPI_HandleTypeDef *hspi, uint8_t *pData, uint16_t Size, uint32_t Timeout）

SPI_HandleTypeDef *hspi：本次使用 SPI 设备地址。

*pData：需要发送数据指针，将需要发送的数据地址赋值在此。

Size：发送数据长度，即 pData 的长度。

Timeout：超时时间，因为采用非阻塞式发送方式，这里设置为 10 即可。

2）设备驱动层。设备驱动层函数，是基于 HAL 库当中的 SPI 数据发送函数而搭建的。在该层的函数主要是 OLED_WR_Byte（）函数，也是 bkrc_bsp_oled.c 文件中，编写的第一个用户设定函数。dat 参数则是写入的数据,cmd 为数据的类型,为 0,写入的数据则为设置 OLED 的参数,为 1 则是写入到 OLED 当中的数据。函数的具体内容如下:

```
1.void OLED_WR_Byte(uint8_t dat,uint8_t cmd)
2.{
3. OLED_CS_Clr( );
4. if(cmd)
5. OLED_DC_Set( );
6. else
7. OLED_DC_Clr( );
8. HAL_SPI_Transmit(&hspi2,&dat,1,10);
9. OLED_DC_Set( );
10. OLED_CS_Set( );
11.}
```

3 行:宏定义的 CS 引脚控制函数,将 NSS 拉低,表示主机选中从机,开始数据发送。

4~7 行:对 cmd 参数进行判断,实现对主机发送数据类型进行设置。数据类型则是通过 DC 引脚电平状态控制。

8 行:调用 HAL 库中的 SPI 数据发送函数。

9、10 行:将 DC、CS 引脚拉高,取消片选,完成数据传输。

3)中间接口层。表 8-3 中列举的则是本项目中,基于设备驱动层函数而设计的中间接口功能函数。其中的相关函数可以直接调用,如 OLED 显示状态控制、清屏涂屏、图片显示和软件初始化。而设置光标函数,则在用户应用层功能函数中广泛应用。

表 8-3 OLED 中间接口功能函数

函数名称	函数功能
OLED_Set_Pos	设置 OLED 屏光标位置
OLED_Display_On	开启 OLED 显示
OLED_Display_Off	关闭 OLED 显示
OLED_Clear	清屏函数
OLED_Draw	涂屏函数
OLED_DrawBMP	图片显示函数
OLED_Init	软件初始化 SSD1309

① 设置 OLED 屏光标位置：参数 x 为光标横坐标值，范围 0~128。y 为光标纵坐标值，范围 0~7。项目采用 2.42in（1in = 0.0254m）OLED 显示屏，但实际分辨率只有 128×64 像素。并且写数据一次数据有 8 位，使得屏幕在纵坐标方向划分为了 8 页。函数的具体内容如下所示。

```
1. void OLED_Set_Pos（unsigned char x，unsigned char y）
2. {
3.   OLED_WR_Byte（0xb0+y，OLED_CMD）;
4.   OLED_WR_Byte（((x&0xf0)>>4)|0x10，OLED_CMD）;
5.   OLED_WR_Byte（(x&0x0f)，OLED_CMD）;
6. }
```

② 开启 OLED 显示：发送 OLED 状态配置命令，开启屏幕显示。函数内容如下，关于命令以及每一位的控制意义，读者可以阅读数据手册查询。

```
1. void OLED_Display_On（void）
2. {
3.   OLED_WR_Byte（0X8D，OLED_CMD）; //SET DCDC 命令
4.   OLED_WR_Byte（0X14，OLED_CMD）; //DCDC ON
5.   OLED_WR_Byte（0XAF，OLED_CMD）; //DISPLAY ON
6. }
```

③ 关闭 OLED 显示：发送 OLED 状态配置命令，实现屏幕关闭。在低功耗、定时息屏等应用场景中广泛使用。

```
1. void OLED_Display_Off（void）
2. {
3.   OLED_WR_Byte（0X8D，OLED_CMD）; //SET DCDC 命令
4.   OLED_WR_Byte（0X10，OLED_CMD）; //DCDC OFF
5.   OLED_WR_Byte（0XAE，OLED_CMD）; //DISPLAY OFF
6. }
```

④ 清屏函数：通过设定页命令，通过 1024 次循环，将每一页的现实数据都设置为 0x00，将屏幕之间显示缓存的数据清空，在页面切换、清屏等场景中广泛应用。

```
1.void OLED_Clear（void）
2.{
3.  uint8_t i, n ;
4.  for（i=0 ; i<8 ; i++）
5.  {
6.    OLED_WR_Byte（0xb0+i，OLED_CMD）; // 设置页地址（0～7）
7.    OLED_WR_Byte（0x02，OLED_CMD）; // 设置显示位置，列低地址
8.    OLED_WR_Byte（0x10，OLED_CMD）; // 设置显示位置，列高地址
9.    for（n=0 ; n<128 ; n++）
10.   {OLED_WR_Byte（0x00，OLED_DATA）; }
11. }
12.}
```

⑤ 涂屏函数：该函数实现的原理与清屏函数一样，只不过清屏函数是默认写入的数据都为 0x00，而涂屏函数则是参数 byte，用户可以自定义添加。

```
1.void OLED_Draw（uint8_t byte）
2.{
3.  uint8_t i, n ;
4.  for（i=0 ; i<8 ; i++）
5.  {
6.    OLED_WR_Byte（0xb0+i，OLED_CMD）; // 设置页地址（0～7）
7.    OLED_WR_Byte（0x02，OLED_CMD）; // 设置显示位置，列低地址
8.    OLED_WR_Byte（0x10，OLED_CMD）; // 设置显示位置，列高地址
9.    for（n=0 ; n<128 ; n++）
10.   {OLED_WR_Byte（byte，OLED_DATA）; }
11. }
12.}
```

⑥ 图片显示函数：参数 x0 是图像的起点 x 轴坐标，y0 是图像的起点 y 轴坐标。x1 则是图像终点 x 轴坐标，y1 是图像终点 y 轴坐标，通过这两点坐标，则设定好图片显示范围。剩余的工作则是在该区域内填充图片信息。

```
1.void OLED_DrawBMP（unsigned char x0，unsigned char y0，unsigned char x1，
2.unsigned char y1，unsigned char BMP[]）
```

3.{

4. unsigned int j=0 ;

5. unsigned char x，y ;

6. if（y1%8==0）

7. {y=y1/8 ; }

8. else

9. {y=y1/8+1 ; }

10. for（y=y0 ; y<y1 ; y++）

11. {

12.　OLED_Set_Pos（x0, y）;

13.　for（x=x0 ; x<x1 ; x++）

14.　{OLED_WR_Byte（BMP[j++], OLED_DATA）; }

15. }

16.}

⑦ 软件初始化SSD1309：函数的主体内容有三大部分：第一部分为硬件复位，这部分的时间一定要设定好，读者要根据自己的设备进行调整，若复位不成功会直接导致显示控制等出现异常；第二部分就是进行SSD1309的参数配置，该部分由屏幕厂家提供，需要修订时再进行仔细阅读；第三部分就是清屏，若设备存在卡死等情况，OLED屏幕的数据并不会清除而是保持不变，只有设备断电或复位才能实现清除。相较于设备断电，在实际的应用场景中复位更方便。添加清屏，有备无患。

1.void OLED_Init（void）

2.{

3. OLED_RST_Set（）;

4. HAL_Delay（100）;

5. OLED_RST_Clr（）;

6. HAL_Delay（200）;

7. OLED_RST_Set（）; //SSD1309芯片复位

8. OLED_WR_Byte（0xAE, OLED_CMD）; //--turn off oled panel（关显示面板）

9./** 初始化源代码过长，由于篇幅，相关详细代码读者可在随书资源中查看 **/

10. OLED_WR_Byte（0xAF, OLED_CMD）; //--turn on oled panel（开显示面板）

11. OLED_WR_Byte（0xAF, OLED_CMD）; /*display ON*/（开显示）

12. OLED_Clear（）; //OLED屏幕清屏

13.}

4）用户应用层。完成前面中间接口层的功能函数设计后，就可以在此基础上编写常用于显示字符的用户应用层函数了。表8-4列举出了项目中设计的功能函数，实现显示单个英文字符、字符串、数字变量、16×16中文字体、32×32中文字体和综合显示功能，通过对输入需要显示的数据进行判断，调用相关函数实现字符显示。

表8-4　OLED用户应用层功能函数

函数名称	函数功能
OLED_ShowChar	显示单个英文字符
OLED_ShowString	显示英文字符串
OLED_ShowInt32Num	显示数字变量值
OLED_DrawFont16	显示单个16×16中文字体
OLED_DrawFont32	显示单个32×32中文字体
OLED_Show_Str	显示一个字符串，包含中英文显示

实现字符显示的原理，与前面LED点阵显示的原理相似。前者是控制点阵LED灯的亮灭，这里是控制OLED屏幕该像素点的亮灭。单色OLED屏幕的像素点与LCD（液晶显示）等显示屏，其区别在于像素点的分辨率不同，这里就不做过多阐述。

在函数中设定显示的字符参数，并不能直接用于OLED屏幕显示，而是通过功能函数，将该字符转变为对应的数据，再通过SPI总线将数据发送至OLED屏幕控制芯片中，最终实现了对应的字符显示。字符参数对应的数据，需要使用字模软件进行取模获得。项目中采用的取模软件为PCtoLCD，通过网页下载即可。

字符显示相关的用户应用函数，内部原理就是将需要在OLED屏幕上进行显示的数据，按照字符大小、取模方式和取模走向等格式，编写处理函数。为此而撰写的相关功能函数如下所示。

① 显示单个英文字符函数：该函数在后面的字符显示函数中常被调用。x表示字符显示的横坐标，y表示字符显示的纵坐标，num表示需要显示的字符，size则是字符的大小。目前该函数默认用于显示16×8字体大小的英文字符，读者若需要显示更小或更大的字符，可以根据16×8的显示原理，进行相应的优化补充即可。

1.void OLED_ShowChar（uint16_t x，uint16_t y，uint8_t num，uint8_t size）
2.{
3. uint8_t pos=0，t=0 ;
4. if（size!=16）
5. {size=16；}// 由于库中字符只提供16×8，强制更正显示字符尺寸为16×8

6.　num=num-' '；// 得到字符偏移后的值

7.// 自上到下循环输入

8.　for（pos=0；pos<size/8；pos++）

9.　{

10.　　OLED_Set_Pos（x，y+pos）；// 自左到右循环输入

11.　　for（t=0；t<size/2；t++）

12.　　{OLED_WR_Byte（asc2_1608[num][pos*8+t]，OLED_DATA）；}

13.　}

14.}

② 显示英文字符串：前面的函数只能实现单个字符的显示，然而在实际的应用场景中需要实现显示连续的字符串，如果要实现该效果就需要多次调用单个字符显示函数，显得格外不便。因此专门设计了英文字符串显示函数，从而提升了开发效率和阅读性。函数的具体内容如下，函数的核心就是对 *p 的数据进行判断，若该指针指向的地址有合法字符，则会一直调用 OLED_ShowChar 函数，将地址内的字符进行逐个显示。

1.void OLED_ShowString（uint16_t x，uint16_t y，char*p，uint8_t size）

2.{

3. while（（*p<='~'）&&（*p>=' '））// 判断是不是非法字符

4.　{

5.// 如果 x、y 坐标超出预设 LCD 屏大小则换行显示

6.　if（x>（128-size/2））

7.　{

8.　　x=0；// 显示靠前

9.　　y=（y+size/8）%8；// 显示换行

10.　}

11.　if（y>（8-size/8））

12.　{y=0；}

13.　　OLED_ShowChar（x，y，*p，size）；// 循环显示字符串，坐标（x，y），使用画笔色和背景色，尺寸和模式由参数决定

14.　　x+=size/2；// 写完一个字符，横坐标加 size/2

15.　　p++；// 地址自增

16.　}

17.}

③ 显示数字变量值：该功能函数就是将设定的 num 数据参数进行显示。通过前面的函数

学习会发现其只能显示字符型数据，而该函数是实现数字变量数据显示的。其实内部只是多进行了一个步骤，就是调用 sprintf 函数将数字变量转换为了对应的字符型数据。最后调用单个字符显示函数，完成数据显示。

```
1.void OLED_ShowInt32Num（uint16_t x，uint16_t y，int32_t num，uint8_t len，
2.uint8_t size）
3.{
4.  char show_len[8]={0}，
5.  show_num[12]={0}；
6.  uint8_t t=0；
7.  if（len>32）//len 值大于 32 则退出
8.  return；
9.  sprintf（show_len，"%%%dd"，len）；//len 设置最少显示位数，例：输出 %6d
10. sprintf（show_num，show_len，num）；// 代入字符串换算，最终完成 num2char 转换
11. while（*（show_num+t）!=0）// 循环判断是否为结束符
12. {
13.   OLED_ShowChar（x+（size/2）*t，y，show_num[t]，size）；// 显示字串符的数值
14.   t++；// 指针偏移地址值自增
15. }
16.}
```

④ 显示单个 16×16 中文字体：相较于英文字符显示，汉字显示会显得稍微复杂一点。主要原因是 1 个汉字的数据至少是一个字符数据的两倍，为此这里需要重新设计字符数据传输的方式，如代码 12~18 行所示。将保存在 tfont16[] 的字符数据发送出去，实现汉字显示。

```
1.void OLED_DrawFont16（uint16_t x，uint16_t y，char*s）
2.{
3. uint8_t x0=0，y0=0；
4. uint16_t k=0；
5. uint16_t HZnum=0；
6. HZnum=sizeof（tfont16）/sizeof（typFNT_GB16）；// 自动统计汉字数目
7. for（k=0；k<HZnum；k++）// 循环寻找匹配的 Index[2] 成员值
8. {
9.   if（（tfont16[k].Index[0]==*（s））&&（tfont16[k].Index[1]==*（s+1））
10.  &&（tfont16[k].Index[2]==*（s+2）））// 对应成员值匹配
11.  {
```

```
12.    for（y0=0；y0<2；y0++）//x方向循环执行写16行，逐行式输入
13.    {
14.      OLED_Set_Pos（x，y+y0）；
15.      for（x0=0；x0<16；x0++）//每行写入两个字节，自左到右
16.      {
17.        OLED_WR_Byte（tfont16[k].Msk[y0*16+x0]，OLED_DATA）；//一次写入1字节
18.      }
19.    }
20.    //查找到对应点阵关键字完成绘字后，立即break退出for循环，防止多个汉字重复取模显示
21.    break；
22.  }
23. }
24.}
```

⑤ 显示单个32×32中文字体：相较于16×16汉字显示，32×32数据传输的数据量是它的4倍。针对字体的大小，对传输数据的方式也需要进行修改，如11~16行代码所示。最终将保存在tfont32[]的数据传输出去，实现32×32大小的中文字符显示。

```
1.void OLED_DrawFont32（uint16_t x，uint16_t y，char*s）
2.{
3.  uint8_t x0=0，y0=0；
4.  uint16_t k=0；
5.  uint16_t HZnum=0；
6.  HZnum=sizeof（tfont32）/sizeof（typFNT_GB32）；//自动统计汉字数目
7.  for（k=0；k<HZnum；k++）//循环寻找匹配的Index[2]成员值
8.  {//对应成员值匹配
9.    if（（tfont16[k].Index[0]==*（s））&&（tfont16[k].Index[1]==*（s+1）））
10.   {
11.     for（y0=0；y0<4；y0++）//x方向循环执行写16行，逐行式输入
12.     {
13.       OLED_Set_Pos（x，y+y0）；
14.       for（x0=0；x0<32；x0++）//每行写入两个字节，自左到右
15.       {
16.         OLED_WR_Byte（tfont32[k].Msk[y0*32+x0]，OLED_DATA）；//一次写入1字节
17.       }
18.     }
19.     //查找到对应点阵关键字完成绘字后，立即break退出for循环，防止多个汉字重复取模显示
```

20.　　break；
21.　}
22. }
23.}

⑥ 显示一个字符串，包含中英文显示：前面讲述的函数都能实现字符显示，如果要实现不同字符显示就需要调用相关函数，显得十分不便，也提升了函数的复杂性。所以特别设计了该函数，实现对中英文都能显示。

1.void OLED_Show_Str（uint16_t x，uint16_t y，char*str，uint8_t size）
2.{
3.　uint16_t x0=x；
4.　uint8_t bHz=0；// 字符或者中文，首先默认是字符
5.　if（size!=32）size=16；// 显示字符尺寸 16×8
6.　while（*str!=0）// 判断是否为结束符
7.　{
8.　　if（!bHz）// 判断是字符
9.　　{
10./** 字母显示源代码过长，由于篇幅，相关详细代码读者可在随书资源中查看 **/
11.　　}
12.　　else// 判断是中文
13.　　{
14./** 汉字显示源代码过长，由于篇幅，相关详细代码读者可在随书资源中查看 **/
15.　　}
16.　}
17.}

到这里已经将 bkrc_bsp_oled.c 中的功能函数讲解完了，为了方便函数的调用，要在 bkrc_bsp_oled.h 文件中进行函数声明。同时在 .h 文件中也包含了其他头文件以及前面使用到的宏定义函数，如下所示。

1.#include "main.h"
2.#include "spi.h"
3.#define OLED_CMD 0// 写命令
4.#define OLED_DATA 1// 写数据
5.#define OLED_DC_Clr（） HAL_GPIO_WritePin（GPIOA，/

6.GPIO_PIN_12，GPIO_PIN_RESET）//DC 数据命令选择端口
7.#define OLED_DC_Set（） HAL_GPIO_WritePin（GPIOA，/
8.GPIO_PIN_12，GPIO_PIN_SET）
9.#define OLED_RST_Clr（） HAL_GPIO_WritePin（GPIOA，/
10.GPIO_PIN_11，GPIO_PIN_RESET）//RES 复位引脚
11.#define OLED_RST_Set（） HAL_GPIO_WritePin（GPIOA，/
12.GPIO_PIN_11，GPIO_PIN_SET）
13.#define OLED_CS_Clr（） HAL_GPIO_WritePin（GPIOA，/
14.GPIO_PIN_8，GPIO_PIN_RESET）//CS 片选引脚
15.#define OLED_CS_Set（） HAL_GPIO_WritePin（GPIOA，/
16.GPIO_PIN_8，GPIO_PIN_SET）

（3）用于字模数据存储的 oledfont.h　该文件中保存的是字符对应的数据，目前文件中有如图 8-18~图 8-20 所示的常用 16×8 的 ASCII（美国信息交换标准代码）表数据及 16×16、32×32 字体的字模数据三种数据。读者若想增加显示的字符可以使用取模软件获取，取模的方式可查阅知识直通车的内容。

```
//常用ASCII表
const uint8_t asc2_1608[95][16]={
/*    */{0x00,0x00,0x00,0x00,0x00,0x00,0x00,0x00,0x00,0x00,0x00,0x00,0x00,0x00,0x00,0x00},
/*  ! */{0x00,0x00,0x00,0xF8,0x00,0x00,0x00,0x00,0x00,0x00,0x00,0x33,0x00,0x00,0x00,0x00},
/*  " */{0x00,0x10,0x0C,0x02,0x10,0x0C,0x02,0x00,0x00,0x00,0x00,0x00,0x00,0x00,0x00,0x00},
/*  # */{0x00,0x40,0xC0,0x78,0x40,0xC0,0x78,0x00,0x00,0x04,0x3F,0x04,0x04,0x3F,0x04,0x00},
/*  $ */{0x00,0x70,0x88,0x88,0xFC,0x08,0x30,0x00,0x00,0x18,0x20,0x20,0xFF,0x21,0x1E,0x00},
/*  % */{0xF0,0x08,0xF0,0x80,0x60,0x18,0x00,0x00,0x00,0x31,0x0C,0x03,0x1E,0x21,0x1E,0x00},
/*  & */{0x00,0xF0,0x08,0x88,0x70,0x00,0x00,0x00,0x1E,0x21,0x23,0x2C,0x19,0x27,0x21,0x10},
/*  ' */{0x00,0x12,0x0E,0x00,0x00,0x00,0x00,0x00,0x00,0x00,0x00,0x00,0x00,0x00,0x00,0x00},
/*  ( */{0x00,0x00,0x00,0xE0,0x18,0x04,0x02,0x00,0x00,0x00,0x00,0x07,0x18,0x20,0x40,0x00},
/*  ) */{0x00,0x02,0x04,0x18,0xE0,0x00,0x00,0x00,0x00,0x40,0x20,0x18,0x07,0x00,0x00,0x00},
/*  * */{0x40,0x40,0x80,0xF0,0x80,0x40,0x40,0x00,0x02,0x02,0x01,0x0F,0x01,0x02,0x02,0x00},
/*  + */{0x00,0x00,0x00,0xE0,0x00,0x00,0x00,0x00,0x01,0x01,0x01,0x0F,0x01,0x01,0x01,0x00},
/*  , */{0x00,0x00,0x00,0x00,0x00,0x00,0x00,0x00,0x00,0x90,0x70,0x00,0x00,0x00,0x00,0x00},
/*  - */{0x00,0x00,0x00,0x00,0x00,0x00,0x00,0x00,0x01,0x01,0x01,0x01,0x01,0x01,0x01,0x00},
/*  . */{0x00,0x00,0x00,0x00,0x00,0x00,0x00,0x00,0x00,0x30,0x30,0x00,0x00,0x00,0x00,0x00},
```

图8-18　常用16×8的ASCII表数据

```
typedef struct
{
    uint8_t Index[4];
    uint8_t Msk[32];
}typFNT_GB16;
//字体取模：宋体，阴码，列行式，逆向（低位在前）
const typFNT_GB16 tfont16[]=
{
"百",
0x02,0x02,0xE2,0x22,0x22,0x32,0x2A,0x26,0x22,0x22,0x22,0x22,0xE2,0x02,0x02,0x00,
0x00,0x00,0xFF,0x42,0x42,0x42,0x42,0x42,0x42,0x42,0x42,0x42,0xFF,0x00,0x00,0x00,/*"百",0*/
"科",
0x24,0x24,0xA4,0xFE,0xA3,0x22,0x00,0x22,0xCC,0x00,0x00,0xFF,0x00,0x00,0x00,0x00,
0x08,0x06,0x01,0xFF,0x00,0x01,0x04,0x04,0x04,0x04,0x04,0xFF,0x02,0x02,0x02,0x00,/*"科",1*/
"荣",
0x84,0x64,0x24,0x24,0x2F,0x24,0x24,0xA4,0x24,0x24,0x2F,0x24,0x24,0xA4,0x64,0x00,
0x40,0x42,0x22,0x22,0x12,0x0A,0x06,0xFF,0x06,0x0A,0x12,0x22,0x22,0x42,0x40,0x00,/*"荣",2*/
```

图8-19　16×16字体的字模数据

```
typedef struct
{
    uint8_t Index[4];
    uint8_t Msk[128];
}typFNT_GB32;
//字体原模:来体,弱模,列行式,逆向(低位在前)
const typFNT_GB32 tfont32[]=
{
"西",
0x00,0x00,0x00,0x10,0x10,0x10,0x10,0x10,0x10,0x10,0x10,0x10,0xF0,0xF0,0x70,0x10,0x10,0x10,0x10,0x10,0x10,0x10,0x10,0x10,0x18,0x10,0x00,0x00,0x00,
0x00,0x00,0x00,0x00,0x00,0x00,0x00,0xFC,0xF8,0x08,0x08,0x08,0x08,0x0C,0x0B,0x08,0x08,0x08,0x08,0x08,0x08,0x08,0xFC,0xF8,0x00,0x00,0x00,0x00,0x00,0x00,
0x00,0x00,0x00,0x00,0x00,0x00,0xFF,0xFF,0x08,0x08,0x08,0x08,0x08,0x08,0x08,0x08,0x08,0x08,0x08,0x08,0x7F,0x3F,0x00,0x00,0x00,0x00,0x00,0x00,/* "西",0 */
0x00,0x00,0x40,0x40,0x20,0x20,0x20,0xE0,0xE0,0x30,0x10,0x18,0x18,0x10,0x00,0x00,0x00,0x80,0x80,0x00,0x00,0x00,0x00,0xFC,0xF8,0x00,0x00,0x00,0x00,
0x00,0x00,0x00,0x10,0x10,0x10,0x90,0xFF,0xFF,0x10,0x10,0x18,0x10,0x00,0x00,0x00,0xC0,0x81,0x07,0x06,0x00,0x00,0x00,0xFF,0xFF,0x08,0x08,0x0C,0x00,0x00,
0x00,0x80,0x40,0x20,0x18,0x0E,0x03,0xFF,0xFF,0x01,0x03,0x06,0x5E,0x40,0x20,0x20,0x20,0x21,0x23,0x10,0x10,0x10,0xFF,0xFF,0x08,0x08,0x0C,0x00,0x00,
0x00,0x01,0x00,0x00,0x00,0x00,0x00,0x7F,0x3F,0x00,0x00,0x00,0x00,0x00,0x00,0x00,0x00,0x00,0x00,0x00,0x00,0x00,0x7F,0x3F,0x00,0x00,0x00,0x00,0x00,/* "村",1 */
```

图8-20 32×32字体的字模数据

（4）进行 RTC 时钟配置的 rtc.c 文件 本项目使用 RTC 周期唤醒中断进行 OLED 屏幕数据刷新。下面讲解在 rtc.c 文件中添加的函数内容，以及在 rtc.h 中添加需要包含的头文件。

1）添加备份寄存器设定。为了防止系统复位重新上电或更新代码，而导致系统计时重新开始，需要将备份寄存器数据校验的代码添加在用户监测 RTC_BKUP 区域，用户检查备份寄存器代码区如图 8-21 所示。

```
57    /* USER CODE BEGIN Check_RTC_BKUP */
58    if(HAL_RTCEx_BKUPRead(&hrtc,RTC_BKP_DR0)==0x1515)
59    {
60        if (HAL_RTCEx_SetWakeUpTimer(&hrtc, 0, RTC_WAKEUPCLOCK_CK_SPRE_16BITS) != HAL_OK)
61        {
62            Error_Handler();
63        }
64        return;
65    }
66
67    HAL_RTCEx_BKUPWrite(&hrtc,RTC_BKP_DR0,0x1515);
68
69    /* USER CODE END Check_RTC_BKUP */
```

图8-21 用户检查备份寄存器代码区

2）修改周期唤醒中断服务函数。使用了 RTC 周期唤醒功能，使能中断后就可以对 RTC 周期唤醒中断回调函数进行设定，具体的设定内容如下。为了防止代码因修订 CubeMX 配置而被删除，将这部分代码放置在 rtc.h 文件的 /* USER CODE BEGIN 1 */…/* USER CODE END 1 */ 区间中。

1./*USER CODE BEGIN 1*/

2.void HAL_RTCEx_WakeUpTimerEventCallback（RTC_HandleTypeDef*hrtc）

3.{

4. char Display_Buff[15]={0}；

5. RTC_TimeTypeDef nRTC_TimeStructure={0}；

6. RTC_DateTypeDef nRTC_DateStructure={0}；

7./* 重点提醒：必须获取时间在获取日期前进行读取的数据才正确 */

8. HAL_RTC_GetTime（hrtc，&nRTC_TimeStructure，RTC_FORMAT_BIN）；

9. HAL_RTC_GetDate（hrtc，&nRTC_DateStructure，RTC_FORMAT_BIN）；

10. sprintf（Display_Buff,"%d-%d-%d",（nRTC_DateStructure.Year）+2000,nRTC_DateStructure.Month,nRTC_DateStructure.Date）;

11. OLED_Show_Str（0,0,Display_Buff,16）;

12. sprintf（Display_Buff,"%d：%d：%d",nRTC_TimeStructure.Hours,nRTC_TimeStructure.Minutes,nRTC_TimeStructure.Seconds）;

13. OLED_Show_Str（0,2,Display_Buff,16）;

14.}

15./*USER CODE END 1*/

4 行：定义一个 char 型数组，用于保存转换的字符数据，最终在 OLED 上显示。

5、6 行：定义 RTC 时间和日期结构体，用于保存获取的当前时间参数。

7、8 行：调用时间和日期获取函数，并且先调用时间后调用日期，才能保证数据读取正确，该情况的出现与微控制器芯片设计有关，在此不做过多赘述。读取的数据被保存在定义的 RTC 结构体中。

10 行：使用 sprintf 函数，将读取的 RTC 日期参数转换为 "%d-%d-%d" 型字符格式，其中有多余的空格，用于清除多余的显示内容。调用该函数需要在 rtc.h 文件中添加 stdio.h 文件。

11 行：调用 OLED_Show_Str（）函数，进行字符显示。

12、13 行：进行读取时间数据格式转换后，在 OLED 屏幕中进行刷新显示。

3）rtc.h 文件内容扩展。在 rtc.c 文件中，调用的不是所包含文件中的相关函数，因此要额外添加一些文件，防止编译出现错误或警告。rtc.h 文件相关文件如图 8-22 所示。

```
/* Includes ------------------------------------------------------------------*/
#include "main.h"

/* USER CODE BEGIN Includes */
#include "stdio.h"
#include "bkrc_bsp_oled_drv.h"
/* USER CODE END Includes */
```

图8-22 rtc.h文件相关文件

stdio.h 文件是因为前面用到了 sprintf 函数，在 C 语言中字符操作相关函数都包含在该文件中。bkrc_bsp_oled_drv.h 文件则有与 OLED 屏幕驱动相关功能函数在内。

4. 项目效果

经过程序的调试、编译并下载到 STM32F4 核心板，在设备上实现使用 2.42in OLED 屏显示实时时钟的信息，实现微控制器 OLED 显示功能，实现效果如图 8-23 所示。

图8-23　项目效果图

8.5　知识直通车

1. SPI总线协议

SPI（Serial Peripheral Interface，串行外设接口）是由摩托罗拉（Motorola）公司在1980年前后提出的一种全双工同步串行通信接口，它用于MCU与各种外围设备以串行方式进行通信以交换信息，SPI的速率主要看主从器件SPI控制器的性能限制。

SPI主要应用在EEPROM（电擦除可编程只读存储器）、FLASH、实时时钟、网络控制器、OLED显示驱动器、A/D转换器、数字信号处理器和数字信号解码器等设备之间。

SPI通常由四条线组成，一条主设备输出与从设备输入（Master Output Slave Input，MOSI），一条主设备输入与从设备输出（Master Input Slave Output，MISO），一条时钟信号（Serial Clock，SCLK），一条从设备使能选择（Chip Select，CS）。与I^2C类似，协议都比较简单，也可以使用GPIO模拟SPI时序。

关于I^2C总线接口的相关协议，这里列出了表8-5进行对比。两者都是串行同步通信方式，I^2C只能半双工通信，而SPI可以根据设备情况进行选择，比如项目中使用OLED屏幕，不需要读取设备参数设置，就可以使SPI总线工作在单工模式。

同时SPI在通信速率上占有绝对的优势，相较于I^2C总线，它减少了应答响应机制、收发分开的方式，从而提升了传输效率，因此在多数据传输的常见应用中较广泛，如FLASH、高精度AD/DA等。

表 8-5　SPI 和 I^{2}C 对比

功能说明	SPI 总线	I^{2}C 总线
通信方式	同步、串行、全双工	同步、串行、半双工
通信速率	常在 50MHz 以下	100kHz、400kHz、3.4MHz
设备选择	片选引脚（CS）	设备地址
功能引脚	MOSI、MISO、SCLK、CS	SDA、SCL

（1）物理拓扑结构　SPI 可以一个主机连接单个从机（一主一从）或多个从机（一主多从），相较于 I^{2}C，使用一个片选引脚（CS）进行设备选择，如图 8-24 和图 8-25 所示。

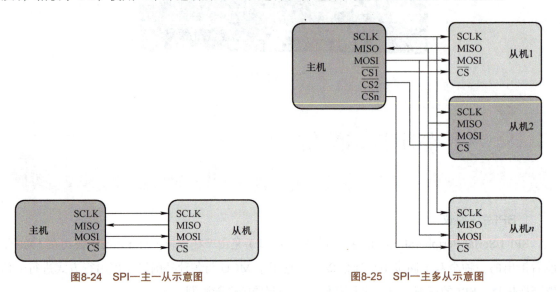

图8-24　SPI一主一从示意图　　　图8-25　SPI一主多从示意图

（2）数据交换　SPI 是一种全双工通信方式，即在时钟引脚（SCLK）周期的驱动下，MOSI 和 MISO 同时进行数据的读写，虚拟环形拓扑结构如图 8-26 所示，可以看到设备之间是环状互联的基本结构。

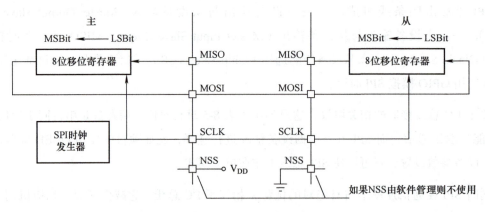

图8-26　虚拟环形拓扑结构

SPI 通信始终由主机发起。当主机通过 MOSI 引脚向从机发送数据时，从机同时通过 MISO 引脚做出响应。这是一个数据输出和数据输入都始终同步进行的全双工通信过程。其内部具有一个 8 位移位寄存器，实现数据的接收与发送形成数据互换，构成了图 8-26 中的环形结构。

如果主机只对从机进行写操作，主机只需要忽略接收从机数据即可。如果主机要读取从机数据，需要主机发送一个无效数据引发从机发送数据。一般发送 0xFF，具体的数据每个器件的数据手册中均会进行描述。

（3）工作模式　SPI 有四种工作模式，见表 8-6。SPI 是全双工，数据引脚的电平状态需要进行设定才能保证设备采样正确。

表 8-6　SPI 工作模式

SPI 模式	CPOL	CPHA	说　明
0	0	0	始终空闲为低电平；在时钟第一个边沿上升沿采样
1	0	1	始终空闲为低电平；在时钟第二个边沿下降沿采样
2	1	0	始终空闲为高电平；在时钟第一个边沿下降沿采样
3	1	1	始终空闲为高电平；在时钟第二个边沿上升沿采样

CPOL（Clock Polarity，时钟极性）表示 SCLK 引脚空闲时是高电平还是低电平。为 0 则表示低电平，为 1 即为高电平。

CPHA（Clock Phase，时钟相位）表示 SCLK 在第几个边沿采样数据。为 0，SCLK 在第一个边沿采样数据；为 1，则在第二个边沿采样数据。

SPI 时序如图 8-27 所示，CPHA=1 时，表示在第二个时钟边沿采样数据。CPOL=1，即空闲时为高电平，从高电平变为低电平再变为高电平，第二个时钟边沿（上升沿）开始进行数据采样。

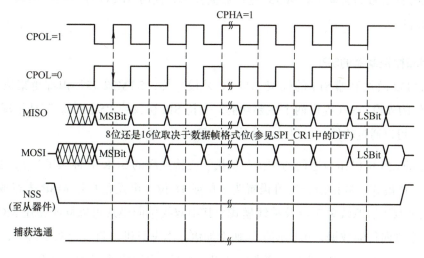

图 8-27　SPI 时序（CPHA=1）

CPOL=0，即空闲电平为低电平，从低电平变为高电平再变为低电平时，第二个时钟边沿（下降沿）进行数据采样。

SPI 时序如图 8-28 所示，CPHA=0，表示在第一个时钟边沿采样数据。CPOL=1，即空闲电平为高电平，当由高电平变为低电平，第一个时钟边沿（下降沿）进行数据采样。

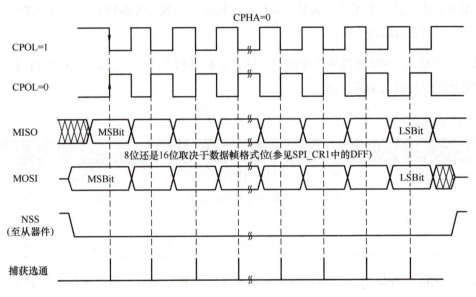

图8-28　SPI时序（CPHA=0）

CPOL=0，即空闲电平为低电平，当低电平变为高电平时，第一个时钟边沿（上升沿）进行数据采样。

掌握了 SPI 的这些基础知识后，结合学习到的 GPIO 的控制就可以模拟 SPI 通信时序了。为了保证数据的有效性，主机和从机都要工作在相同的模式下。主机通过片选引脚（NSS）选中设备。在时钟信号的驱动下，MOSI 进行数据发送，同时 MISO 进行数据读取。完成数据传输时，再取消片选。

2. STM32微控制器的SPI

（1）STM32 微控制器 SPI 的框架　　与 I²C 外设一样，STM32 芯片内部也集成了专门用于 SPI 协议通信的外设。SPI 提供两个主要功能，支持 SPI 协议或 I²S 协议。默认情况下，选择的是 SPI 功能，可以通过软件将接口从 SPI 协议切换到 I²S 协议。

STM32 的 SPI 可以作为通信的主机及从机，支持最高的 SCK 时钟频率为 $f_{pclk}/2$，完全支持 SPI 的四种工作模式，数据帧长度可设置为 8 位或 16 位，可设置数据 MSB 先行或 LSB 先行，也支持双线全双工、双线单工以及单线模式，其中双线单向模式可以同时使用 MOSI 及 MISO 数据线在一个方向传输数据，可以使传输速率加倍。本书只讲解双线全双工模式，在如图 8-29 所示的 SPI 架构图中，将 SPI 框图内部划分为几个区域，下面进行详细的讲解。

OLED显示设计与实现 项目8

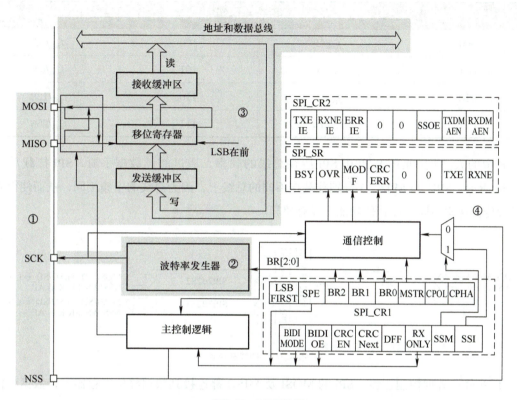

图8-29 SPI架构图

① 部分：SPI 总线引脚，主要由 MOSI、MISO、SCK 和 NSS 四部分组成，若在开发过程中需要添加其他引脚，这些添加的引脚相当于通信控制设备而添加的外设引脚，与标准的 SPI 无关。表 8-7 中便是在数据手册中查询到的功能引脚。

表 8-7 STM32F4×× 的 SPI 引脚

引脚	SPI 编号				
	SPI1	SPI2	SPI3	SPI4	SPI5
MOSI	PA7/PB5	PB15/PC3/PI3	PB5/PC12/PD6	PE6/PE14	PF9/PF11
MISO	PA6/PB4	PB14/PC2/PI2	PB4/PC11	PE5/PE13	PF8/PH7
SCK	PA5/PB3	PB10/PB13/PD3	PB3/PC10	PE2/PE12	PF7/PH6
NSS	PA4/PA15	PB9/PB12/PI0	PA4/PA15	PE4/PE11	PF6/PH5

注：其中 PF 和 PH 端口在 176 引脚及以上型号的芯片才有。

② 部分：波特率发生器，实则是 SCK 时钟信号发生器。波特率发生器根据控制寄存器 CR1 中的 BR[2∶0] 位控制，通过对 f_{pclk} 时钟进行分频的分频因子，从而实现对 SCK 引脚的输出时钟频率设定。计算方法见表 8-8。

— 263 —

表 8-8　BR 对 f_{pclk} 的分频

BR[2：0]	分频结果（SCK 频率）	BR[2：0]	分频结果（SCK 频率）
000	$f_{pclk}/2$	100	$f_{pclk}/32$
001	$f_{pclk}/4$	101	$f_{pclk}/64$
010	$f_{pclk}/8$	110	$f_{pclk}/128$
011	$f_{pclk}/16$	111	$f_{pclk}/256$

其中的 f_{pclk} 频率是图 8-30 中 SPI 所在总线的频率。通过阅读数据手册，SPI 挂载总线如图 8-30 所示。SPI1 与 SPI2、3 分别挂载在不同的总线上，因为总线的主频不同，从而使得它们的最大传输速率不同，在其他功能上没有差异。

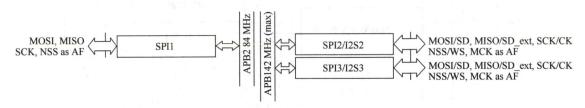

图8-30　SPI挂载总线

③ 部分：数据控制逻辑。SPI 的 MOSI 及 MISO 都连接到数据移位寄存器上，数据移位寄存器的数据来源于接收目标、发送缓冲区以及 MISO、MOSI 线。

当向外发送数据的时候，数据移位寄存器以"发送缓冲区"为数据源，把数据一位一位地通过数据线发送出去；当从外部接收数据的时候，数据移位寄存器把数据线采样到的数据一位一位地存储到"接收缓冲区"中。通过写 SPI 的"数据寄存器 DR"把数据填充到发送缓冲区中，通过读"数据寄存器 DR"，可以获取接收缓冲区中的内容。其中数据帧长度可以通过"控制寄存器 CR1"的"DFF 位"配置成 8 位及 16 位模式；配置"LSBFIRST 位"可选择 MSB 先行还是 LSB 先行。

④ 部分：整体控制逻辑。整体控制逻辑负责协调整个 SPI 外设，控制逻辑的工作模式根据配置的"控制寄存器（CR1/CR2）"的参数而改变，基本的控制参数包括前面提到的 SPI 模式、波特率、LSB 先行、主从模式和单双向模式等。在外设工作时，控制逻辑会根据外设的工作状态修改"状态寄存器（SR）"，只要读取状态寄存器相关的寄存器位，就可以了解 SPI 的工作状态了。除此之外，控制逻辑还根据要求，负责控制产生 SPI 中断信号、DMA 请求及控制 NSS 信号线。

实际应用中，一般不使用 STM32 SPI 外设的标准 NSS 信号线，而是使用普通的 GPIO，软件控制它的电平输出，从而产生通信起始和停止信号。

（2）STM32 的 SPI 通信过程　图 8-31 所示为微控制器 SPI 为主机工作在模式 3 时，数据发送和接收过程。掌握该流程图后，读者进行驱动开发时遵循以下步骤来发送和接收数据。

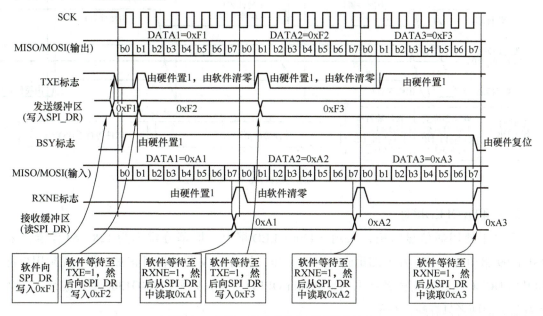

图8-31　全双工SPI主机模式3数据传输流程

关于图 8-31 数据传输流程说明如下：

1）控制 NSS 信号线，产生起始信号（图中没有画出）。

2）将发送数据写入 SPI_DR 寄存器中，使得该数据进入发送缓冲区中，此时 TXE 位清零。

3）通信开始后，SCK 时钟运行第二个时钟边沿完成信号采样。将 MOSI 中的数据一位一位地传输出去。MISO 则把数据一位一位地存储到缓冲区中。BSY 为高电平，表示设备忙碌中。

4）当一个字节数据发送完成后，TXE 硬件置 1，表示一帧数据传输完成，此时缓冲区为空；同样接收一个字节完成后，RXNE 由硬件置 1，表示一帧数据接收完成，接收缓冲区为空。

5）等到 TXE 和 RXNE 置 1 时，软件清零，将需要写入的数据或进行下一帧的数据收发。

循环交替，直至用户需要接收或发送的数据完成以后，取消 NSS 选中，数据处理完成清除相关标志位。其中 TXE 和 RXNE 都能产生相应的中断信号，从而可以在中断服务函数中进行相关处理。

数据手册中也讲解了主机工作在模式 3 但只进行数据发送时的流程图，单工传输流程如图 8-32 所示。流程分析步骤与上述一致，少了接收数据的部分，在此就不做过多赘述。项目中使用 OLED 屏幕就设定 SPI 工作在该模式下。

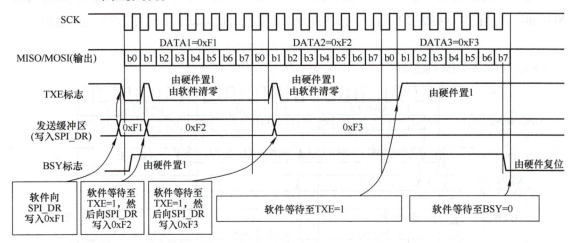

图8-32　SPI主机模式3单工传输流程

3. 2.42in OLED屏幕

项目中使用通信显示板，采用2.42in OLED屏幕。屏幕分辨率为128×64像素，采用SSD1309驱动IC，该芯片内部集成DCDC升压，仅需3.3V供电即可正常工作，无须用户再添加升压DCDC电路。而读者常见的为0.96in OLED屏幕，则采用SSD1306驱动芯片，在命令和配置方面两者只有些许差异。

图8-33所示为2.42in OLED屏幕的实物图，能直观看到的是有FPC排线和液晶显示板，然而其内部有着很复杂的电路。图8-34所示为OLED屏幕内部的控制电路（SSD1309）结构框图，由MCU控制器、图形显示数据缓存区（RAM/GDDRAM）、显示控制器、命令译码器、电源控制器和段控制器等组成。微控制器无法直接对内部的控制器进行设置，需要与基础的MCU控制器通过总线接口进行通信，实现参数配置和数据读写。

图8-33　2.42in OLED屏幕实物图

（1）SSD1309引脚说明　SSD1309内部有249个引脚，其中1~31号引脚是由用户设计相关电路连接，32~249号引脚则是由屏幕内部连接，实现对屏幕中的OLED像素点的控制。图8-35所示为UR1引脚分配。

（2）SSD1309接口选择　通过阅读数据手册可知，OLED屏幕一共有5种接口模式。微控制器总线接口引脚选择如图8-36所示。其中BS0~2的设定与硬件电路设计有关。

结合项目电路原理图如图8-37所示。其中BS1、BS2被直接拉低，BS0默认连接到内部VSS，这里硬件设计的是4线SPI工作模式。

OLED显示设计与实现 项目8

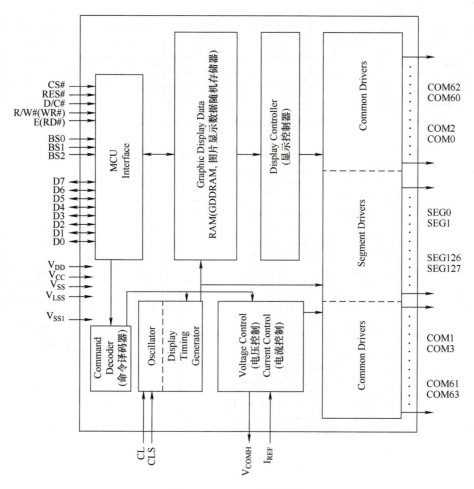

图8-34 SSD1309结构框图

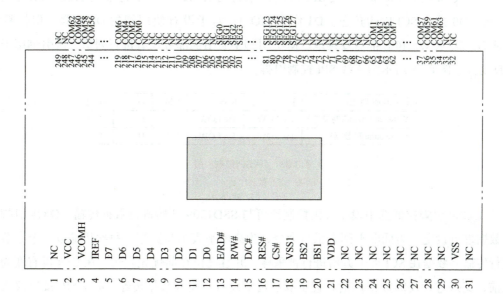

图8-35 SSD1309 UR1引脚分配

SSD1306 Pin Name	I²C Interface	6800–parallel interface (8bit)	8080–parallel interface (8bit)	4-wire Serial interface	3-wire Serial interface
BS0	0	0	0	0	1
BS1	1	0	1	0	0
BS2	0	1	1	0	0

图8-36 微控制器总线接口引脚选择

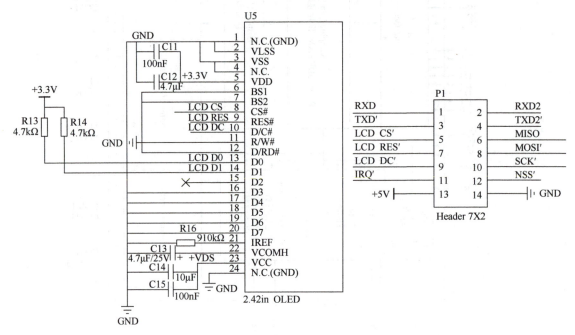

图8-37 2.42in OLED原理图

（3）4线 SPI 接口要求 4线 SPI 接口由串行时钟 SCLK、串行数据引脚 SDIN、DC 和 CS 组成。D0 扮演 SCLK 的角色。D1 作为 MOSI，对于没有使用到的 D2 引脚，保持悬空状态。从 D3~7、R/W# 和 E 都需要接地。RST 引脚手册中这部分没有进行列举，该引脚用于控制 OLED 复位。图 8-38 所示为 4线 SPI 控制引脚。

Function(功能)	E	R/W#	CS#	D/C#	D0
Write command(写命令)	Tie LOW	Tie LOW	L	L	↑
Write data(写数据)	Tie LOW	Tie LOW	L	H	↑

图8-38 4线SPI控制引脚
注：H 代表高电平，L 代表低电平，↑ 代表上升沿。

首先 CS# 引脚拉低选中设备，微控制器可与 SSD1309 开始进行数据传输。D/C# 引脚对传输的数据进行设定，为低电平则表示写命令，为高电平表示写数据。每次传输以一个字节为单位进行传输，数据在 SCLK 上升沿进行被采样，并且高位在前优先发送。在 CS# 没有变为高电平之前，支持进行连续数据传输。直至取消选中设备，完成数据传输。4线 SPI 接口模式下的写时序如图 8-39 所示。

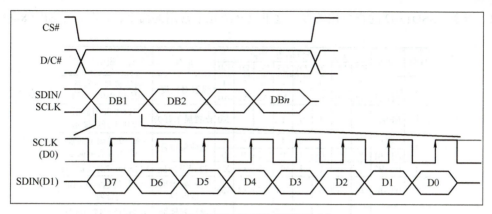

图8-39　4线SPI接口模式下的写时序

（4）显存与指令

1）显存。SSD1309 的显存总共为 128×64bit 大小，SSD1309 将这些显存分为了 8 页，从 Page0 到 Page7，用于单色 128×64 点阵显示，GDDRAM 分页如图 8-40 所示。

		Row re-mapping
PAGE0(COM0–COM7)	Page0	PAGE0(COM63–COM56)
PAGE1(COM8–COM15)	Page1	PAGE1(COM55–COM48)
PAGE2(COM16–COM23)	Page2	PAGE2(COM47–COM40)
PAGE3(COM24–COM31)	Page3	PAGE3(COM39–COM32)
PAGE4(COM32–COM39)	Page4	PAGE4(COM31–COM24)
PAGE5(COM40–COM47)	Page5	PAGE5(COM23–COM16)
PAGE6(COM48–COM55)	Page6	PAGE6(COM15–COM18)
PAGE7(COM56–COM63)	Page7	PAGE7(COM7–COM0)
	SEG0 ——————————— SEG127	
Column re-mapping	SEG127 ——————————— SEG0	

图8-40　SSD1309的GDDRAM分页

当一个数据字节被写入显存当中，该数据将会写入设定的页和列地址中，将该列的数据填满。显存数据显示的方式如图 8-41 所示，D0 为写入最上面一行，D7 写入最下面一行。这里读者可以理解为，无法直接控制单独的像素点，而是控制 8 个像素点为整体的这一列。

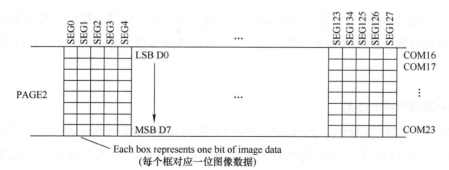

图8-41　显存数据显示的方式（没有开启行、列重映射）

2）指令。SSD1309 的指令比较多，这里仅介绍几个常用的命令，这些命令如图 8-42 所示。

序号	HEX	各位描述								指令	说明
		D7	D6	D5	D4	D3	D2	D1	D0		
0	81	1	0	0	0	0	0	0	1	设置对比度	A的值越大,屏幕越亮 A[7:0]:0x00~0xFF
	A[7:0]	A7	A6	A5	A4	A3	A2	A1	A0		
1	AE/AF	1	0	1	0	1	1	1	X0	设置显示开关	X0=0,关闭显示 X0=1,开启显示
2	8D	1	0	0	0	1	1	0	1	电荷泵设置	A2=0,关闭电荷泵 A2=1,开启电荷泵
	A[7:0]	*	*	0	1	0	A2	0	0		
3	B0~B7	1	0	1	1	0	X2	X1	X0	设置页地址	X[2:0]:0~7对应页0~7
4	00~0F	0	0	0	0	X3	X2	X1	X0	设置列地址（低四位）	设置8位起始列地址的低四位
5	10~1F	0	0	0	1	X3	X2	X1	X0	设置列地址（高四位）	设置8位起始列地址的高四位

图8-42　SSD1309常用命令表

第一个命令为 0x81，用于设置对比度，这个命令包含了两个字节，第一个 0x81 为命令，随后发送的一个字节为要设置的对比度的值。这个值设置得越大屏幕就越亮。

第二个命令为 0xAE/0xAF。0xAE 为关闭显示命令，0xAF 为开启显示命令。

第三个命令为 0x8D，该指令也包含两个字节，第一个为命令字，第二个为设置值，第二个字节的 bit2 表示电荷泵的开关状态，该位为 1，则开启电荷泵，为 0 则关闭。在模块初始化的时候，这个必须要开启，否则看不到屏幕显示。

第四个命令为 0xB0~0xB7，该命令用于设置页地址，其低三位的值对应着 GDDRAM 的页地址。

第五个指令为 0x00~0x0F，该指令用于设置显示时的起始列地址低四位。

第六个指令为 0x10~0x1F，该指令用于设置显示时的起始列地址高四位。

其他命令就不在这里一一介绍了，可以参考 SSD1309 datasheet（数据手册）的第 27 页。从这页开始，对 SSD1309 的指令有详细的介绍。

（5）OLED 初始化指令　在使用 OLED 进行显示时，需要对 OLED 参数进行配置，其实质就是对 SSD1309 的初始化，SSD1309 典型的初始化框图如图 8-43 所示。

整个过程比较复杂，主要是 SSD1309 的初始化序列。对于这部分代码，本书直接采用厂家推荐的初始化代码，没有做相关参数调整，读者若有其他需求时可细致研究参数意义，进行相关修订。

4. 字符取模软件的使用

软件包下载链接：https://pan.baidu.com/s/1m9DqsO26NBx4KQtYwqTA4A（提取码：bkrc）。下载完成后，进行解压。单击  图标，进入取模软件界面，如图 8-44 所示，这里以 PCto-LCD2002 为例。

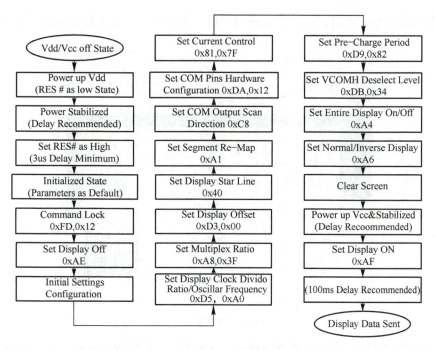

图8-43 SSD1309软件初始化框图

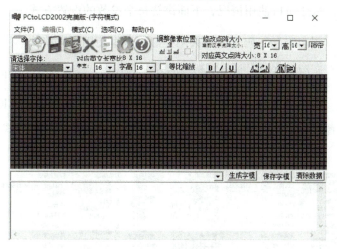

图8-44 PCtoLCD2002软件界面

进入取模软件后，在图 8-45 选中的区域内，可以进行字体和大小设置。这里以宋体，宽和高都为 16 为例进行讲解。结合 OLED 特点，字体大小采用 8 的整数倍最佳。

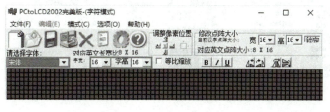

图8-45 字体和大小设置

完成字体和大小设置后,单击软件选项栏目,会弹出字模选项配置界面,如图8-46所示。

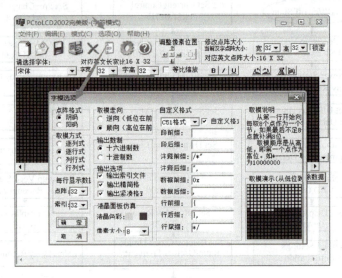

图8-46　字模选项配置界面

在字模选项配置中,可以设置点阵格式、取模方式、每行显示数据长度、取模走向、输出数制和自定义格式。结合项目使用情况,下面讲解每个参数的设置方式。

(1)点阵格式　阴阳码和数码管共阴共阳类似,这里使用阴码格式。

(2)取模走向　选项的设置,与发送数据的高低位有关。这里设置为逆向,如图8-47所示。

(3)取模方式　取模方式有四种,其设置效果如图8-47所示,选择不同的模式,会在取模演示进行预演。读者根据自己的字符填充算法进行选择,这里设置为列行式。

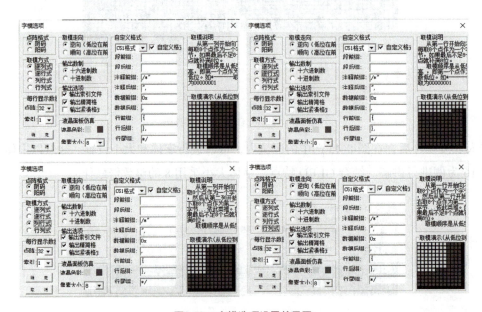

图8-47　字模选项设置效果图

（4）输出数制　选择十六进制数。

（5）每行显示数据长度　如图 8-48 所示，该数值设定生成的字模数据每行的长度。

图8-48　每行显示数据长度

（6）自定义格式　将格式设置为 C51，勾选自定义格式栏。删除行前后缀的 {} 符号，其他保持默认即可。最终设置效果如图 8-49 所示。

参数设置完成以后，单击确认即可。在图 8-50 中，输入需要取模的汉字，单击生成字模，软件会自动生成相应的数据。将字模数据添加到 oledfont.h 文件中的 tfont16[] 数组内。

软件生成的数据复制在 tfont16[] 中，此时无法直接使用，需要进行如图 8-51 所示的修改。复制的字符信息在数据前面，是在给 tfont16[] 这个结构体对象添加第一个数组的数据。完成字模数据添加后，调用字符显示函数即可完成验证。图 8-51 所示为修订文件内容。

图8-49　自定义格式

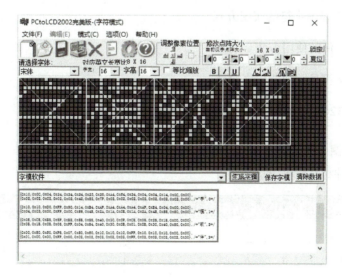

图8-50　生成字模

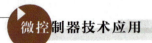

```
"字",
0x10,0x0C,0x04,0x24,0x24,0x24,0x25,0x26,0xA4,0x64,0x24,0x04,0x04,0x14,0x0C,0x00,
0x02,0x02,0x02,0x02,0x02,0x42,0x82,0x7F,0x02,0x02,0x02,0x02,0x02,0x02,0x02,0x00,/*"字",0*/
"模",
0x10,0x10,0xD0,0xFF,0x90,0x14,0xE4,0xAF,0xA4,0xA4,0xA4,0xAF,0xE4,0x04,0x00,0x00,
0x04,0x03,0x00,0xFF,0x00,0x89,0x4B,0x2A,0x1A,0x0E,0x1A,0x2A,0x4B,0x88,0x80,0x00,/*"模",1*/
"软",
0x08,0xC8,0xB8,0x8F,0xE8,0x88,0x88,0x40,0x30,0x0F,0xC8,0x08,0x28,0x18,0x00,0x00,
0x08,0x18,0x08,0x08,0xFF,0x04,0x84,0x40,0x30,0x0E,0x01,0x0E,0x30,0x40,0x80,0x00,/*"软",2*/
"件",
0x00,0x80,0x60,0xF8,0x07,0x80,0x60,0x1C,0x10,0x10,0xFF,0x10,0x10,0x10,0x00,0x00,
0x01,0x00,0x00,0xFF,0x00,0x02,0x02,0x02,0x02,0x02,0xFF,0x02,0x02,0x02,0x02,0x00,/*"件",3*/
```

图8-51 修订文件内容

8.6 总结与思考

本项目通过 STM32F4 开发板，引导学生编写 OLED 显示程序，通过阅读 OLED 数据手册，掌握微控制器与 OLED 控制器 SSD1309 的通信方式和协议。进一步掌握通过 STM32CubeMX 进行系统时钟、RTC、端口和硬件 SPI 配置的方法，熟悉应用 HAL 库进行软件开发的流程，对 OLED 屏幕有了更加深入的了解。项目的内容模拟真实应用场景，在编程中注意培养积极思考、大胆创新的能力。

（一）信息收集

1）查找通信显示板电路原理图。

2）了解 SSD1309 与微控制器通信数据协议和指令表。

3）了解 OLED 显示字符的实现方式。

4）学习取模软件的使用方法。

5）微控制器字符显示功能程序设计。

6）查阅 STM32CubeIDE 调试方法相关文档。

（二）实施步骤

1）列出元器件材料清单。

序号	元器件名称及数量	功能	序号	元器件名称及数量	功能

2）绘制 STM32F407 与通信显示板完整连接示意图（其中 STM32F407 可用框图代替）。

3）通信显示板中将 SSD1309 的总线接口设置为 4 线 SPI 接口。在下面画出该接口下在连续数据发送状态下，各个功能引脚的时序图。

4）编译、调试程序，代码下载到开发板上，运行展示。

5）考核。

<table>
<tr><td colspan="6">项目考核评分表</td></tr>
<tr><td rowspan="2">基本信息</td><td>班级</td><td></td><td>学号</td><td></td><td>分组</td><td></td></tr>
<tr><td>姓名</td><td></td><td>时间</td><td></td><td>总分</td><td></td></tr>
<tr><td rowspan="7">任务考核（50%）</td><td>序号</td><td colspan="2">步骤</td><td>完成情况（好、较好、一般、未完成）</td><td>标准分</td><td>得分</td></tr>
<tr><td>1</td><td colspan="2">STM32CubeMX 配置系统时钟</td><td></td><td>10</td><td></td></tr>
<tr><td>2</td><td colspan="2">STM32CubeMX 配置端口和 RTC</td><td></td><td>10</td><td></td></tr>
<tr><td>3</td><td colspan="2">STM32CubeMX 配置 SPI</td><td></td><td>10</td><td></td></tr>
<tr><td>4</td><td colspan="2">编写 OLED 字符显示功能函数，能实现中英文显示</td><td></td><td>30</td><td></td></tr>
<tr><td>5</td><td colspan="2">编译、调试和下载程序，程序正常运行，功能展示正确</td><td></td><td>20</td><td></td></tr>
<tr><td>6</td><td colspan="2">能设置断点，会通过窗口观察参数变化，理解程序运行过程</td><td></td><td>20</td><td></td></tr>
<tr><td rowspan="5">素质考核（50%）</td><td>1</td><td colspan="2">安全规范操作</td><td></td><td>20</td><td></td></tr>
<tr><td>2</td><td colspan="2">团队沟通、协作创新能力</td><td></td><td>20</td><td></td></tr>
<tr><td>3</td><td colspan="2">资料查阅、文档编写能力</td><td></td><td>20</td><td></td></tr>
<tr><td>4</td><td colspan="2">劳动纪律</td><td></td><td>20</td><td></td></tr>
<tr><td>5</td><td colspan="2">严谨细致、追求卓越</td><td></td><td>20</td><td></td></tr>
<tr><td colspan="2">教师评价</td><td colspan="4"></td></tr>
<tr><td colspan="2">学生总结</td><td colspan="4"></td></tr>
</table>

（三）课后习题

1. SPI 总线由哪几根信号线组成？这些信号线的作用是什么？

2. SPI 有几种工作模式？每种模式所配置的参数以及工作特性是什么？

3. 列举几个使用 SPI 总线的设备。

项目 9 智能工厂门禁系统设计与实现

9.1 学习目标

素养目标：

1. 培养查阅资料、编写文档的能力。
2. 培养沟通、合作与创新能力。
3. 培养项目管理和架构设计能力。
4. 培养深度思考能力。
5. 整理实训设备，践行劳动教育。

知识目标：

1. 了解矩阵键盘电路设计与软件检测原理。
2. 了解 RFID（射频识别）卡协议以及相关规定。
3. 了解指纹识别模块通信协议和使用方法。
4. 巩固 STM32 的串口、I^2C 和 GPIO 等外设的开发方法。
5. 学习程序架构设计。

技能目标：

1. 学会设计矩阵键盘行列扫描法驱动程序。
2. 学会设计 RFID 卡读写驱动程序。
3. 学会驱动指纹模组录入指纹与识别指纹。
4. 掌握矩阵键盘、RFID 卡和指纹控制门锁的方法。
5. 掌握基于时间片轮询的程序框架设计。

9.2　项目描述

随着智能家居产业的不断兴起，在产业规模进一步扩大的情况下，门锁已经有往智能门锁发展的趋势。智能门锁的主要特点为开锁方式的多样性以及可远程控制性等功能。在本项目中，要使用密码、RFID 卡和指纹控制门锁的开关，并应用到实际生活中的智能门禁中。智能门禁系统框图如图 9-1 所示。

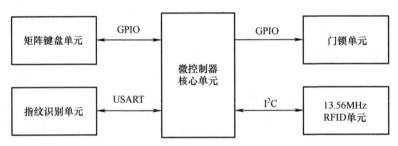

图9-1　智能门禁系统框图

项目包含微控制器核心单元、矩阵键盘单元、13.56MHz RFID 单元、指纹识别单元和门锁单元五个部分。通过矩阵键盘单元输入密码、RFID 单元识别卡号和指纹识别单元识别指纹，实现控制门锁单元开锁功能。同时采用时间片轮询机制，控制系统运行状态指示灯和相关功能调度。

9.3　项目要求

项目任务：

利用 STM32CubeIDE 开发环境，通过配置时钟树、串口和端口等，生成项目代码。搭建硬件电路，理解模块功能。下载并运行程序，观察运行结果。

项目要求：

1）分析智能门禁系统的设计原理，掌握模块搭建组合基本方法。

2）应用 STM32CubeIDE 搭建项目工程，能使用 CubeMX 配置时钟树、USART 和端口等并生成项目代码，能理解代码各部分作用。

3）掌握各个模块的使用方法。

4）掌握基于时间片轮询的程序设计。

5）能理解课程提供的函数代码。

6）能进行软件、硬件联合调试，完成考核任务。

9.4 项目实施

1. 项目准备

计算机 1 台（Windows 10 及以上系统）、操作台 1 个、STM32F4 核心板 1 个、4×4 矩阵键盘单元 1 个（图 9-2）、13.56MHz RFID 模块 1 个（图 9-3）、指纹识别模块 1 个（图 9-4）、智能门锁单元 1 个（图 9-5）、功能扩展板 1 个、方口数据线 1 条、16P 排线 1 条、10P 排线 1 条、6P 排线 1 条、4P 排线 2 条、3P 排线 2 条、电源转接线 1 条和操作台电源适配器（12V/2A）。

图9-2　4×4矩阵键盘单元

图9-3　13.56MHz RFID模块

图9-4　指纹识别模块

图9-5　智能门锁单元

STM32F407 微控制器核心板与功能扩展板、4×4 矩阵键盘单元、13.56MHz RFID 模块、指纹识别模块和智能门锁单元的连接关系，见表 9-1~表 9-3，将设备进行硬件连接。

表 9-1　STM32F4 核心板与功能扩展板连接

STM32F4 核心板	功能扩展板
P11	P1

表 9-2 功能扩展板与扩展模块连接

功能扩展板	扩展模块	
P3	P1	13.56MHz RFID 模块
P5	P1	智能门锁单元
P4	P1	指纹识别模块
P6	P3	

表 9-3 STM32F4 核心板与 4×4 矩阵键盘单元连接

STM32F4 核心板	4×4 矩阵键盘单元
P2	P1

操作台供电后，使用电源转接线连接到 STM32F4 核心板，将 6P 排线通过操作台的 SWD 下载口连接到 STM32F4 核心板下载口。将功能扩展板和扩展模块通过排线连接后，则完成项目硬件准备。搭建实物图如图 9-6 所示。

2. CubeMX配置

芯片选择与系统时钟配置、USART、TIM、GPIO 等前文已介绍过。此处只将例程中，关于这些外设的配置结果放在这里，用于读者配置时进行参考，就不过多讲解。

图9-6 搭建实物图

（1）GPIO 配置　门锁、矩阵键盘、LED、功能按键和蜂鸣器，都可以直接使用 GPIO 进行控制。13.56MHz RFID 模块采用 I^2C 接口进行通信，选择 PH4/5 引脚模拟 I^2C 时序，完成该设备的驱动开发。将使用到的引脚全部选中，并完成工作模式设置，如图 9-7~ 图 9-12 所示。

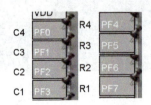

图9-7 4×4矩阵键盘引脚配置

图9-8 蜂鸣器端口配置

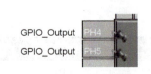

图9-9 13.56MHz RFID引脚配置

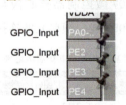

图9-10 核心板按键端口配置

图9-11 核心板LED端口配置　　　　　　图9-12 门锁控制端口

（2）TIM 配置　在项目描述中，提到了要求采用时间片轮询机制控制系统运转状态指示灯和相关任务调度。因为项目中没有引入 ROTS（嵌入式实时操作系统），所以这里使用定时器模拟这种机制，让读者掌握该机制的实现原理，从而扩宽读者的程序架构设计。

这里选择了 TIM3，使能 TIM3 内部使用如图 9-13 所示，读者可以根据自身微控制器资源，选择其他 TIM 也是可以的。将 TIM3 的工作模式、定时周期和中断使能都进行配置，设置定时周期并使能 TIM3 全局中断如图 9-14 所示，读者可以进行对比参考。

图9-13 使能TIM3内部使用

图9-14 设置定时周期并使能TIM3全局中断

（3）串口配置　项目中使用的指纹识别模块采用串口的通信接口，结合硬件连接关系，这里配置 USART3，实现微控制器与指纹识别模块进行通信，配置 USART3 参数并使能 USART3 中断如图 9-15 所示。同时为了方便程序调试和状态指示，还配置了 USART1 进行调试信息打印，配置方式和 USART3 一样，这里就不进行过多展示了。

图9-15 配置USART3参数并使能USART3中断

指纹模块有手指感应唤醒信号输出功能,根据硬件连接关系选中图9-16所示引脚,完成图中所示的模式配置并使能外部中断。

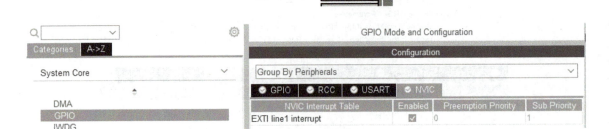

图9-16 手指感应唤醒信号引脚模式配置并使能外部中断

(4)中断优先级设置 在前面的外设使用中,使能了串口、定时器和外部中断,为了保证系统的实时响应,需要将各个外设的中断优先级进行配置。这里配置的中断优先级顺序为:EXTI Line 1> 串口3 全局中断 >TIM3 全局中断 > 串口1 全局中断,如图9-17所示。

NVIC Mode and Configuration

NVIC Interrupt Table	Enabled	Preemption Priority	Sub Priority
Non maskable interrupt	✓	0	0
Hard fault interrupt	✓	0	0
Memory management fault	✓	0	0
Pre-fetch fault, memory access fault	✓	0	0
Undefined instruction or illegal state	✓	0	0
System service call via SWI instruction	✓	0	0
Debug monitor	✓	0	0
Pendable request for system service	✓	0	0
Time base: System tick timer	✓	0	0
PVD interrupt through EXTI line 16	☐	0	0
Flash global interrupt	☐	0	0
RCC global interrupt	☐	0	0
FPU global interrupt	☐	0	0
EXTI line1 interrupt	✓	0	1
USART3 global interrupt	✓	0	2
TIM3 global interrupt	✓	0	3
USART1 global interrupt	✓	1	0

图9-17 中断优先级配置

到这里相关外设配置就已经初步完成了，单击工具栏按钮或按 <Ctrl+S> 键，自动生成配置代码函数。这些配置所产生的初始化代码，都会分别保证在 gpio.c、tim.c 和 usart.c 文件中。如果有配置不清楚的地方，可以查阅前面的内容，也可以进入对应的 .c 文件中，进行阅读理解。

3. 软件分析

相较于前面的项目，本项目使用的模块更多，要求的功能也更多。在进行程序编写之前，建议读者先以打手稿、画流程图和思维导图等方式进行系统流程整理，理清思绪再开始。

本项目是在学习前面的内容之上，做扩展和应用开发。其中关于如何使用 GPIO 函数、USART 数据收发和 GPIO 模拟 I^2C 等内容就不做过多讲解，主要讲解面向本项目而设计的应用开发。

（1）主程序 main.c 文件　main.c 文件当中的 int main（void）函数，是本项目主函数，主要用于完成系统时钟初始化、I^2C 初始化、开启 TIM3 定时功能、USART3 串口接收中断注册、指纹识别模块和系统运行指示灯等基于外设给设备初始化。初始化完成后，进入 while（1）循环中，在循环中分别进行了 RFID 卡检测、手指检测并进行识别、核心板按键检测、矩阵键盘检测和系统运行时长检测，其程序流程如图 9-18 所示。

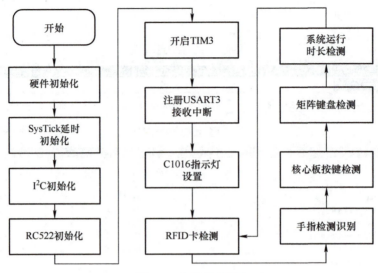

图9-18 主程序流程图

main 函数详细的代码内容如下所示。

1.int main（void）
2.{
3.uint16_t setidnnumber=1；// 指纹初始 ID
4.static uint32_t LED_twinkle_times；//LED 闪烁周期
5.uint8_t key=' '；// 矩阵键盘返回初值
6.uint64_t key_password=0；// 矩阵键盘键值记录
7.HAL_Init（）；//HAL 库、硬件资源初始化
8.SystemClock_Config（）；// 系统时钟配置初始化
9.MX_GPIO_Init（）；// 外设端口初始化
10.MX_USART1_UART_Init（）；//USART1 初始化，串口打印
11.MX_USART3_UART_Init（）；//USART3 初始化，指纹识别模块通信
12.MX_TIM3_Init（）；// 定时器初始化
13.Delay_Init（）；//SysTick 时钟延时初始化
14.I²C_Init（）；//I²C 引脚初始化，将引脚电平拉高
15.InitRc522（）；//13.56MHz RFID 芯片初始化
16.HAL_TIM_Base_Start_IT（（TIM_HandleTypeDef*）&htim3）；// 定时器开启
17.HAL_UART_Receive_IT（&huart3，aRxBuffer，RXBUFFERSIZE）；//USART3 中断接收缓冲区
18.C1016_COLOR_Struct c1016_color_struct；// 指纹识别模块指示灯颜色配置结构体定义
19.c1016_color_struct.color_mode=C1016_COLOR_MODE_RESPIRE；// 开启呼吸灯
20.c1016_color_struct.color_start_value=C1016_COLOR_GREEN；// 开始识别时颜色为绿色
21.c1016_color_struct.color_end_value=C1016_COLOR_BLUE；// 识别完成后为蓝色
22.c1016_color_struct.color_loop=0；// 关闭呼吸灯闪烁

23.C1016_SetColor（&c1016_color_struct）；// 指纹识别模块指示灯配置初始化

24.LED_twinkle_times=gt_get（）+500；// 获取系统当前运行时长，并设置 LED 闪烁事件

25.while（1）

26.{

27.Read_Card（）；// 读卡函数

28.C1016_Identify（）；// 指纹识别函数

29.switch（Key_Scan（0））// 核心板按键检测

30.{

31.case 1：// 按键 1：开始进行指纹录入

32.HAL_GPIO_TogglePin（GPIOF，GPIO_PIN_9）；//LED 翻转，表示按键检测成功

33.printf（"录入 ID：%d"，setidnnumber）；//USART1 打印指纹 ID

34.Delay_ms（500）；

35.C1016_Enroll（setidnnumber）；// 指纹模组录入 ID

36.setidnnumber++；// 更新 ID，从而支持多指纹录入

37.break；

38.case 4：// 清除指纹模组所有指纹数据

39.setidnnumber=1；

40.C1016_cmd_Delete（）；

41.break；

42.default：

43.break；

44.}

45.key=read_keypad（）；// 矩阵键盘检测读取

46.if（key!=0x01）// 判断是否有按键按下

47.{

48.printf（"key：%c\r\n"，key）；// 打印按键的 ID

49.key_password+=key；// 保存键值

50.printf（"key==：%0x\r\n"，key_password）；// 获取的键值总和

51.if（key_password==0x158）// 采用键值总和的数据，判断密码是否正确

52.{

53.printf（"开锁"）；

54.HAL_GPIO_WritePin（GPIOI，GPIO_PIN_5，1）；// 开锁

55.Delay_ms（500）；

56.Delay_ms（500）；

57.HAL_GPIO_WritePin（GPIOI，GPIO_PIN_5，0）；// 关锁

58.key_password=0；// 清除键值总和

59.}

60.}

61.if（gt_get_sub（LED_twinkle_times）==0）// 系统时间判断
62.{
63.LED_twinkle_times=gt_get（）+500；// 设定下次运行时的系统时间
64.HAL_GPIO_TogglePin（GPIOH，GPIO_PIN_15）；//LED4 状态取反
65.}
66.}
67.}

其中调用了按键检测、指纹识别、系统事件检测和 RFID 卡检测等功能函数，为此需要在 main.c 文件中，调用包含这些函数声明的 .h 文件。

1.#include "delay.h"
2.#include "bkrc_bsp_key.h"
3.#include "bkrc_bsp_fingerprint.h"
4.#include "bkrc_bsp_I^{2}C.h"
5.#include "bkrc_bsp_rc522.h"
6.#include "bkrc_bsp_tim.h"
7.#include<stdio.h>
8.#include<string.h>

（2）基于定时器的时间片检测的 bkrc_bsp_tim.c/h 文件　时间片轮询机制的功能程序设计，是在定时器周期中断的基础上进行的。通过对定时器周期中断触发次数进行计数，可以获取当前系统运行时长，将任务定时执行的周期设置好以后，检测周期是否满足，满足后执行对应的功能函数，执行完成以后，又回到系统运行的主进程中，整个运行机制如图 9-19 所示。

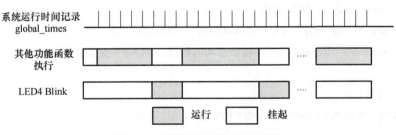

图9-19　时间片机制程序运行示意图

需要实现时间片轮询机制，应具备三个基础条件：①记录系统运行时长；②返回系统运行时长；③时长比较。为此设计了三个功能函数来实现。具体的函数内容如下：

1）记录系统运行时长：在前面将 TIM3 定时器周期设置为 1ms，则每 1ms 触发一次中断。在定时器中断服务函数中，变量 global_times 自加，实现系统时长记录。

```
1.volatile uint32_t global_times=0;
2.void HAL_TIM_PeriodElapsedCallback(TIM_HandleTypeDef*htim)
3.{
4.if(htim->Instance==TIM3)
5.{
6.global_times++;
7.}
8.}
```

global_times 是一个无符号整型 32 位的数据，其数据范围是 [0：4294967296]。读者肯定会想，这个变量里面持续递增，总会有计数溢出的时候。这种情况确实存在，比如基于本例程制作的设备，进行持续运行，没有断电、复位等操作，可持续记录时长 49 天。然而对该计数值的处理，需要根据设备的使用情况、系统运行效率等进行综合分析设定。

2）返回系统运行时长：调用该函数就可以返回定时器记录的系统运行时长。相较于直接读取变量值，可提升程序的可读性和扩展。

```
1.uint32_t gt_get(void)
2.{
3. return global_times;// 返回定时器计数值，即系统运行总时长
4.}
```

3）时长比较：在 main 函数中有该函数的使用示例，其内部就是对定时执行的函数的计数值与系统当前运行的时长进行判断。获取到系统时长大于或等于设定的系统时间值时，返回值则为 0，即可开始执行相关的功能函数。

```
1. uint32_t gt_get_sub(uint32_t c)
2. {
3. if(c > global_times)// 设定的时间与系统时间做比较
4.    c -= global_times;
5. else
6.    c = 0;
7. return c;
8. }
```

功能函数编写完成后，都需要在 bkrc_bsp_tim.h 文件中进行声明，方便函数在其他文件中调用。相关功能函数的使用方法如下所示。

```
1. uint32_t LED_twinkle_times；  // 设定定时执行事件
2. LED_twinkle_times = gt_get（）+ 500；// 系统初始化完成，对执行事件的事件时间进行设置
3. if（gt_get_sub（LED_twinkle_times）== 0）// 系统时间判断
4. {
5.     LED_twinkle_times = gt_get（）+ 500；// 设定下次运行时的系统时间
6.     HAL_GPIO_TogglePin（GPIOH，GPIO_PIN_15）；// 周期性事件功能函数
7. }
```

（3）按键检测的 bkrc_bsp_key.c/h 文件　项目中分别使用了核心板独立功能按键和 4×4 矩阵键盘按键，针对两种不同的按键应用场景，设立两种功能函数，实现对应的按键检测。

1）核心板独立功能按键检测。核心板独立功能按键检测函数内容如下所示，其中的 KEY0、1、2、3（）是在 .h 文件中进行宏定义的函数，方便调用。经过了按键检测、延时消抖和再次检测的流程，实现单个按键的检测。

```
1.  uint8_t Key_Scan（uint8_t mode）
2.  {
3.      static uint8_t key_up=1；   // 按键松开标志
4.      if（mode）key_up=1；  // 支持连按
5.      if（key_up&&（KEY0（）==0||KEY1（）==0||KEY2（）==0||KEY3（）==1））
6.      {
7.          Delay_ms（10）；  // 去抖动
8.          key_up=0；
9.          if（KEY0（）==0）return 1；
10.         else if（KEY1（）==0）return 2；
11.         else if（KEY2（）==0）return 3；
12.         else if（KEY3（）==1）return 4；
13.     }else if（KEY0（）==1&&KEY1（）==1&&KEY2（）==1&&KEY3（）==0）key_up=1；
14.     return 0；    // 无按键按下
15. }
```

2）4×4 矩阵键盘按键检测。4×4 矩阵键盘按键检测，采用端口反转法。HAL 库的引脚控制，只能对单个引脚进行读取和控制，不能对整个端口进行操作。为方便项目开发，对端口

操作方式进行了改动。直接控制 ODR 寄存器，可以控制整个 GPIOF 口的输出。同理读取 IDR 寄存器，可以实现对 GPIOF 端口的引脚进行读取。具体的程序内容如下：

```c
uint8_t Get_KeyValue（void）// 使用线反转法
{
  uint8_t i=5，j=5；
  uint16_t temp1，temp2；
  Column_GPIO_Input（）；
  GPIOF->ODR = 0xfff0；// 控制 ODR 寄存器，使得行引脚为低电平，列引脚为高电平
  if ((((uint16_t) GPIOF->IDR >> 4) & 0X00f) <0x00f)// 判断是否有按键按下
  {
    Delay_ms（40）；        // 按键消抖
    if (((uint16_t) GPIOF->IDR >>4 & 0x000f) < 0x000f)
    temp1= ((uint16_t) GPIOF->IDR >>4 & 0x000f);    // 读取 IDR
    switch（temp1）
    {
      case 0x0e：j=0；break；
      case 0x0d：j=1；break；
      case 0x0b：j=2；break；
      case 0x07：j=3；break；
      default：break；
    }
  }
  Line_GPIO_Input（）；
  GPIOF->ODR = 0xff0f；// 控制 ODR 寄存器，使得列引脚为低电平，行引脚为高电平
  if (((uint16_t) GPIOF->IDR & 0x000f) <0x000f)
  {
    Delay_ms（50）；        // 按键消抖
    if (((uint16_t) GPIOF->IDR & 0x000f) < 0x000f)
    temp2= ((uint16_t) GPIOF->IDR & 0x000f);
    switch（temp2）
    {
      case 0x0e：i=0；break；
      case 0x0d：i=1；break；
      case 0x0b：i=2；break；
      case 0x07：i=3；break；
      default：break；
```

```
    }
  }
  if((i==5)||(j==5))// 判断是否有按键按下
    return 0;
  else
    return(Key_Tab[i][j]);
}
```

编写好这两部分按键检测函数后,在 bkrc_bsp_key.h 文件中进行声明,方便在其他文件中进行调用。在 .c 文件中,为了方便单个端口的电平读取,进行宏定义,其内容如下所示。

1. #define KEY0( ) HAL_GPIO_ReadPin(GPIOE,GPIO_PIN_4)
2. #define KEY1( ) HAL_GPIO_ReadPin(GPIOE,GPIO_PIN_3)
3. #define KEY2( ) HAL_GPIO_ReadPin(GPIOE,GPIO_PIN_2)
4. #define KEY3( ) HAL_GPIO_ReadPin(GPIOA,GPIO_PIN_0)

(4) 13.56MHz RFID 卡读写开发的 bkrc_bsp_rc522.c/h 文件 13.56MHz RFID 模组,采用的 MFRC522 芯片,是 NXP(恩智浦)公司针对"三表"应用推出的一款低电压、低成本和体积小的非接触式读写卡芯片,是智能仪表和便携式手持设备研发的较好选择。硬件电路接口采用了 I^2C 总线接口,在前面的项目讲解了使用 GPIO 模拟相关时序,在此就不做过多的讲解了。下面将该文件中的相关控制功能函数列举出来,见表 9-4。

表 9-4 13.56MHz RFID 控制功能函数清单

函数名称	函数功能
RC522_RD_Reg	读寄存器
RC522_WR_Reg	写寄存器
WriteRawRC	写 RC522 寄存器
ReadRawRC	读 RC522 寄存器
SetBitMask	置 RC522 寄存器位
PcdComMF522	通过 RC522 和 ISO14443 卡通信
CalculateCRC	用 MF522 计算 CRC16 函数
PcdReset	复位 RC522
PcdRequest	寻卡
M500PcdConfigISOType	设置 RC522 的工作方式
PcdAnticoll	防冲撞

（续）

函数名称	函数功能
PcdSelect	选定卡片
PcdAuthState	验证卡片密码
PcdWrite	写数据到 M1 卡一块
PcdRead	读取 M1 卡一块数据
PcdHalt	命令卡片进入休眠状态
PcdAntennaOn	开启天线
PcdAntennaOff	关闭天线
WaitCardOff	等待卡离开

表 9-4 中的函数内容很多，在这里列举部分函数进行讲解，其他的功能函数，读者可阅读程序源文件，对照数据手册进行学习。

1）写寄存器：在前面讲解了 I^2C 时序功能函数，这里要按照 RC522 芯片的数据手册，按照它对 I^2C 写数据时序函数进行编写，如图 9-20 所示。完成功能函数编写后，就可以基于此函数对 RC522 进行参数设置等。

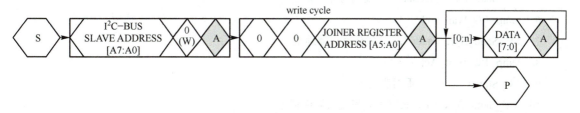

图9-20　RC522 I^2C写数据时序

1. void RC522_WR_Reg（uint8_t RCsla，uint8_t addr，uint8_t val）
2. {
3. I^2C_Start（ ）；
4. I^2C_Send_Byte（RCsla）；　　// 发送写器件指令
5. I^2C_Wait_Ack（ ）；
6. I^2C_Send_Byte（addr）；　　// 发送寄存器地址
7. I^2C_Wait_Ack（ ）；
8. I^2C_Send_Byte（val）；　　// 发送值
9. I^2C_Wait_Ack（ ）；
10. I^2C_Stop（ ）；　　// 产生一个停止条件
11. }

2）读寄存器：按照 RC522 芯片的 I²C 总线接收时序要求（图 9-21），编写读数据功能函数。

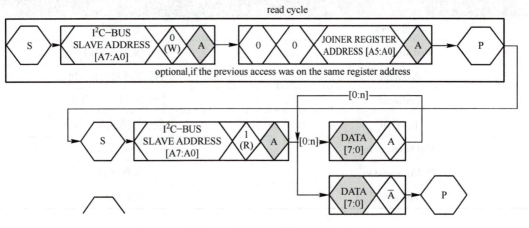

图9-21　RC522 I²C读数据时序

1. uint8_t RC522_RD_Reg（uint8_t RCsla，uint8_t addr）
2. {
3. 　uint8_t temp=0；
4. 　I²C_Start（）；
5. 　I²C_Send_Byte（RCsla）；// 发送写器件指令
6. 　temp=I²C_Wait_Ack（）；
7. 　I²C_Send_Byte（addr）；　// 发送寄存器地址
8. 　temp=I²C_Wait_Ack（）；
9. 　I²C_Start（）；　　// 重新启动
10. 　I²C_Send_Byte（RCsla+1）；// 发送读器件指令
11. 　temp=I²C_Wait_Ack（）；
12. 　temp=I²C_Read_Byte（0）；// 读取一个字节，不继续读，发送 NACK
13. 　I²C_Stop（）；　　// 产生一个停止条件
14. 　return temp；　　// 返回读到的值
15. }

3）WriteRawRC 和 ReadRawRC 函数：这两个函数是对前面讲解到的基于 I²C 协议要求而编写读写函数的封装。这里进行二次封装的原因，是 RC522 芯片支持 SPI、UART 和 I²C 三种通信方式，为了方便程序移植和端口修改。其函数的主要内容如下：

1. uint8_t ReadRawRC（uint8_t Address）
2. {
3. 　uint8_t ucResult=0；

4. ucResult = RC522_RD_Reg（SLA_ADDR，Address）；
5. return ucResult；   // 返回收到的数据
6. }
7. void WriteRawRC（uint8_t Address, uint8_t value）
8. {
9.   RC522_WR_Reg（SLA_ADDR，Address，value）；
10. }

4）SetBitMask 和 ClearBitMask 函数：RC522 芯片的寄存器某一位进行设置或清除。

1. void SetBitMask（uint8_t reg, uint8_t mask）
2. {
3.   char tmp = 0x0 ；
4.   tmp = ReadRawRC（reg）；
5.   WriteRawRC（reg, tmp | mask）; // set bit mask
6. }
7. void ClearBitMask（uint8_t reg, uint8_t mask）
8. {
9.   char tmp = 0x0 ；
10.   tmp = ReadRawRC（reg）；
11.   WriteRawRC（reg, tmp & ~mask）; // clear bit mask
12. }

5）13.56MHz RFID 卡读写功能函数：RFID 卡读写需要经过寻卡、防冲撞、选卡和密钥验证后才能进行数据读写。函数的具体内容如下所示。

1. void Read_Card（void）
2. {
3.   uint8_t status ；
4.   uint8_t s=0x08 ；
5.   status = PcdRequest（PICC_REQALL，CT）; /* 寻卡 */
6.   if（status==MI_OK）// 寻卡成功
7.   {
8.   Delay_ms（200）；
9.   status=MI_ERR ；
10.   status = PcdAnticoll（SN）; /* 防冲撞 */

11.　}
12.　if（status==MI_OK）// 防冲撞成功
13.　{
14.　　status=MI_ERR；
15.　　status =PcdSelect（SN）; /* 选择卡片 */
16.　}
17.　if（status==MI_OK）// 选卡成功
18.　{
19.　　status=MI_ERR；
20.　　status =PcdAuthState（0x60，0x09，KEY，SN）; /* 验证卡片密码 */
21.　}
22.　if（MODE）// 判断是否写入
23.　{
24.　　if（status==MI_OK）　// 验证成功
25.　　{
26.　　　status=MI_ERR；
27.　　　status=PcdWrite（s，WRITE_RFID）; // 写入数据
28.　　　Delay_ms（200）;
29.　　　HAL_GPIO_WritePin（GPIOI，GPIO_PIN_5，1）; // 开锁
30.　　　HAL_UART_Transmit_IT（&huart1，WRITE_RFID，20）;
31.　　}
32.　}
33.　status=PcdRead（s，READ_RFID）;　　// 读卡
34.　if（status==MI_OK）// 读卡成功
35.　{
36.　　HAL_GPIO_TogglePin（GPIOF，GPIO_PIN_9）;
37.　　HAL_UART_Transmit_IT（&huart1，READ_RFID，20）;
38.　　WaitCardOff（ ）;
39.　　status=MI_ERR；
40.　　Delay_ms（100）;
41.　　HAL_GPIO_WritePin（GPIOI，GPIO_PIN_5，0）; // 关锁
42.　}
43.　}

完成相关功能函数后，都需要在 bkrc_bsp_rc522.h 文件中进行声明，方便在其他文件中调用。同时 RC522 的寄存器很多，为了方便程序设计和理解，将常用的寄存器都在 .h 文件中进行了声明，其宏定义如图 9-22 所示，关于每个寄存器的功能，以及配置参数的意义，在 RC522 数据手册 38 页起，都有详细讲解。

```
//////////////////////////////////////////////////////
//MF522命令字
//////////////////////////////////////////////////////
#define PCD_IDLE           0x00        //取消当前命令
#define PCD_AUTHENT        0x0E        //验证密钥
#define PCD_RECEIVE        0x08        //接收数据
#define PCD_TRANSMIT       0x04        //发送数据
#define PCD_TRANSCEIVE     0x0C        //发送并接收数据
#define PCD_RESETPHASE     0x0F        //复位
#define PCD_CALCCRC        0x03        //CRC计算
//////////////////////////////////////////////////////
//Mifare_One卡片命令字
//////////////////////////////////////////////////////
#define PICC_REQIDL        0x26        //寻天线区内未进入休眠状态
#define PICC_REQALL        0x52        //寻天线区内全部卡
#define PICC_ANTICOLL1     0x93        //防冲撞
#define PICC_ANTICOLL2     0x95        //防冲撞
#define PICC_AUTHENT1A     0x60        //验证A密钥
#define PICC_AUTHENT1B     0x61        //验证B密钥
#define PICC_READ          0x30        //读块
#define PICC_WRITE         0xA0        //写块
#define PICC_DECREMENT     0xC0        //扣款
#define PICC_INCREMENT     0xC1        //充值
#define PICC_RESTORE       0xC2        //调块数据到缓冲区
#define PICC_TRANSFER      0xB0        //保存缓冲区中数据
#define PICC_HALT          0x50        //休眠
```

图9-22　RC522常用寄存器宏定义

（5）编写指纹识别和录入 bkrc_bsp_fingerprint.c/h 文件　指纹识别模块是基于 USART 通信的设备，功能开发也非常简单。bkrc_bsp_fingerprint.c 文件内的函数，主要是进行数据发送和接收解析。数据收发的格式都需要对照指纹识别模块的数据手册进行整理，这里将该文件中的功能函数都列举在表 9-5 中，方便读者查阅。

表 9-5　指纹识别模块功能函数

函数名称	函数功能
HAL_UART_RxCpltCallback	串口接收中断回调函数
HAL_GPIO_EXTI_Callback	外部中断回调函数
C1016_Send_Data	向指纹模块发送数据
C1016_cmd_Delete	清除指纹模块中录入的指纹
C1016_Data_Verification	计算发送数据校验值
C1016_Get_Verification	获取 data 中的数据校验
C1016_SetColor	设置指纹识别模块指示灯的工作状态
C1016_Enroll	指纹录入
C1016_Identify	指纹识别

1）串口接收中断回调函数：指纹识别模块与微控制器之间通过 USART3 进行通信，当指纹模块返回数据给微控制器时便会触发接收中断。将接收的数据保存在 aRxBuffer 中，接收缓冲区的长度为 RXBUFFERSIZE。触发接收中断后，完成数据缓存，就会使 c1016_rx_flag 标志位置 1，表示接收到数据可以进行相关数据解析。

1. #define RXBUFFERSIZE 26
2. uint8_t aRxBuffer[100];
3. void HAL_UART_RxCpltCallback（UART_HandleTypeDef *huart）
4. {
5. 　if（huart->Instance == USART3）
6. 　{
7. 　　HAL_UART_Receive_IT（&huart3, aRxBuffer, RXBUFFERSIZE）;
8. 　　if（c1016_rx_flag == 0）
9. 　　{ c1016_rx_flag = 1 ; }
10. 　}
11. }

2）外部中断回调函数：当指纹传感器有手指接触后，引脚会输出高电平，从而触发。如果 c1016_Weakup_flag 为 0，将该标志位置 1，提示微控制器有手指接触，可以进行指纹识别。

1. void HAL_GPIO_EXTI_Callback（uint16_t GPIO_Pin）
2. {
3. 　if（GPIO_Pin == GPIO_PIN_1）
4. 　{
5. 　　HAL_GPIO_TogglePin（GPIOF, GPIO_PIN_10）;
6. 　　if（c1016_Weakup_flag == 0）
7. 　　{ c1016_Weakup_flag = 1 ; }
8. 　}
9. }

3）向指纹模块发送数据。

1. void C1016_Send_Data（uint8_t *da, uint8_t len）
2. {
3. 　HAL_UART_Transmit（&huart3, da, len, HAL_MAX_DELAY）;
4. }

4）清除指纹模块中录入的指纹：发送保存在 CMD_DEL_CHAR 数组中的数据，指纹模块接收到数据后会自动删除存储的指纹数据。

/** 删除指定编号范围内指纹 CMD_GENERATE 命令 0x00 44*/
uint8_t CMD_DEL_CHAR[] = {0x55, 0xAA, 0x00, 0x00, 0x44, 0x00, 0x04, 0x00, 0x01, 0x00, 0x32, 0x00, 0x00,

0x00, 0x00, 0x00, 0x00, 0x00, 0x00, 0x00, 0x00, 0x00, 0x00, 0x00, 0x10, 0x02};

1. void C1016_cmd_Delete（void）
2. {
3.   C1016_Data_Verification（CMD_DEL_CHAR，sizeof（CMD_DEL_CHAR））;
4.   C1016_Send_Data（CMD_DEL_CHAR，sizeof（CMD_DEL_CHAR））;
5. }

5）计算发送数据校验值：给指纹模块发送的所有指令，都需要调用该函数计算校验，保证数据传输有效。

1. void C1016_Data_Verification（uint8_t *da, uint8_t len）
2. {
3.   uint32_t lenl, lenh, lensum;
4.   if（len >= 26）
5.   {
6.   lenl = da[0] + da[1] + da[2] + da[3] +da[4] +da[5] +da[6] +da[7] + da[8] + da[9] + da[10];
7.   lenh = da[11] + da[12] + da[13] + da[14] +da[15] +da[16] +da[17] +da[18] + da[19] + da[20] + da[21] + da[22] + da[23];
8.   lensum =（lenl + lenh）% 65536;
9.   da[24] = lensum % 256;
10.   da[25] = lensum / 256;
11.   }
12. }

6）获取 da 中的数据校验：此函数用于指纹识别模块发送的数据，获取数据的校验值，用于协议解析。

1. uint16_t C1016_Get_Verification（uint8_t *da, uint8_t len）
2. {
3.   uint32_t lenl, lenh, lensum = 0;
4.   if（len >= 26）
5.   {

6. lenl = da[0] + da[1] + da[2] + da[3] +da[4] +da[5] +da[6] +da[7] + da[8] + da[9] + da[10] ;

7. lenh = da[11] + da[12] + da[13] + da[14] +da[15] + da[16] +da[17] + da[18] + da[19] + da[20] + da[21] + da[22] + da[23] ;

8. lensum =（lenl + lenh）% 65536 ;

9. }

10. return lensum ;

11. }

7）设置指纹识别模块指示灯的工作状态。

1. void C1016_SetColor（C1016_COLOR_Struct *p）
2. {
3. uint8_t pData1[] = {0x55, 0xaa, 0x00, 0x00, 0x24, 0x00, 0x04, 0x00, 0x03, 0x02, 0x00, 0x00, 0x00,
4.   0x00, 0x00, 0x00, 0x00, 0x00, 0x00, 0x00, 0x00, 0x00, 0x00, 0x2C, 0x01
5. } ;
6. pData1[8] = p->color_mode ;
7. pData1[9] = p->color_start_value ;
8. pData1[10] = p->color_end_value ;
9. pData1[11] = p->color_loop ;
10. C1016_Data_Verification（pData1, 26）;　// 校验
11. HAL_UART_Transmit（&huart3, pData1, sizeof（pData1）, HAL_MAX_DELAY）;
12. }

8）指纹录入：指纹录入的流程在数据手册中进行了说明，按照流程发送数据，并对返回的数据进行解析即可。

1. void C1016_Enroll（uint16_t id_number）
2. {
3. uint32_t c1016_enroll_time = 0 ;
4. uint32_t c1016_enroll_time_out = 0 ;
5. c1016_enroll_time_out = gt_get（）+ 2000 ;
6. while（1）
7. {
8.   if（c1016_Weakup_flag == 1）
9.   {

10. /* 指纹识别代码过长，由于篇幅，相关详细代码读者可在随书资源中查看 */
11. }
12. }
13. }

9）指纹识别：指纹识别的流程在数据手册中进行了说明，按照流程发送数据，并对返回的数据进行解析即可。

```
1. void C1016_Identify（void）
2. {
3.   uint16_t Identify_ID = 0；    // 保存识别得到的指纹 ID
4.   uint32_t c1016_identify_time = 0；// 指纹识别
5.   if（c1016_Weakup_flag == 1）
6.   {
7.     C1016_Data_Verification（CMD_GET_IMAGE，sizeof（CMD_GET_IMAGE））；// 采集指纹图像
8.     C1016_Send_Data（CMD_GET_IMAGE，sizeof（CMD_GET_IMAGE））；// 发送指纹识别指令
9.     while（!C1016_Check_id_Registration（aRxBuffer，sizeof（aRxBuffer）））；
10.    printf（"OK CMD_GET_IMAGE Identify\n"）；
11.    C1016_cmd_Generate（0）；
12.    while（!C1016_Check_id_Registration（aRxBuffer，sizeof（aRxBuffer）））；
13.    printf（"OK CMD_GENERATE Identify\n"）；
14.    C1016_Data_Verification（CMD_SEARCH，sizeof（CMD_SEARCH））；
15.    C1016_Send_Data（CMD_SEARCH，sizeof（CMD_SEARCH））；// 识别指纹
16.    c1016_identify_time = gt_get（）+ 2000；
17.    memset（aRxBuffer，0，sizeof（aRxBuffer））；
18.    while（c1016_Weakup_flag）
19.    {
20.      Identify_ID = C1016_Check_id_Registration（aRxBuffer，sizeof（aRxBuffer））；
21.      if（Identify_ID != 0）
22.      {
23.        printf（"Identify_ID %d\n"，Identify_ID）；
24.        c1016_Weakup_flag = 0；
25.        HAL_GPIO_WritePin（GPIOI，GPIO_PIN_5，1）；// 开锁
26.        Delay_ms（500）；Delay_ms（500）；
27.        HAL_GPIO_WritePin（GPIOI，GPIO_PIN_5，0）；// 关锁
28.        printf（"识别 ID：%d"，Identify_ID）；
29.      }else{ }
```

```
30.        if（gt_get_sub（c1016_identify_time）==0）// 指纹识别超时
31.        {
32.          c1016_Weakup_flag = 0；
33.          printf（"Break Time Out! ID : %d\n"，Identify_ID）;
34.          printf（"识别超时"）;
35.        }
36.    }
37.  }
38. }
```

完成功能函数的编写后，在 .h 文件中进行声明，方便在其他文件中调用。

4. 项目效果

经过程序的调试，编译并下载到 STM32F4 核心板。通过 RFID 卡、指纹和密码输入，都能打开门锁。按下核心板的按键可以进行指纹的录入和删除，并且通过串口打印数据，在串口助手页面中会显示系统运行状态，如图 9-23~图 9-26 所示。

图9-23　刷卡解锁

图9-24　指纹解锁

图9-25　密码解锁

图9-26　串口打印数据

9.5　知识直通车

1. 矩阵键盘扫描原理

嵌入式系统中，若使用按键较多时，如电子密码锁、手机键盘等一般都有 12~16 个按键，通常采用矩阵键盘。矩阵键盘又称行列键盘，以 4×4 矩阵键盘为例，它是用四条 I/O 线作为行线，四条 I/O 线作为列线，在行线和列线的每个交叉点上设置一个按键。这种行列式键盘结构能有效地提高嵌入式系统中 I/O 口的利用率。

矩阵键盘的工作原理：项目中使用的矩阵键盘布局如图 9-27 所示，由 16 个按键组成，在单片机中正好可以用一个端口实现 16 个按键功能，这也是在单片机系统中最常用的形式，4×4 矩阵键盘的内部电路如图 9-28 所示。

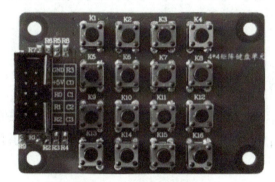

图9-27　矩阵键盘实物图

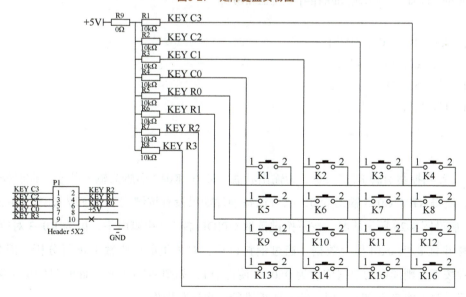

图9-28　4×4矩阵键盘的内部电路图

当无按键闭合时，KEY_R0~3、KEY_C0~3 之间开路，并且引脚电平被默认拉高。当有按键按下时，闭合按键会使得两个 I/O 口之间短路。这里假设第二行第二列的按键被按下，如图 9-29 所示。

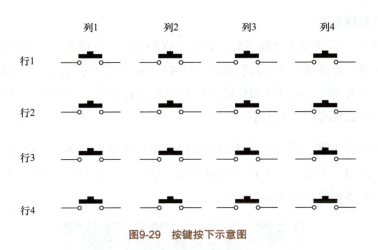

图9-29 按键按下示意图

判断有无按键按下的方法如下：

1）在进行检测时先定义一个二维数组，每个数组的值则对应键值。通过检测时将采集得到的按键的行、列坐标信息，对应到二维数组中，就可以得到对应的键值了。

```
1. unsigned char const Key_Tab[4][4]=// 键盘编码表
2. {
3.   { 'A', 'B', 'C', 'D' },
4.   { '3', '6', '9', '#' },
5.   { '2', '5', '8', '0' },
6.   { '1', '4', '7', '*' }
7. };
```

2）设置列控制引脚 KEY_C0~3 为输出状态、KEY_R0~3 引脚为输入状态。此时操作 ODR 寄存器，使得 KEY_C0~3 输出为 0，结合设备硬件如果没有按键按下，读取 KEY_R0~3 端口应都为 1。假设图 9-29 所示情况，按下按键读取 GPIOF 端口的引脚电平，因为 R0~3 对应着 F4~7 需要右移并且 & 上 0x0f 保存数据。通过消抖以后，对采集的引脚数据进行分析，因为是第 2 行有按键按下，则读取的数据应改为 0x0d，使得 j=1，如图 9-30 所示。此时只知道是第二行有按键按下，并不能定位到哪一列，还需要再进行一次读写操作。

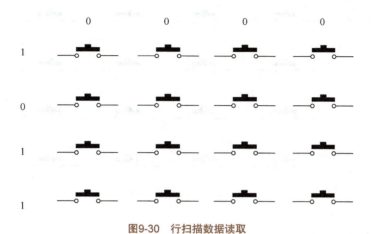

图9-30　行扫描数据读取

1. Column_GPIO_Input（）；//KEY_C0~3 为输出状态，KEY_R0~3 引脚为输入
2. GPIOF->ODR = 0xfff0；// 控制 ODR 寄存器，使得行引脚为低电平，列引脚为高电平
3. if（（（（uint16_t）GPIOF->IDR >> 4）& 0X00f）<0x00f）// 判断是否有按键按下
4. {
5. 　　Delay_ms（40）；// 按键消抖
6. 　　if（（（（uint16_t）GPIOF->IDR >>4 & 0x000f）< 0x000f）
7. 　　temp1=（（uint16_t）GPIOF->IDR >>4 & 0x000f）；　　// 读取 IDR
8. 　　switch（temp1）
9. 　　{
10. 　　　　case 0x0e：j=0；　break；
11. 　　　　case 0x0d：j=1；break；
12. 　　　　case 0x0b：j=2；break；
13. 　　　　case 0x07：j=3；break；
14. 　　　　default：break；
15. 　　}
16. }

3）设置列控制引脚 KEY_C0~3 为输入状态、KEY_R0~3 引脚为输出状态。此时操作 ODR 寄存器，使得 KEY_R0~3 输出为 0，结合设备硬件如果没有按键按下，读取 KEY_C0~3 端口都为 1。在图 9-30 所示情况中，读取 GPIOF 端口的引脚电平，C0~3 对应着 F0~3 可以直接 & 上 0x0f 保存数据。通过消抖以后采集到的数据为 0x0d，使得 i=1，如图 9-31 所示。通过连续两次进行端口反转，已经获取到了此时按键的横纵坐标位置。

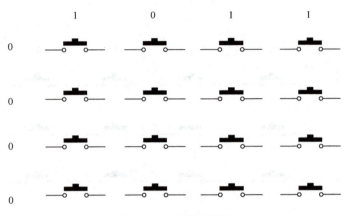

图9-31 列扫描数据读取

1. Line_GPIO_Input（）；
2. GPIOF->ODR = 0xff0f；// 控制 ODR 寄存器，使得列引脚为低电平，行引脚为高电平
3. if（（（uint16_t）GPIOF->IDR & 0x000f）<0x000f）
4. {
5. 　Delay_ms（50）；　　　// 按键消抖
6. 　if（（（uint16_t）GPIOF->IDR & 0x000f）< 0x000f）
7. 　temp2=（（uint16_t）GPIOF->IDR & 0x000f）；
8. 　switch（temp2）
9. 　{
10. 　　case 0x0e：i=0；break；
11. 　　case 0x0d：i=1；break；
12. 　　case 0x0b：i=2；break；
13. 　　case 0x07：i=3；break；
14. 　　default：break；
15. 　}
16. }

4）将获取的横纵坐标信息转变为对应的键值，如果 i、j 为 5 则说明没有按键按下，返回 0。反之则返回对应的键值即可。

1. if（（i==5）||（j==5））
2. 　return 0；
3. else
4. 　return（Key_Tab[i][j]）；

矩阵键盘扫描的方式不止书中讲到的这一种，但是其原理都是一样的，只不过在读取的顺序上有所不同，在这里就不做过多讲解了，鼓励读者多多思考总结。

2. 射频识别（RFID）技术

（1）RFID 技术简介　射频识别即 RFID（Radio Frequency Identification）技术，又称电子标签、无线射频识别，是一种通信技术，可通过无线电信号识别特定目标并读写相关数据，而无须识别系统与特定目标之间建立机械或光学接触。

RFID 技术的基本工作原理：标签进入读卡器磁场范围后，接收读卡器发出的射频信号，凭借感应电流所获得的能量发送出存储在芯片中的产品信息（Passive Tag，无源标签或被动标签），或者由标签主动发送某一频率的信号（Active Tag，有源标签或主动标签），读卡器读取信息并解码后，送至中央信息系统进行有关数据处理。RFID 技术应用如图 9-32 所示。

图9-32　RFID技术应用

（2）RFID 分类　射频识别技术依据其标签的供电方式可分为三类，即无源 RFID、有源 RFID 与半有源 RFID。

1）无源 RFID。电子标签通过接收射频识别读卡器传输来的微波信号，以及通过电磁感应线圈获取能量来对自身短暂供电，从而完成此次信息交换。无源 RFID 主要工作在较低频段 125kHz、13.56MHz 等，其典型应用包括公交卡、二代身份证和食堂餐卡等。

2）有源 RFID。有源 RFID 需要通过外接电源供电，主动向射频识别读卡器发送信号。其体积相对较大，但传输距离较长且传输速度较高。有源 RFID 主要工作在 900MHz、2.45GHz 和

5.8GHz等较高频段,且具有可以同时识别多个标签的功能。在高速公路电子不停车收费系统中发挥着不可或缺的作用。

3)半有源RFID。半有源RFID又称为低频激活触发技术。在通常情况下,半有源RFID产品处于休眠状态,仅对标签中保持数据的部分进行供电,因此耗电量较小,可维持较长时间的工作。当标签进入射频识别读卡器识别范围后,读卡器先以125kHz低频信号在小范围内精确激活标签使之进入工作状态,再通过2.4GHz微波与其进行信息传递。即先利用低频信号精确定位,再利用高频信号快速传输数据。其通常的应用场景为:在一个高频信号所能覆盖的大范围中,在不同位置安置多个低频读卡器用于激活半有源RFID产品。这样既完成了定位,又实现了信息的采集与传递。

(3)13.56MHz高频RFID卡 13.56MHz高频RFID卡是一种非接触式IC(集成电路)卡——Mifare卡,Mifare是恩智浦所拥有的13.56MHz非接触性辨识技术,可以在卡片上兼具读写的功能。高频RFID卡如图9-33所示。

1)高频RFID卡主要性能。

① 容量为8K位(bits)=1K字节(bytes)EEPROM。

图9-33 高频RFID卡

② 分为16个扇区,每个扇区为4块,每块16个字节,以块为存取单位。

③ 每个扇区有独立的一组密码及访问控制。

④ 每张卡有唯一序列号,为32位。

⑤ 具有防冲突机制,支持多卡操作;无电源,自带天线,内含加密控制逻辑和通信逻辑电路。

⑥ 数据保存期为10年,可改写10万次,读无限次;工作温度为-20~50℃(湿度为90%)。

⑦ 工作频率:13.56MHz。读写距离:10cm以内(与读写器有关)。高频RFID卡结构如图9-34所示。

2)高频RFID卡存储器结构。Mifare卡分为16个扇区,每个扇区由4块(块0、块1、块2、块3)组成,将16个扇区的64个块按绝对地址编号为0~63,存储器结构如图9-35所示。

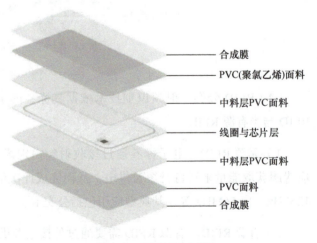

图9-34 高频RFID卡结构

扇区号	块	描述	功能	块序号
扇区0	块0		数据块	0
	块1		数据块	1
	块2		数据块	2
	块3	密码A 存取控制 密码B	控制块	3
扇区1	块0		数据块	4
	块1		数据块	5
	块2		数据块	6
	块3	密码A 存取控制 密码B	控制块	7
⋮				
扇区15	块0		数据块	60
	块1		数据块	61
	块2		数据块	62
	块3	密码A 存取控制 密码B	控制块	63

图9-35 高频RFID卡存储器结构

第0扇区的块0（即绝对地址0块），用于存放厂商等代码，已经固化，不可更改。其他扇区的块0、块1、块2为数据块，可用于存储数据。数据块可作两种应用。

① 用作一般的数据保存，可以进行读、写操作。

② 用作数据值，可以进行初始化值、加值、减值和读值操作。

每个扇区的块3为控制块，包括了密码A、存取控制和密码B，具体结构见表9-6。

表9-6 RFID控制块内容

A0 A1 A2 A3 A4 A5	FF 07 80 69	B0 B1 B2 B3 B4 B5
密码A（6字节）	存取控制（4字节）	密码B（6字节）

（4）MFRC522读卡器 MFRC522是应用于13.56MHz非接触式通信中高集成度读写卡系列芯片中的一员，是NXP公司针对"三表"应用推出的一款低电压、低成本和体积小的非接触式读写卡芯片。

MFRC522利用了先进的调制和解调概念，完全集成了在13.56MHz下所有类型的被动非接触式通信方式和协议，支持ISO14443A的多层应用。其内部发送器部分可驱动读写器天线与ISO14443A/Mifare卡和应答机的通信，无须其他的电路。接收器部分提供一个坚固而有效的解调和解码电路，用于处理ISO14443A兼容的应答器信号。

MFRC522与MCU连接接口支持使用SPI、I^2C总线和串行UART接口。MFRC522在上电或硬复位后会自动复位其接口并检查当前主机接口类型。MFRC522通过在复位阶段之后检测控制引脚上的逻辑电平来识别主机接口。这是通过固定引脚连接的组合来完成的。表9-7为不同接口连接配置表。

表9-7 不同接口连接配置表

MFRC522 引脚	串行接口类型		
	UART	SPI	I²C
SDA	RX	NSS	SDA
I²C	0	0	1
EA	0	1	EA
D7	TX	MISO	SCL
D6	MX	MOSI	ADR_0
D5	DTRQ	SCK	ADR_1
D4	—	—	ADR_2
D3	—	—	ADR_3
D2	—	—	ADR_4
D1	—	—	ADR_5

1) UART接口。MFRC522读卡器在默认情况下传输速率为9.6kbit/s，若需要修改传输速率，主机控制器必须将新传输速率的值写入SerialSpeedReg寄存器，具体配置参考MFRC522数据手册第12页。在与主机通信时，UART的帧格式为：1位起始位、8位数据位[先发LSB（最低有效位）]、无奇偶校验位和1位停止位。UART接口如图9-36所示。

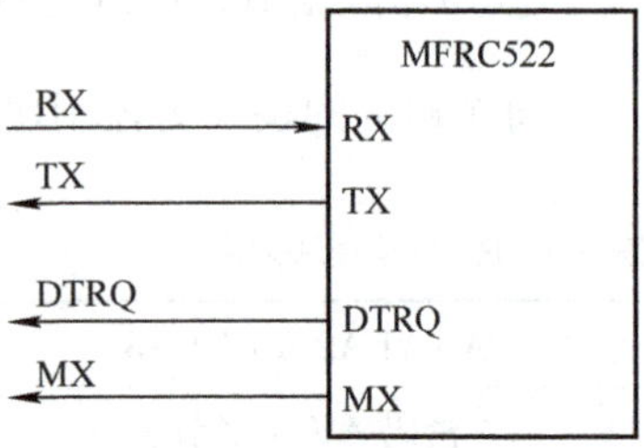

图9-36 UART接口

使用UART通信方式读MFRC522地址的数据时，其时序如图9-37所示，MCU对MFRC522读卡器写入一个地址（地址附带指令），MFRC522读卡器接收到地址后回复对应地址的数据，且MFRC522读卡器在回复字节时，会将MX的电平拉高（MX引脚对于MFRC522而言是一个输出端口），此时完成一次数据传输。

使用UART通信方式向MFRC522地址写数据时，其时序如图9-38所示，MCU对MFRC522读卡器写入一个地址（地址附带指令），MFRC522读卡器回复一个地址字节（与发送的地址一致），且MFRC522读卡器在回复字节时，会将MX的电平拉高，拉高的同时，在下一个位时，MCU会将DTRQ端口电平拉高，保持接收状态，接收完成后，MCU再发送需要写入的数据（一个字节），此时完成一次数据传输。

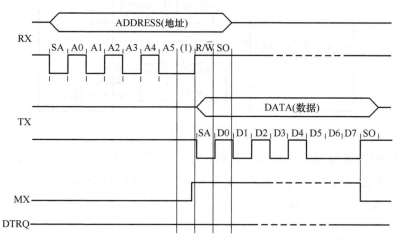

图9-37 UART读数据时序

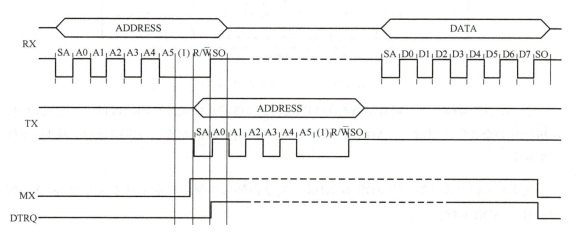

图9-38 UART写数据时序

2) SPI 接口。MFRC522 与微控制器之间可采用 SPI 接口进行高速串行通信。SPI 接口数据处理与标准 SPI 接口相同。兼容 SPI 接口如图 9-39 所示。

在 SPI 通信中，MFRC522 为从机模式，SPI 时钟 SCK 由主机产生，微控制器通过 MOSI 线向 MFRC522 写入数据，通过 MISO 线读取 MFRC522 的数据。

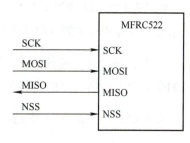

图9-39 兼容SPI接口

3) I^2C 接口。MFRC522 支持 I^2C 总线接口，I^2C 接口操作遵循 NXP 的 I^2C 总线接口规范。I^2C 接口只能工作在从机模式下，因此，MFRC522 无法实现时钟生成或访问仲裁。I^2C 总线通信时序与标准 I^2C 总线通信时序相同，此处不做赘述。I^2C 接口如图 9-40 所示。

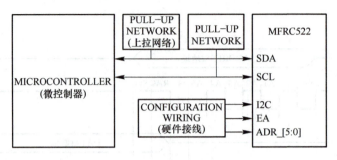

图9-40　I²C接口

在 I²C 总线的寻址过程中,起始条件后的第一个字节用来确定主机选择的通信从机,如图 9-41 所示。I²C 地址规范与 EA 引脚定义有关,在复位引脚释放或上电复位后,器件根据 EA 引脚的逻辑电平来决定总线地址。

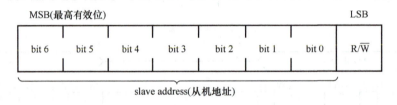

图9-41　起始条件后的第一个字节

若 EA 引脚为高电平,则对于所有的 MFRC522 器件的总线地址高四位保留,设置成 0101,从机地址剩余 3 位(ADR_0、ADR_1、ADR_2)可由用户自由配置,可以防止与其他 I²C 器件产生冲突。

若 EA 引脚为低电平,则 ADR_0~ADR_5 完全由外部引脚来指定(具体参考 MFRC522 数据手册),ADR_6 保持为 0。

两种模式下外部地址编码都在复位条件释放后立即锁定。

(5)MFRC522 读写卡过程　在写入、读出时,还需要经过寻卡、防冲撞、选定卡片和验证卡片密码等步骤才能实现读卡和写卡功能。Mifare 卡操作流程如图 9-42 所示。

寻卡:该步骤分两种情况,第一种是寻感应区内所有符合 14443A 标准的卡,即寻天线区内的全部的卡;第二种是寻未进入休眠状态的卡。

防冲撞:在多张 IC 卡中选出唯一的一张卡片进行读写操作。

选定卡片:确认卡片,检测 IC 卡是否还在感应区。

验证卡片密码:通常验证 A 密钥,A 密钥是供用户读写操作的,利用 A 密钥可对除 0 区外的其他所有扇区块进行读写操作;B 密钥通常是不可操作的,用于逻辑加密、算法加密,同时密钥也是不可见的。

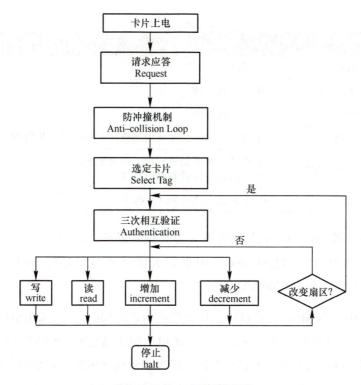

图9-42　Mifare卡操作流程图

3. 指纹录入与识别

（1）指纹识别模块介绍　指纹模组IDWD1016C是一款半导体电容式指纹模块，一款超小面积的嵌入式指纹模块，以专用高性能ID809/811处理器为核心，采用半导体电容传感器与芯片一体化设计，内置行业的IDfinger6.0智能自学习指纹算法，具备体积小、功耗低、采集快速、干湿手指适应性强和防伪性高等特点。其外观精致轻薄一体化，环形炫酷呼吸灯设计，实物图如图9-43所示。

指纹模组IDWD1016C具有录入指纹、验证指纹、查询指纹、删除指纹和采集指纹图像等基本功能。该指纹模组和主机通信方式为串口通信。指纹模组IDWD1016C的引脚图如图9-44所示，表9-8为引脚功能说明。

图9-43　指纹模组实物图

图9-44　IDWD1016C引脚图

表9-8 IDWD1016C 引脚功能说明

序号	引脚	说明
1	GND	公共地
2	UART_RX	串口接收引脚
3	UART_TX	串口发送引脚
4	VIN	电源（+3.3V），在要求超低待机功耗时，此引脚需可控电源
5	IRQ/WAKEUP	手指感应唤醒信号输出，高电平输出 有手指触碰时就有高电平输出
6	VCC	采集器常供电电源（3.3V）

指纹模块和系统 MCU 通信的数据格式为 8 位数据位、1 位停止位、无校验、无硬件控制流，通信默认波特率 115200Baud，根据需要波特率可以选择 9600Baud、19200Baud、38400Baud、57600Baud 和 115200Baud 等。

（2）IDWD1016C 与 MCU 通信接口 指纹模块和系统 MCU 之间采用串口通信，电路连接如图 9-45 所示，当有手指按压指纹模块时，WAKEUP 输出高电平，WAKEUP 信号是通知信号，系统 MCU 接收到 WAKEUP 信号后启动系统，输出指纹模块电源开启信号，给 VIN 提供 3.3V 电源，然后再进行 UART 通信，这样可以将指纹模块的休眠电流控制在 10μA 以下。

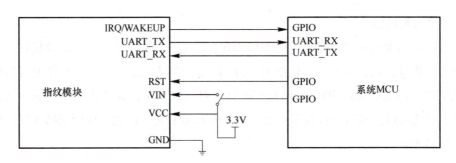

图9-45 指纹模块与MCU通信接线

IDWD1016C 指纹模块的通信协议采用的是三能指纹模块通信协议栈 B。模块上电后固件 BOOT 需要时间（即硬件及算法初始化时间），主机必须等待模块完成初始化后才能给模块发送指令。指纹模组在上电后，MCU 的 GPIO 及 UART 端口初始化成功后，会通过 UART 发送一个字节的 0x55，作为通知主机的握手信号。主机在控制指纹模块上电后等待模块初始化时，可以通过接收此握手信号，提前进入工作状态。

指纹模块和系统 MCU 通信时，所有指令的发送、接收必须要遵循一发一收的原则。主机（Host）在没有收到应答时，不可以向目标模块（TARGET）发送指令。通信帧序列传送顺序：字节（Byte）遵循最低有效位优先传送的规则，字（Word）遵循低字节优先、高字节在后传送的规则。

注意：主机控制模块上电后，可通过如下两种方法开始通信过程。

① 主机收到模块的握手信号 0x55 后，即可开始给模块发送指令。

② 主机控制模块上电后，延时 280ms 即可开始给模块发送指令。

通信过程如图 9-46 所示。

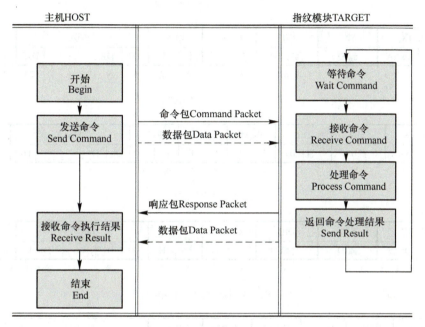

图9-46　通信过程

（3）通信包 Packet 的分类　通信包 Packet 分为命令包（Command Packet）、响应包（Response Packet）和指令/响应的数据包（Data Packet）三种。

1）命令包 Command Packet。命令包说明从 Host 至 Target 的指令内容。从 Host 中发出的所有指令，都通过命令包 Command Packet 传输。命令包 Command Packet 的帧长度为 26 字节。

2）响应包 Response Packet。响应包指从 Target 至 Host 的应答内容。所有指令收到相应处理结果即 Response Packet 后终止其使命。响应包 Response Packet 的长度为 26 字节。

3）指令/响应的数据包 Data Packet。当指令参数或响应数据的长度大于 16Bytes 时，利用指令/响应数据包 Data Packet 传输数据。Host 须在发送指令数据包之前，利用命令包 Command Packet 将数据包的长度告知模块 Target。指令参数或相应数据包的最大长度为 500Bytes。

不同指令包所对应的识别代码不同，如图 9-47 所示。

每一种通信包都有其特殊意义，它们的帧结构也不同，如图 9-48~图 9-51 所示。

Packet 类别	Code包类别识别码
命令包Command Packet	0xAA55
响应包Response Packet	0x55AA
指令数据包Command Data Packet	0xA55A
响应数据包 Response Data Packet	0x5AA5

图9-47　Packet识别代码

PREFIX		SID	DID	CMD		LEN		DATA				CKS	
0x55	0xAA	源ID	目标ID	L	H	L	H	D0	D1	…	D15	L	H
0	1	2	3	4	5	6	7	8	9		23	24	25

图9-48　命令包帧结构

PREFIX		SID	DID	RCM		LEN		RET		DATA			CKS	
0x55	0xAA	源ID	目标ID	L	H	L	H	L	H	D0	D1	…	D13	L	H
0	1	2	3	4	5	6	7	8	9	10	11		23	24	25

图9-49　响应包帧结构

PREFIX		SID	DID	CMD		LEN		DATA				CKS	
0x5A	0xA5	源ID	目标ID	L	H	L	H	D0	D1	…	Dn−1	L	H
0	1	2	3	4	5	6	7	8	9		8+n−1	8+n	8+n+1

图9-50　指令数据包帧结构

PREFIX		SID	DID	RCM		LEN		RET		DATA			CKS	
0xA5	0x5A	源ID	目标ID	L	H	L	H	L	H	D0	D1	…	Dn−3	L	H
0	1	2	3	4	5	6	7	8	9	10	11		8+n−1	8+n	8+n+1

图9-51　响应数据包帧结构

Host 须在发送指令数据包之前先传输命令包，使得模块 Target 进入指令数据包接收等待状态。在该命令包的数据域中，须设定待传输的指令数据包的长度。Host 应在确认 Target 处于指令数据包接收等待状态后传输指令数据包。

注意：其中 PREFIX 为包标识；SID 为源标识；DID 为目标标识；CMD 为命令码 / 响应码；LEN 为数据长度；RET 为结果码 Result Code（0：成功。1：失败）；DATA 为命令参数 / 响应数据；CKS 为校验位，表示从 PREFIX 到 DATA 所有数据算术和运算后的最低 2 个字节。

（4）通信命令综述　在指纹识别模块数据手册的第 14 页起，就会详细讲解到相关命令和使用方法，如图 9-52 所示。这里只列举了部分命令，更多的命令读者可以阅读数据手册进行深度学习。

1）采集指纹图像指令（CMD_GET_IMAGE 0x0020）。指令功能为从采集器采集指纹图像并保存于 ImageBuffer 中。从采集器采集指纹图像，若采集图像正确，则返回 ERR_SUCCESS，否则返回错误码。主机发送指令见表 9-9、模块响应数据见表 9-10。

序号 No	命令名称 Command Name	命令码 Code	命令功能 Function
1	CMD_TEST_CONNECTION	0x0001	进行与设备的通信测试
2	CMD_SET_PARAM	0x0002	设置设备参数(Device ID,Security Level,Baudrate, Duplication Check, Auto Learn,TimeOut) 注:TimeOut只适用于滑动采集器
3	CMD_GET_PARAM	0x0003	获取设备参数(Device ID,Security Level,Baudrate, Duplication Check, Auto Learn,TimeOut) 注:TimeOut只适用于滑动采集器
4	CMD_GET_DEVICE_INFO	0x0004	获取设备信息
5	CMD_ENTER_IAP_MODE	0x0005	将设备设置为 IAP 状态
6	CMD_GET_IMAGE	0x0020	从采集器采集指纹图像并保存于ImageBuffer中
7	CMD_FINGER_DETECT	0x0021	检测指纹输入状态
8	CMD_UP_IMAGE	0x0022	将保存于ImageBuffer 中的指纹图像上传至 HOST
9	CMD_DOWN_IMAGE	0x0023	HOST下载指纹图像到模块的ImageBuffer中

图9-52 指纹模块命令列表

表 9-9 主机发送指令

PREFIX	0xAA55
SID	Source Device ID
DID	Destination Device ID
CMD	0x0020
LEN	0
DATA	无数据

表 9-10 模块响应数据

PREFIX	0x55AA
SID	Source Device ID
DID	Destination Device ID
RCM	0x0020
LEN	2
RET	Result Code
DATA	0

例 1： 发送采集指纹图像后模块检测到手指的命令及响应，如图 9-53 所示。

主机命令: 55 AA 00 00 20 00 00 00 00 00 00 00 00 00 00 00 00 00 00 00 00 00 00 00 1F 01

模块响应: AA 55 01 00 20 00 02 00 00 00 00 00 00 00 00 00 00 00 00 00 00 00 00 00 22 01

图9-53 采集指纹图像示例

2）检测手指（CMD_FINGER_DETECT 0x0021）。指令功能为检查收到指令时刻指纹输入状态并返回其结果。返回收到该指令的时刻，Sensor（传感器）检测到的指纹输入状态。主机发送指令、模块响应数据分别见表 9-11、表 9-12。

表 9-11　主机发送指令

PREFIX	0xAA55
SID	Source Device ID
DID	Destination Device ID
CMD	0x0021
LEN	0
DATA	无数据

表 9-12　模块响应数据

PREFIX	0x55AA	
SID	Source Device ID	
DID	Destination Device ID	
RCM	0x0021	
LEN	成功：3。失败：2	
RET	Result Code	
DATA	1byte	成功时：1，有指纹输入；0，无指纹输入

例 2： 未检测到指纹，如图 9-54 所示。

Host命令: 55 AA 00 00 21 00 00 00 00 00 00 00 00 00 00 00 00 00 00 00 00 00 00 00 20 01

Target响应: AA 55 01 00 21 00 03 00 00 00 00 00 00 00 00 00 00 00 00 00 00 00 00 00 24 01

图9-54　未检测到指纹示例

例 3： 检测到指纹，如图 9-55 所示。

Host命令: 55 AA 00 00 21 00 00 00 00 00 00 00 00 00 00 00 00 00 00 00 00 00 00 00 20 01

Target响应: AA 55 01 00 21 00 03 00 00 00 01 00 00 00 00 00 00 00 00 00 00 00 00 00 25 01

图9-55　检测到指纹示例

更多的指令可参考 IDWD1016C 数据手册。

（5）指纹录入及识别流程　指纹录入及识别流程如图 9-56 所示。

IDWD1016C 指纹模块指纹录入及识别过程：判断录入 ID 是否存在（CMD_GET_STATU），若是不存在才开始采集指纹图像（CMD_GET_IMAGE），采集到指纹图像后将指纹图像转化成特征模板（CMD_GENERATE），在经过融合指纹模板（CMD_MERGE）后，将指纹模板保存在指定 ID 中（CMD_STORE_CHAR）。

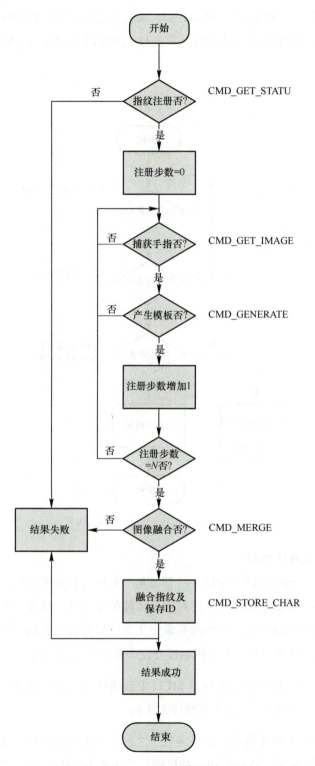

图9-56 IDWD1016C指纹录入及识别流程

（6）指纹验证及识别（Verify & Identify）流程 IDWD1016C 指纹模块指纹验证及识别流程：模块采集指纹图像（CMD_GET_IMAGE），采集到指纹图像后将指纹图像转化成特征模板（CMD_GENERATE），并在指定编号范围内的 1∶N 识别指纹（CMD_SEARCH）。流程如图 9-57 所示。

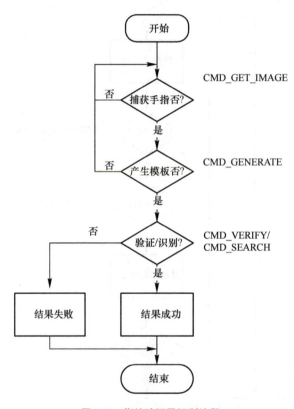

图9-57 指纹验证及识别流程

4. 嵌入式中常见的程序架构

微控制器开发中，初学者最开始接触的都是基于裸机进行程序开发，在程序架构上思考的并不多，但随着程序开发的不断增多，面对项目功能的复杂性、综合性和冗余性考虑，架构就是一个工程师不得不考虑的因素。当然没有最完美的，只有最适合的，更多的要结合项目实际情况，进行综合考量。这里介绍一下微控制器开发中常见的程序架构。

（1）顺序执行架构 顺序执行架构是 MCU 中最简单的入门程序设计，它的程序结构通常只需要一个 While（1）或 for（ ; ; ）死循环来实现。

因为编写的代码都是顺序执行，如果函数1之间有一个延时函数，那么处理下一个功能函数必须等待延时时间到来才可以执行相应的代码。其功能函数执行流程如图 9-58 所示。

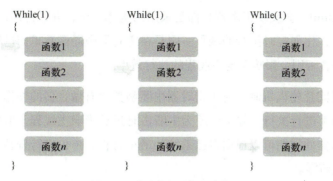

图9-58　顺序执行流程示意图

这种应用程序对于实时性要求不太高的情况下是不错的方法，其程序设计简单，思路比较清晰。但是当应用程序比较复杂的时候，如果没有一个完整的流程图，恐怕别人很难看懂程序的运行状态，而且随着程序功能的增加，编写应用程序的工程师很容易混乱。既不利于升级维护，也不利于代码优化。

（2）基于顺序执行的前后台系统　在顺序执行的基础上，基于处理器的外设做的扩展应用开发。应用程序是一个无限的循环，循环中调用相应的函数完成相应的操作，这部分可以看成后台行为（background）。中断服务程序处理异步事件，这部分可以看成前台行为（foreground）。后台也可以称为任务级。前台也称为中断级。

前后台系统在轮询系统中，增加了中断机制。中断机制可以打断MCU目前正在执行的程序，而执行另外一段程序，这段程序称为中断程序，当中断程序执行完成，再回到原先位置，如图9-59所示。

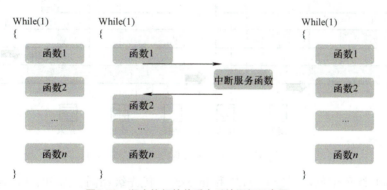

图9-59　顺序执行的前后台系统运行示意图

（3）时间片轮询机制　时间片轮询机制，在很多书籍中有提到，不过很多时候都是与操作系统一起出现，因为操作系统中使用了这一方法。不过这里要说的这个时间片轮询机制并不是挂在操作系统中，而是在前后台程序中使用此法。图9-19则是时间片轮询机制的示意图，关于时间片轮询机制的实现方式，在前面的软件分析中进行了详细讲解，在此就不做过多赘述。

在网上能找到有关于时间片轮询机制不错的文章，如链接：http：//bbs.eeworld.com.cn/

thread-311494-1-1.html。会发现很多资料都是采用结构体设定,并设计回调函数执行定时轮询。这种模式有利有弊,比如定时执行的函数实则是在定时器中断函数里面进行,那么对函数执行的时间就必须短小,否则会影响系统主线程的执行效率。

本项目中的时间片轮询机制,对于定时器中断函数没有做过多的操作,定时执行的函数主要是通过 while(1)进行执行,并不会因为中断占时过长影响主线程。但也有很多可以去完善的地方,比如定时器的周期可以根据自己系统的最小时长为单位进行调整,并且在合适的时候和地方进行计数值清零。

(4)实时操作系统　实时操作系统(Real-Time Operating System,RTOS),又称即时操作系统,它会按照排序运行、管理系统资源,并为开发应用程序提供一致的基础。实时操作系统与一般的操作系统相比,最大的特色就是"实时性",如果有一个任务需要执行,实时操作系统会马上(在较短时间内)执行该任务,不会有较长的延时。这种特性保证了各个任务的及时执行。比较常用的有 FreeRTOS、RT-Thread 等。

这里并不过多介绍操作系统本身,因为不是简简单单就能说明白的,下面列出基于 RT-Thread 编写运行程序的模型。其内部线程调度关系如图 9-60 所示。

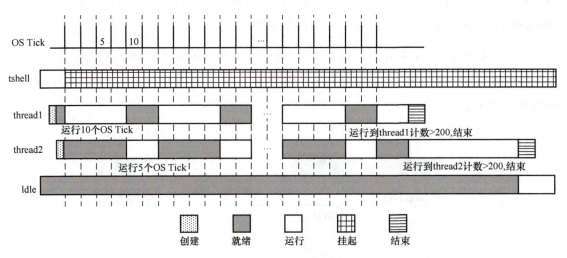

图9-60　RT-Thread线程的时间片轮转调度

① 在 tshell 线程中创建线程 thread1 和 thread2,优先级相同,为 20,thread1 时间片为 10,thread2 时间片为 5。

② 启动线程 thread1 和 thread2,使 thread1 和 thread2 处于就绪状态。

③ 在操作系统的调度下,thread1 首先被投入运行。

④ thread1 循环打印带有累计计数的信息,当 thread1 运行到第 10 个时间片时,操作系统调度 thread2 投入运行,thread1 进入就绪状态。

⑤ thread2 开始运行后，循环打印带有累计计数的信息，直到第 15 个 OS Tick 到来，thread2 已经运行了 5 个时间片，操作系统调度 thread1 投入运行，thread2 进入就绪状态。

⑥ thread1 运行直到计数值 count>200，线程 thread1 退出，接着调度 thread2 运行直到计数值 count>200，thread2 线程退出；之后操作系统调度空闲线程投入运行。

注意：时间片轮转机制，在 OS Tick 到来时，正在运行的线程时间片减 1。

下面看一下 RT-Thread 示例代码：

```
1.  static void thread_entry（void* parameter）/* 线程入口 */
2.  {
3.    rt_uint32_t value；
4.    rt_uint32_t count = 0；
5.    value =（rt_uint32_t）parameter；
6.    while（1）
7.    {
8.      if（0 ==（count % 5））
9.      {
10.       rt_kprintf（"thread %d is running，thread %d count = %d\n"，value，value
11.       ，count）；
12.       if（count> 200）
13.         return；
14.     }
15.     count++；
16.   }
17. }
18. int timeslice_sample（void）
19. {
20.   rt_thread_t tid = RT_NULL；
21.   /* 创建线程 1 */
22.   tid = rt_thread_create（"thread1"，
23.          thread_entry，
24.          （void*）1，
25.          THREAD_STACK_SIZE，
26.          THREAD_PRIORITY，
27.          THREAD_TIMESLICE）；
28.   if（tid != RT_NULL）
29.   rt_thread_startup（tid）；
```

30.   /* 创建线程 2 */
31.   tid = rt_thread_create（"thread2"，
32.   thread_entry，
33.   （void*）2，
34.   THREAD_STACK_SIZE，
35.   THREAD_PRIORITY，
36.   THREAD_TIMESLICE -5）；
37.   if（tid != RT_NULL）
38.   rt_thread_startup（tid）；
39.   return 0；
40. }

9.6 总结与思考

本项目使用微控制器获取矩阵键盘的按键值，驱动 RFID 模块读写 RFID 卡，以及驱动指纹模块录入识别指纹数据，实现三种门锁控制功能：密码开锁、RFID 开锁和指纹开锁。

（一）信息收集

1）查找项目使用设备的原理图，掌握电路设计和引脚使用。

2）了解矩阵键盘硬件设计和程序设计。

3）查阅指纹识别模块数据手册，熟悉通信协议。

4）阅读 MFRC522 数据手册。

5）了解常见的嵌入式的程序架构设计。

6）熟悉软硬件调试工具信息。

（二）实施步骤

1）列出元器件材料清单。

序号	元器件名称	功能	序号	元器件名称	功能

2）绘制 STM32F407 与 4×4 矩阵键盘模块、13.56MHz RFID 模块、指纹识别模块和门锁单元的连接示意图，并表明使用的引脚（其中核心控制单元和相关模块可以使用框图进行表示）。

3）描述项目使用 STM32CubeMX 配置了哪些外设，并简述该外设的作用是什么。

外设名称	外设使用说明

4）画出 13.56MHz RFID 卡读写数据和指纹识别两个功能函数的流程图。

5）编译、调试程序，代码下载到开发板上，运行展示。

6）考核。

项目考核评分表

基本信息	班级		学号		分组	
	姓名		时间		总分	
	序号	步骤	完成情况（好、较好、一般、未完成）		标准分	得分
任务考核（50%）	1	使用 STM32CubeMX 配置系统时钟和相关外设			10	
	2	基于 HAL 库编写相关外设的驱动函数			10	
	3	编写时间片轮询机制的功能函数，并在系统中广泛使用			10	
	4	根据项目要求，设计系统软件框架，完成项目开发			30	
	5	编译、调试和下载程序，程序正常运行，功能展示正确			20	
	6	能设置断点，会通过窗口观察参数变化，理解程序运行过程			20	
素质考核（50%）	1	安全规范操作			20	
	2	团队沟通、协作创新能力			20	
	3	资料查阅、文档编写能力			20	
	4	劳动纪律			20	
	5	严谨细致、追求卓越			20	
教师评价						
学生总结						

（三）课后习题

编程题：项目中的密码校验采用键值总和的方式，只能对最终的结果进行判断，无法校验输入密码的顺序。将密码校验的程序进行完善，可以对输入顺序进行检测，同时也能进行密码修订。

参 考 文 献

[1] 徐灵飞,黄宇,贾国强. 嵌入式系统设计:基于 STM32F4[M]. 北京:电子工业出版社,2020.

[2] 王维波,鄢志丹,王钊. STM32Cube 高效开发教程:高级篇 [M]. 北京:人民邮电出版社,2022.

[3] 王维波,鄢志丹,王钊. STM32Cube 高效开发教程:基础篇 [M]. 北京:人民邮电出版社,2021.

[4] 刘火良,杨森. STM32 库开发实战指南:基于 STM32F4[M]. 北京:机械工业出版社,2017.

[5] 廖义奎. ARM Cortex-M4 嵌入式实战开发精解:基于 STM32F4[M]. 北京:北京航空航天大学出版社,2013.

[6] 董磊,赵志刚. STM32F1 开发标准教程 [M]. 北京:电子工业出版社,2020.

[7] 张淑清,胡永涛,张立国. 嵌入式单片机 STM32 原理及应用 [M]. 北京:机械工业出版社,2019.

[8] 丁德红. 基于 STM32 的单片机与接口技术 [M]. 北京:机械工业出版社,2023.

[9] 武奇生,白璘,惠萌,等. 基于 ARM 的单片机应用及实践:STM32 案例式教学 [M]. 北京:机械工业出版社,2014.